普通高等教育信息技术类系列教材

Python与人工智能
——智慧农业实践

主　编　石礼娟　胡　滨　姚雅鹃
副主编　章　程　田　芳　姚　娟　彭明霞

科学出版社
北　京

内 容 简 介

本书包括基础篇和实践篇。基础篇主要介绍人工智能概述与计算机程序设计、Python 语言基础、Python 程序的控制结构、组合数据类型、函数、文件与异常等内容。实践篇主要介绍数据处理与可视化、图形图像处理、机器学习、计算机视觉、自然语言处理等技术在农业领域的应用案例。本书以理论与实践相结合为特点，既注重编程基础的扎实掌握，又强调人工智能技术在农业领域的实际应用。本书内容由浅入深，适合初学者快速入门，同时也为有一定基础的读者提供丰富的实践案例和进阶知识。

本书适合程序设计初学者和高等院校学生、农业领域的研究人员以及对人工智能技术感兴趣的读者参考。

图书在版编目（CIP）数据

Python 与人工智能 ：智慧农业实践 / 石礼娟，胡滨，姚雅鹃主编. 北京 ：科学出版社，2025. 6. --(普通高等教育信息技术类系列教材). ISBN 978-7-03-082407-3

Ⅰ. S126

中国国家版本馆 CIP 数据核字第 20250VL601 号

责任编辑：戴 薇 吴超莉 / 责任校对：马英菊
责任印制：吕春珉 / 封面设计：东方人华平面设计部

科学出版社 出版
北京东黄城根北街 16 号
邮政编码：100717
http://www.sciencep.com
三河市骏杰印刷有限公司印刷
科学出版社发行　各地新华书店经销
*
2025 年 6 月第 一 版　开本：787×1092 1/16
2026 年 3 月第四次印刷　印张：19 3/4
字数：493 000

定价：69.00 元

（如有印装质量问题，我社负责调换）

销售部电话 010-62136230　编辑部电话 010-62135120-2015

前　言

在科技日新月异的今天，人工智能正深刻影响着各行各业的发展形式。从工业制造到金融服务，从医疗健康到城市管理，人工智能技术的广泛应用不仅极大地提升了效率与精度，还为传统产业的转型升级开辟了全新的发展路径。尤其在农业领域，人工智能的融入正引领着一场前所未有的产业革命。通过 AI 技术延伸出的精准种植、智能监控、病虫害预警等手段，农业生产得以更加科学化、智能化和高效化，为保障全球粮食安全、促进农业可持续发展注入了强大动力。本书正是在此背景下应运而生的，旨在探索人工智能技术如何为农业插上智慧的“翅膀”，共同绘制现代农业的新蓝图。

在众多编程语言中，Python 凭借其简洁优雅的语法、强大的生态系统以及丰富的社区资源，成为人工智能应用开发领域的佼佼者。无论是数据处理、机器学习模型的构建，还是深度学习算法的实现，Python 都能提供一套成熟且灵活的工具链，其广泛的应用生态让开发者能够轻松上手并迅速应用于实际问题解决中。在本书中，Python 不仅是探索人工智能编程基础的钥匙，还是贯穿人工智能实践、连接理论与实践、实现 AI 赋能智慧农业目标的得力助手。编者希望通过深入浅出的讲解与示例，帮助读者掌握 Python 在人工智能领域的精髓，共同开启智慧农业的新篇章。

本书由工作在教学一线的高校教师编写完成。在编写本书时，编者坚持“科技是第一生产力、人才是第一资源、创新是第一动力”的思想理念，紧紧围绕“培养什么人、怎样培养人、为谁培养人”这一教育根本问题，全面落实立德树人的根本任务，强化学生的素养教育，培养德智体美劳全面发展的社会主义建设者与接班人。本书注重保持知识的完整性和系统性，精选教学案例，由浅入深，脉络清晰，既有对具体问题的思路解析，又有对代码的详细讲解。在本书的撰写过程中，编者坚持“产教融合，科教融汇”，以农业相关案例穿插全书，将“绿色发展”“科教兴国”有机融入学生素养教育之中，不断提升育人效果。为方便教学，本书提供全部教学案例的源代码。

全书共分 11 章，前 6 章为基础篇，后 5 章为实践篇。主要内容如下。

第 1 章主要介绍人工智能的发展、计算机程序设计基础知识、Python 的特点，以及编程环境的配置和使用方法。

第 2 章主要介绍 Python 的语法特点、保留字与标识符、变量、基本数据类型及其转换、运算符、基本输入和输出。

第 3 章主要介绍 Python 程序的 3 种基本控制结构及其应用实例。

第 4 章主要介绍列表、元组、字符串、字典、集合的相关知识及其应用。

第 5 章主要介绍函数的定义和调用方法、参数传递的多种方式、嵌套函数的使用方法、lambda 函数的使用方法、变量的作用域和递归函数的使用方法。

第 6 章主要介绍 Python 中文件的定义、引用与分类，文件的打开和关闭，文本文件的读写方法及其综合应用，二进制文件的读写方法，JSON 文件的读写方法，os 模块中实现文件级和目录级操作的方法以及 Python 的异常处理机制。

第 7 章主要介绍在 Python 中调用 pandas、numpy 和 matplotlib 库的各类函数在农业中进行数据处理和数据分析的综合应用方法。

第 8 章主要介绍图形图像处理的基本原理，Python 的第三方库 pillow 库的基本功能和用法，以及图形图像处理在农业领域中的应用。

第 9 章主要介绍机器学习的定义与发展、机器学习准备、三类机器学习模型（分类、回归和聚类）在农业领域的应用（包括模型的构建与模型的评估）。

第 10 章主要介绍计算机视觉的发展、深度学习的发展历程、常用框架及其环境配置，目标检测模型 YOLOv8 的架构、模型的构建和测试，以及该模型在植物病害检测中的应用。

第 11 章主要介绍自然语言处理的基础、关键技术、实践与应用。

本书由石礼娟、胡滨、姚雅鹃担任主编，章程、田芳、姚娟、彭明霞担任副主编。具体编写分工如下：第 1 章、第 5 章和第 11 章由胡滨编写，第 2 章和第 3 章由姚雅鹃编写，第 4 章由姚娟编写，第 6 章和第 9 章由石礼娟编写，第 7 章由田芳编写，第 8 章由章程编写，第 10 章由彭明霞编写。

由于编者水平有限，书中疏漏和不足之处在所难免，敬请广大读者批评指正。

目　录

基　础　篇

实　践　篇

基 础 篇

符号表

第 1 章　人工智能概述与计算机程序设计

学习目标

（1）了解人工智能的发展史、技术特点和应用领域。
（2）了解 Python 语言的发展过程和特点。
（3）掌握 Python 语言编程环境的配置和使用方法。
（4）了解 Python 程序设计的基本流程。
（5）了解程序设计语言的发展过程和三大基本结构。

1.1　人工智能概述

人工智能（artificial intelligence，AI）是一种利用计算机和相关技术来模拟、延伸和扩展人类智能的科学技术。它是计算机科学的一个分支，旨在深入了解智能的实质，并生产出一种新的能以人类智能相似的方式做出反应的智能机器。AI 不仅仅局限于对人类智能的简单模拟，更在于对人类智能的延伸和扩展，通过技术创新和算法优化，创造出超越人类智能的系统，为人类社会带来前所未有的变革。

AI 的发展历程充满了曲折与辉煌。20 世纪 30 年代至 50 年代初为其理论奠基阶段，数理逻辑的形式化和智能可计算思想开始构建计算与智能的关联概念，为 AI 的发展奠定了坚实的基础。随后，AI 进入了第一次繁荣期，在机器定理证明、跳棋程序、人机对话等方面取得了一系列重要成果，让人们看到了 AI 的无限潜力。然而，技术瓶颈和社会舆论压力使得 AI 研究陷入了低谷期。随着时间的推移，AI 再次迎来了繁荣期，专家系统的兴起为 AI 的发展注入了新的活力。如今，随着计算机硬件性能的提升、大数据的兴起以及深度学习技术的突破，人工智能研究进入了一个新的发展阶段，在图像识别、语音识别、自然语言处理等领域都取得了显著成果，人工智能正逐渐成为改变世界的重要力量。

AI 的核心技术是其得以发展的基石。机器学习作为 AI 的一个核心分支，让机器通过数据进行学习训练，从而总结数据中的知识并提升模型和算法的能力。深度学习是机器学习的一个特定分支，它关注如何使用称为神经网络的多层非线性模型来进行学习和表示，通过构建具有多个隐藏层的神经网络，可以自动提取数据中的特征，并逐层抽象，最终实现各种复杂任务。自然语言处理让计算机能够理解和响应人类语言，包括语音识别、文本分析、机器翻译等领域。计算机视觉则致力于让机器“看”并理解图片和视频，涉及图像识别、目标检测、视频分析等任务。智能机器人是结合了 AI 和机械工程的研究成果，研究如何设计和制造能够执行各种任务的机器人。

AI 在农业上的应用正以日新月异的速度改变着传统农业的面貌，为农业生产带来了前所未有的变革。在作物种植与管理方面，AI 发挥了重要作用，通过深度学习和图像识别技术，AI 能够精准识别作物病虫害迹象，实现实时监测和预警；智能灌溉系统根据土壤湿度和气象数据，精确预测农田的灌溉需求，实现节水高效的灌溉管理；通过监测作物生长状态，AI 能预测产量，为人们提供科学的种植建议；智能播种与收获机、无人机和农业机器人的应用，则进一步减轻了人们的劳动强度，提高了生产效率。在智能养殖领域，AI 同样展现出了巨大的潜力，通过实时监测养殖场的环境参数，AI 能够优化养殖环境，为畜禽提供适宜的生长条件；AI 能对畜禽的疾病进行快速、准确的诊断，提供针对性的防治措施。在饲料管理方面，AI 能够根据畜禽的营养需求，智能调整饲料配方和投喂量，提高饲料的利用率。在农产品加工与物流方面，AI 也发挥了重要作用，利用高分辨率传感器和图像处理算法，AI 可以实现对农产品质量的精准检测，提高分级效率和准确性。在物流方面，AI 结合物联网技术，实现了对农产品运输条件的实时监测和优化，降低了损耗率，提高了物流效率；而农产品溯源系统的建立，确保了食品的安全和可追溯性。AI 在农业中的应用前景广阔，为农业生产的智能化、高效化和可持续化提供了有力支持。随着技术的不断进步和应用场景的不断拓展，相信 AI 将为农业带来更多的创新和突破。

AI 的趋势呈现出多元化、深度化和融合化的特点。生成式 AI 将超越简单的聊天机器人范畴，能够撰写复杂的叙事文章、编排交响乐，甚至与人合著畅销书，为文艺创作带来新的灵感和可能性。多模态生成式 AI 将处理文本、声音、旋律和视觉信号等各种输入信息，并进行综合理解，从而丰富文艺作品的内容和层次，提升人们的审美体验。量子计算与 AI 的结合将利用量子计算机的特殊性质来加速机器学习和优化算法，实现更高效、更准确的 AI 应用，为 AI 的发展开辟新的道路。同时，合成数据将成为突破 AI 训练数据瓶颈的关键，通过机器学习模型模拟真实数据生成的合成数据，不仅能够弥补优质自然数据的不足，还有效避开了数据隐私和版权保护等法律纠纷。此外，随着技术的不断进步和发展，AI 算法和模型将不断优化和升级，能够处理更复杂、更多样化的任务，提高 AI 系统的性能和准确性，为 AI 的广泛应用提供更有力的支持。

随着 AI 技术的迅猛发展，各行各业对 AI 专业人才的需求持续增长。这为学习 AI 的学生提供了广阔的就业空间和高薪职业前景。通过系统学习 AI 相关知识，学生可以具备扎实的专业基础和实战能力，满足市场对 AI 专业人才的需求，为未来的职业发展打下坚实基础。AI 学科的交叉性强，有助于培养学生的综合性思维能力。AI 是当前技术创新的前沿领域。参与这一领域的学习和研究，不仅能够接触到最新的技术成果，还能在推动社会进步中发挥重要作用。同时，AI 作为国家战略的重要组成部分，对于推动我国经济高质量发展、提升国家创新能力、维护国家安全和提升社会治理水平具有重要作用。

1.2 计算机程序设计

1.2.1 计算机程序设计语言

计算机之所以能自动进行计算，是因为采用了程序存储的原理，计算机的工作体现为执行程序。程序是控制计算机完成特定功能的一组有序指令的集合，编写程序使用的语言称为程序设计语言，它是人与计算机之间进行信息交流的工具。

程序设计语言经历了机器语言、汇编语言、高级语言的发展过程。

1）机器语言

计算机能够直接识别和执行的二进制指令（机器指令）的集合称为机器语言。早期的计算机程序都是直接使用机器语言编写的，这种语言使用 0、1 代码，因此编写的程序难以理解和记忆，目前已不被人们使用。

2）汇编语言

计算机通过助记符代替 0 和 1 机器指令以便于理解和记忆，由此形成了汇编语言。汇编语言实际上是与机器语言相对应的语言，只是在表示方法上采用了便于记忆的助记符来代替机器语言中的二进制代码，其一般又被称为符号语言。计算机不能直接识别汇编语言，需要经过汇编程序将其转换为机器指令码后才能识别。汇编语言的执行效率较高，但难以理解，因此使用较少。

3）高级语言

机器语言和汇编语言是面向机器的语言，高级语言采用了更接近自然语言的命令或语句。使用高级语言编程时，一般不必了解计算机的指令系统和硬件结构，只需掌握解决问题的方法和高级语言的语法规则，就可以编写程序。早期高级语言在程序设计时着眼于问题解决的过程，因此，它是面向过程的语言（procedure-oriented language）。对于面向过程的语言，人们更容易理解和记忆，这也给编程带来了很大方便，但它与自然语言仍有较大的差别。

面向对象的语言是一种比面向过程的语言更高级的语言。面向对象的语言的出现改变了编程的思维方式，使程序设计的出发点由着眼于问题域中的过程转向着眼于问题域中的对象及其相互关系，这种转变更加符合人们对客观事物的认识。因此，面向对象的语言更接近于自然语言，面向对象的语言是人们对客观事物更高层次的抽象。

目前，世界上已经设计和实现的计算机语言有上千种之多，但实际上被人们广泛接受和使用的计算机语言只有数十种。

1.2.2　结构化程序设计

程序设计的方法是随着计算机的发展而不断进步和完善的，在程序设计的发展过程中，人们对程序的结构进行了深入的研究，并不断地探索，如究竟应该用什么样的方法来设计程序，如何保证程序设计的正确性，程序设计的主要方法和技术应如何规范等。经过反复的实践，人们逐渐确定了程序设计的基本技术方法——结构化程序设计方法。

结构化程序设计强调从程序的结构风格上来研究程序设计。它将程序划分为 3 种基本结构，人们可以用这 3 种基本结构来展开程序，表示一个良好的算法，从而使程序的结构清晰、易读、易懂且质量好。这 3 种基本结构为顺序结构、分支结构和循环结构。

1）顺序结构

顺序结构是一种最简单、最基本的结构。在顺序结构内，各程序块按照出现的先后顺序依次执行。图 1-1 所示为顺序结构的流程图，从其中可以看出它有一个入口 a，一个出口 b，结构内 A 框和 B 框是按先后顺序执行的处理框。

2）分支结构

分支结构中包含一个判断框，根据给定的条件 P 是否成立而选择执行 A 框或 B 框。当条件成立时，执行 A 框，否则执行 B 框。A 框或 B 框可以是空框，即不执行任何操作，但判断框中的两个分支在执行完 A 框或 B 框后必须合在一起，从出口 b 退出，并执行其他过程。图 1-2 为分支结构的流程图，在分支结构中程序产生了分支，但对于整个虚线框而言，它仍然只有一个入口 a 和一个出口 b。

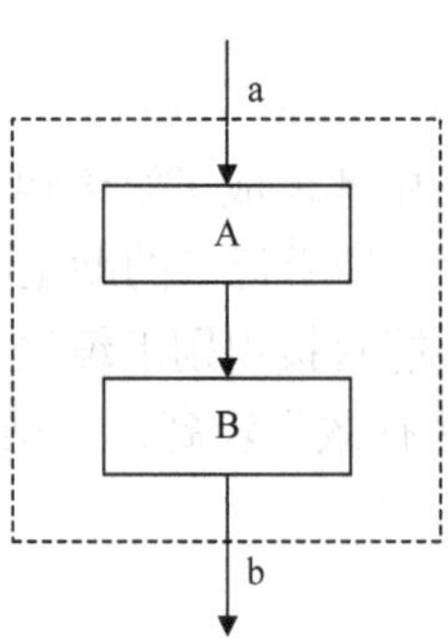

图 1-1　顺序结构的流程图

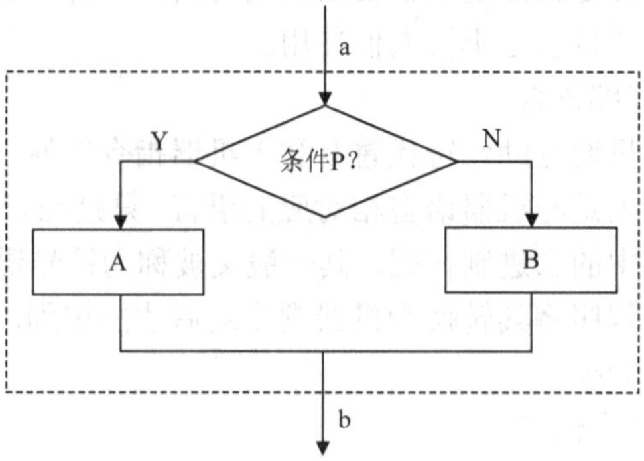

图 1-2　分支结构的流程图

3）循环结构

循环结构是指在一定的条件下反复执行一个程序块的结构，其流程图如图 1-3 所示。循环结构也只有一个入口和一个出口。具体功能如下：当给定的条件 P 成立时，执行 A 框操作，执行完 A 框操作后，再判断条件 P 是否成立，如果成立，则再次执行 A 框操作，如此重复执行 A 框操作，直到判断条件 P 不成立后退出循环，此时不再执行 A 框操作，而从出口 b 脱离循环结构。

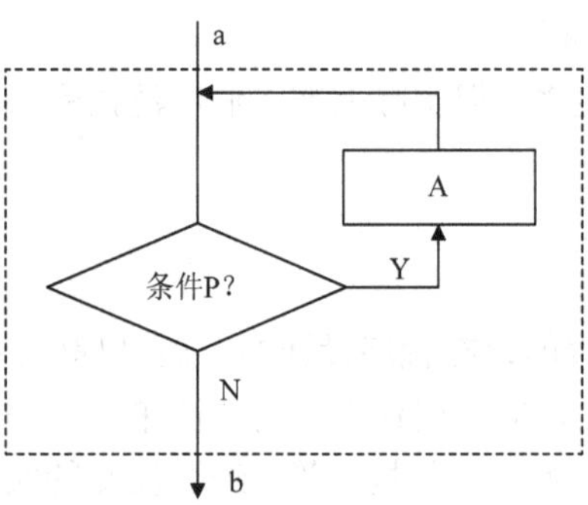

图 1-3　循环结构的流程图

由上述 3 种基本结构构成的程序称为结构化程序。这 3 种基本结构中的每一种结构都应具有以下特点。

（1）只有一个入口和一个出口。

（2）没有死语句，即每条语句都应该有一条从入口到出口的路径（即至少执行一次）。

（3）没有死循环（即循环不能有无限次）。

实践证明，任何满足以上 3 个条件的程序，都可以表示为由以上 3 种基本结构所构成的结构化程序；反之，任何一个结构化程序都可以分解为一个个基本结构。

结构化程序设计方法使程序的逻辑结构清晰、层次分明，有效地改善了程序的可靠性和可维护性，提高了程序的开发效率。

1.2.3　面向对象程序设计

结构化程序设计方法虽已使用了几十年，但以下问题仍未得到很好的解决。

（1）面向过程的设计方法与人们习惯的思维方法仍然有一定的差距，所以很难自然、准确地反映真实世界。因此，用此方法开发出来的软件有时很难保证质量，甚至需要进行重新开发。

（2）结构化程序设计在方法实现中只突出了实现功能的操作方法，而被操作的数据处于实现功能的从属地位，即程序模块和数据结构松散地耦合在一起。因此，当应用程序比较复杂时，容易出错，且难以维护。

由于上述缺陷，结构化程序设计方法已经不能满足现代化软件开发的要求，一种全新的软件开发技术应运而生，这就是面向对象程序设计（object-oriented programming，OOP）。20 世纪 80 年代，在软件开发中各种方法积累的基础上，就如何超越程序的复杂性障碍，如何使计算机系统自然地表示客观世界等问题，人们提出了 OOP 方法。OOP 方法不再将问题分解为过程，而是将问题分解为对象。对象将自己的属性和方法封装成一个整体，供程序设计者使用。对象之间的相互作用则通过消息传递来实现。使用 OOP 方法可以使人们对复杂系统的认识过程、系统的程序设计与实现过程尽可能一致。

1.3　Python 的特点

Python 与 AI 紧密结合，成为该领域的首选编程语言，主要得益于其独特的特点与 AI 需求的完美契合。Python 是一种计算机程序设计语言。Python 设计之初主要用于编写自动化脚本，随着版本的不断更新和语言功能的添加，其越来越多地用于独立的、大型项目的开发。Python 的创始人是荷兰人吉多・范罗苏姆（Guido van Rossum）。Python 的语法非常简单，初学者可以轻松上手。近年来，随着 Python 功能的完善，其应用越来越广泛，编程时需要的绝大多数功能可以找到相应的类库，从而节省了使用者大量的时间和精力。对于初级程序员而言，Python 是一种实用且强大的语言，它支持广泛的应用程序开发，如简单的文字处理、Web 浏览器开发、游戏开发。另外，Python 也可以应用在 AI、大数据和机器学习等前沿科技领域，且其社区活跃度非常高。

值得注意的是，Python 目前有两个主流的版本：一个是 Python 2.×，另一个是 Python 3.×。这两个版本相差较大，且不完全兼容。

1. Python 的优点

（1）简单易学。Python 语言力求代码简洁、优美，采用强制缩进的方式来标识代码块，通过减少无用的结构符号使代码具有极佳的可读性。阅读一段结构良好的 Python 程序时，读者能够专注于要解决的问题，而不用太纠结编程语言本身的语法。相比其他语言经常使用英文关键字和标点符号的情况，Python 有相对较少的关键字，明确定义的语法，且结构简单，容易理解和学习。这种设计使得代码编写变得异常轻松，极大地提高了开发效率。在 AI 领域，算法和模型的复杂性往往很高，而 Python 的简洁语法让开发者能够更快速地实现和测试这些算法，无须在烦琐的语法细节上浪费时间。这种高效性对于 AI 研究的快速迭代和创新至关重要。

（2）解释型、交互式和面向对象的脚本语言。Python 是一种解释型语言，故在开发过程中没有编译环节。Python 是一种交互式语言，故可以在一个提示符“>>>”后直接执行代码。Python 是面向对象的语言，故其支持面向对象的风格及将代码封装在对象中的编程技术。

（3）可移植性、可扩展性、可嵌套性。可移植性基于 Python 开放源代码的特性。Python 程序可以在绝大多数系统平台上运行，包括 Linux、Windows、FreeBSD、Macintosh、Solaris 及 Android 等。可扩展性是指 Python 程序中可以使用 C 或 C++编写程序。例如，如果需要一段运行很快的关键代码，或是需要编写一些不便公开的算法，则可以先使用 C/C++完成关键部分的代码，再从 Python 程序中调用这部分代码。可嵌套性是指能够把 Python 程序嵌入 C/C++程序中，从而向程序用户提供脚本功能。

（4）丰富的库资源。Python 拥有一个功能丰富的标准库。Python 语言的核心只包含数字、字符串、列表、字典、文件等常见类型和函数，其标准库提供了系统管理、网络通信、文本处理、数据库接口、图形系统、XML 处理等功能。另外，Python 提供了大量的第三方库，其使用方式与标准库类似，功能覆盖科学计算、Web 开发、数据库接口、图形系统等多个领域，特别是针对 AI 领域的数据处理、机器学习和深度学习的第三方库。这些库（如 numpy、pandas、Scikit-learn、TensorFlow 和 PyTorch 等）为开发者提供了现成的工具和算法，使其能够轻松地进行数据预处理、模型训练、评估和部署。这种丰富的库支持大大降低了 AI 开发的门槛，让开发者能够更专注于算法的优化和创新。

（5）Python 拥有一个活跃且庞大的社区，这是其与 AI 领域紧密结合的另一个重要因素。社区中的开发者、研究者和爱好者不断分享经验、交流思想，共同推动 Python 和 AI 技术的发展。这种社区的支持和合作不仅为开发者提供了丰富的学习资源和解决方案，还促进了 AI 技术的普及和应用。

2. Python 的缺点

（1）速度慢。Python 的运行速度相比 C、C++、Java 确实慢很多，但这里所指的运行速度慢在大多数情况下用户是无法直接感知到的。在大多数情况下，Python 已经完全可以满足用户对程序运行速度的要求。若有运行速度的要求，则可以用 C、C++来改写关键部分。

（2）代码不能加密。Python 的开源性使其不能加密，即它的源码都是以明文形式存放的。如果项目要求源代码必须是加密的，则不宜用 Python 实现。

（3）对多处理器支持受限。这是 Python 较突出的缺点。全局解释器锁（global interpreter lock，GIL）是计算机程序设计语言解释器用于同步线程的工具，当 Python 的默认解释器要执行字节码时，都需要先申请这个锁。如果试图通过多线程扩展应用程序，则会被 GIL 限制，使任何时刻仅有一个线程在执行。即使在多核 CPU 平台上，由于 GIL 的存在，Python 也禁止多线程的并行执行。

（4）Python 2.×系列与 Python 3.×系列不兼容。在使用 Python 的过程中，不同系列互不兼容，这给 Python 工程师造成了很多不便。

1.4 Python 3.×编程环境的配置与编程实例

因为 Windows 操作系统未内置任何 Python 版本，所以必须手动安装 Python 程序。Python 可以在官方网站下载，网址为 https://www.python.org/downloads/。Python 官方网站下载界面如图 1-4 所示。下载时要注意选择所用的操作系统和版本，这里以 Python 3.13.2 为例进行安

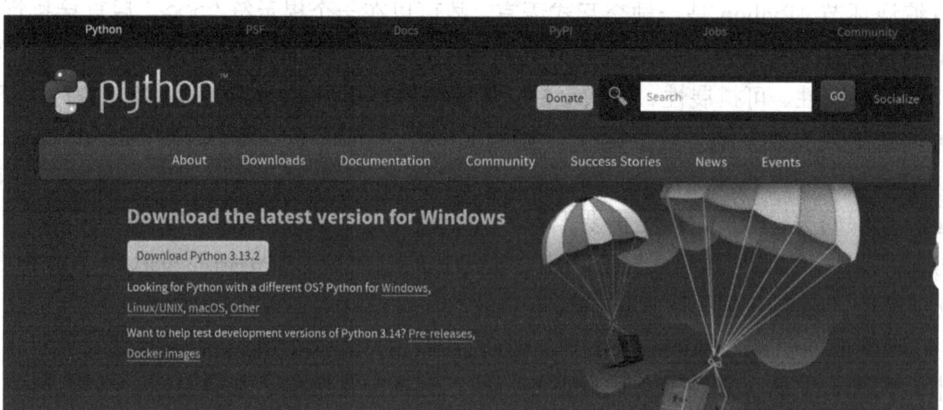

图 1-4 Python 官方网站下载界面

装，读者可以根据需要自行安装相应版本。这里选择下载 Python 3.13.2 的 Windows x86-64 executable installer。

下载完成后直接双击安装包进行安装，安装过程中应选中“Add python.exe to PATH”复选框，如图 1-5 所示。选中该复选框的目的是将 Python 加入环境变量中，以便在命令行窗口任意目录下识别 Python 命令。

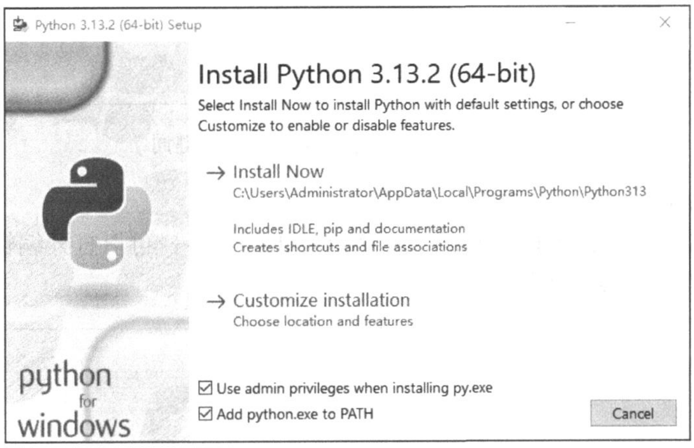

图 1-5　Python 安装界面

在图 1-5 所示的界面中选择“Install Now”选项开始安装。安装完成后，打开命令行窗口，输入 Python 命令，如图 1-6 所示。如果可以查看到相关版本信息，则表示 Python 已经可以使用了。

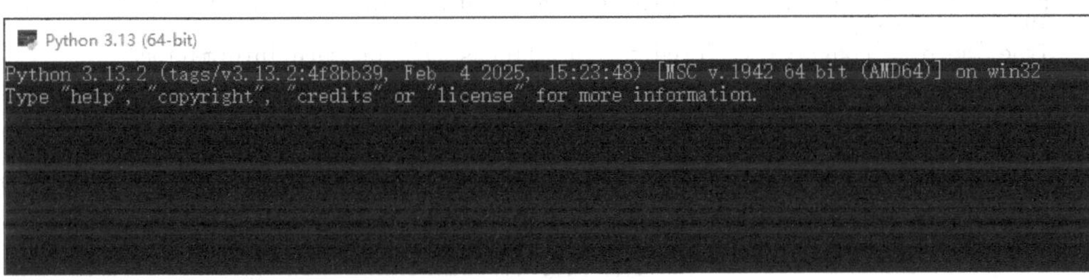

图 1-6　命令行窗口

Python 提供了一个简洁的集成开发环境（integrated development and learning environment，IDLE）。利用 IDLE 可以较为方便地创建、运行、测试和调试 Python 程序。在 Windows 环境下启动 IDLE 有多种方式，如可以通过快捷菜单、桌面图标运行 IDLE，也可以进入 Python 安装目录直接运行 IDLE。启动 IDLE 后就可以编写 Python 程序了。IDLE 启动后的界面如图 1-7 所示。

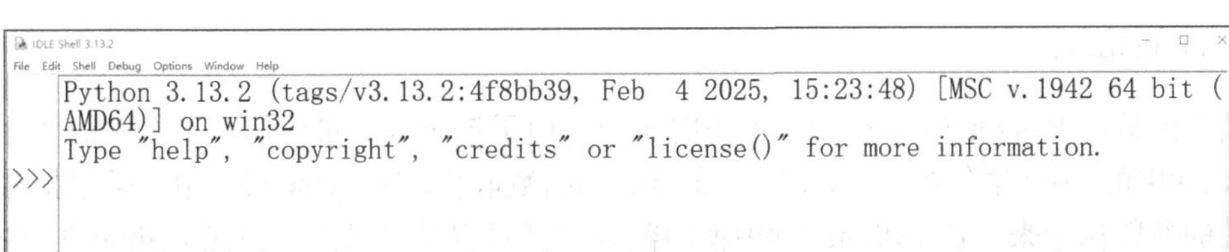

图 1-7　IDLE 启动后的界面

IDLE 本身就是一个 Python Shell，可以在 IDLE 界面中直接输入和执行 Python 语句。IDLE 会自动对输入的语句进行排版，并高亮显示 Python 关键词，如图 1-8 所示。

```
IDLE Shell 3.13.2
File  Edit  Shell  Debug  Options  Window  Help
Python 3.13.2 (tags/v3.13.2:4f8bb39, Feb  4 2025, 15:23:48) [MSC v.1942 64 bit (
AMD64)] on win32
Type "help", "copyright", "credits" or "license()" for more information.
>>> s="123abc"
>>> n=len(s)
>>> print(n)
6
>>>
```

图 1-8　IDLE 高亮显示 Python 关键词

IDLE 还可以保存、打开并执行代码文件。

（1）在 IDLE 窗口中，选择“File”→“New File”命令，可以打开编辑窗口，在其中可以输入代码并保存，如图 1-9 所示。

```
hello.py - C:/Users/Administrator/AppData/Local/Programs/Python/Python313/hello.py (3.13.2)
File  Edit  Format  Run  Options  Window  Help
print("hello!")
```

图 1-9　编辑窗口

（2）选择“Run”→“Run Module”命令或按 F5 键，即可执行代码文件。执行代码文件的输出结果如图 1-10 所示。

```
File  Edit  Shell  Debug  Options  Window  Help
Python 3.13.2 (tags/v3.13.2:4f8bb39, Feb  4 2025, 15:23:48) [MSC v.1942 64 bit (
AMD64)] on win32
Type "help", "copyright", "credits" or "license()" for more information.
>>>
= RESTART: C:/Users/Administrator/AppData/Local/Programs/Python/Python313/hello.
py
hello!
>>>
```

图 1-10　执行代码文件的输出结果

1.4.1　Python 2.×和 Python 3.×的区别

初学者学习 Python 或想要用 Python 开发一个新项目时，该如何选择 Python 版本呢？其实大部分 Python 库同时支持 Python 2.×和 Python 3.×，所以无论选择哪个版本都是可以的。但是，为了在使用 Python 时避开某些版本中常见的一些陷阱，或移植某个 Python 项目，依然有必要了解 Python 两个常见版本之间的主要区别。

1. print()函数

输出函数在 Python 3.×中有一个很小的改动，由于该函数大量使用，下面做简要介绍。Python 2.×中的 print 语句被 Python 3.×中的 print()函数取代，在 Python 3.×中必须用括号将需要输出的参数括起来。在 Python 2.×中使用额外的括号也是可以的。但在 Python 3.×中，当以 Python 2.×的形式不带括号调用 print()函数时，会触发 SyntaxError 错误提示。

Python 2.×中的 print 语句如下。

```
print "Hello,world!"
```

Python 3.×中的 print()函数如下。

```
print("Hello,world!")
```

两者输出的结果都是字符串"Hello,world!"，但语法是不同的。

2. 整除

Python 3.×在整除上有所改变。在移植代码或在 Python 2.×中执行 Python 3.×的代码时，需要特别注意这个改动。

在 Python 2.×中，如果除数和被除数都是整数，则结果一定是整数。例如，Python 2.×中 9/4 的结果是整数 2。

在 Python 3.×中，整除结果是带小数点的浮点数（float），即使能整除，其结果也是浮点数。例如，Python 3.×中 9/4 的结果是浮点数 2.25，8/4 的结果是浮点数 2.0。

为了避免不同版本整除时的区别，可以在 Python 3.×的代码中用 float(9)/4 或 9.0/4 代替 9/4，使代码在 Python 2.×和 Python 3.×运行下得到一致的结果。

3. Unicode 类型

Python 2.×有基于 ASCII 的 str()类型，其可通过单独的 unicode()函数转换成 Unicode 类型，但没有 byte 类型。在 Python 3.×中，有 Unicode（UTF-8）字符串，以及两个字节类：bytes 和 bytearrays。

通过列举以上 3 个方面的不同，就可以知道 Python 2.×和 Python 3.×之间是不兼容的，使用过程中要明确所用版本类型。除了以上 3 个初学者经常遇到的问题外，Python 2.×和 Python 3.×还在 xrange、异常处理、比较无序类型和 input()解析输入内容等多方面有很多区别，读者可以自行查阅相关资料。

1.4.2　编写简单 Python 程序

前面已经介绍了 Python 的开发环境和一些基本概念，下面通过两个应用程序实例来讲解编写应用程序的全过程。编写一个应用程序的基本过程如下。

（1）分析问题，明确目标与算法设计。

（2）输入所需数据。

（3）对数据进行处理（算法设计的核心所在）。

（4）输出数据和相应结果。

（5）保存程序文件。

（6）运行和调试程序。

例 1.1　输入圆半径，求出圆的周长和面积。

分析：

本例是根据输入函数 input()给出圆半径 r，再根据 r 的值结合圆周长 c、圆面积 s 的计算公式分别计算出相应结果，最后使用 print()函数输出结果。

源程序：

```
pi=3.14
r=float(input("请输入半径(默认单位厘米):"))
c=2*pi*r        #求圆周长 c
s=pi*r**2       #求圆面积 s
print(f"半径{r}的圆，其周长是{c}，其面积是{s}")
```

代码编写完成后，一个完整的程序就设计好了，选择“Run”→“Run Module”命令或按 F5 键运行程序。如果有语法错误，则系统会显示错误信息，提示用户进行修改；如果没有语法错误，则正常执行程序。

对于初次接触计算机语言的学习者，程序运行时出现错误很正常，关键是要耐心地发现错误、纠正错误。刚开始的编程要求是没有语法错误，随着学习的深入，需要掌握逻辑错误的排除方法。该程序的运行结果如下。

```
请输入半径(默认单位厘米):3
半径 3.000000 的圆,其周长是 18.840000,其面积是 28.260000
```

读者可以通过 round()函数来设置结果中想要保留的小数位数，如保留两位小数。

例 1.2 求 1～100 中的偶数的和。

分析：

本例要求在一定范围（1～100）、满足一定条件（偶数）的若干整数的和，是一个累加和的问题。这类问题的基本解决方法如下：设置一个变量（如 sum）作为累加的和，将其初值置为 0，再在指定的范围（1～100）寻找满足条件（偶数）的整数，将它们一个一个累加到 sum 中。为了处理方便，将正在查找的整数也用一个变量来表示。

因此，累加过程的 Python 语句为

```
sum=sum+i
```

它表示把 sum 的值加上 i 后再重新赋给 sum。

这个累加过程要反复做，可以用结构化程序设计中的循环结构来实现。在循环过程中，需要进行以下操作。

（1）需要判断 i 是否满足问题要求的条件（偶数）。使用分支结构将满足条件的整数累加到 sum 中。

（2）需要对循环次数进行控制。这可通过 i 值的变化进行控制，即 i 的初值设为 1，每循环一次加 1，一直加到 100 为止；也可以将 i 的初值设为 2，每循环一次加 2，一直加到 100 为止，第二种方式可以省略 i 是否为偶数的判断。

基于上述解决问题的思路，可以逐步明确解决问题的步骤，即解决问题的算法。

算法（algorithm）是一组明确的解决问题的步骤，它产生结果并可在有限时间内终止。可以用多种方式来描述算法，包括自然语言和流程图。下面主要介绍流程图的使用。

流程图是算法的图形表示法。它用图的形式掩盖了算法的所有细节，只显示算法从开始到结束的整个流程。

对于求 1～100 中偶数的和的问题，可以用流程图来描述解决步骤（算法），如图 1-11 所示。

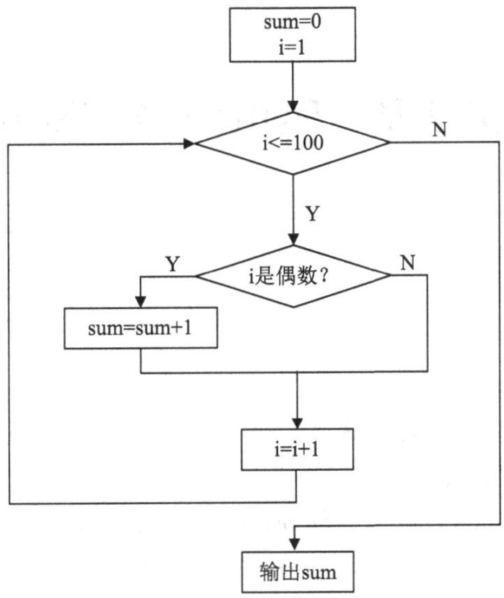

图 1-11　求 1～100 中的偶数的和流程图

源程序：

```
sum=0
for i in range(1,101):
    if i%2==0:
        sum=sum+i
print("1～100 中的偶数的和是:",sum)
```

程序结果：

```
1～100 中的偶数的和是:2550
```

本 章 小 结

Python 与 AI 的结合堪称“天作之合”。Python 以其简洁明了的语法、丰富强大的第三方库生态系统、高度灵活性和可扩展性，以及庞大活跃的社区支持，为 AI 领域的发展提供了坚实的基石。无论是数据处理、机器学习还是深度学习，Python 都能提供高效、便捷的解决方案。这种结合不仅降低了 AI 开发的门槛，还极大地提高了开发效率和创新速度。可以说，Python 已经成为 AI 领域不可或缺的一部分，推动着 AI 技术的不断进步和应用拓展。

本章主要介绍了 AI 的基本内容，Python 的入门知识，如 Python 的特点、Python 编程环境，并通过两个程序案例讲解了编写程序的完整过程，以及程序设计的入门知识，如程序设计会用到的 3 种基本结构（顺序结构、分支结构和循环结构），以及通过流程图来描述程序算法的方法。

第 2 章　Python 语言基础

学习目标

（1）掌握 Python 的语法特点。
（2）理解变量定义及使用方法。
（3）掌握基本数据类型及其转换方法。
（4）掌握运算符的使用方法。
（5）掌握输入函数 input()和输出函数 print()的使用方法。

2.1　Python 的语法特点

2.1.1　注释

程序中的注释是用于解释代码的功能、目的或逻辑的文本。注释不会被实际执行，仅存在于源代码中，旨在提高代码的可读性和可维护性。注释可以帮助开发者或他人更好地理解代码的意图和工作原理。在 Python 程序中，注释的形式有普通注释和文档字符串两种。

1. 普通注释

Python 中的注释使用“#”开头，从“#”开始到行尾的所有内容都被视为注释。程序执行时，解释器会自动忽略“#”后面的内容不执行。

```
#以下代码使用 print()函数输出"Hello World!"
#print()函数是 Python 中的内置函数，功能是输出信息
print("Hello World!")  #输出"Hello World!"
```

例 2.1　在 Python 程序的编辑窗口中输入以上代码，并查看运行结果。其中，print()函数是 Python 中的内置函数，用于输出信息。

打开 IDLE 窗口，选择“File”→“New File”命令，如图 2-1 所示。

在打开的编辑窗口中输入以上代码，如图 2-2 所示，将文件保存为 py2-01.py。

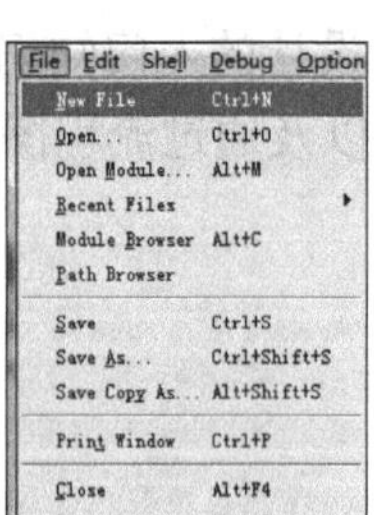

图 2-1　选择“File”→“New File”命令

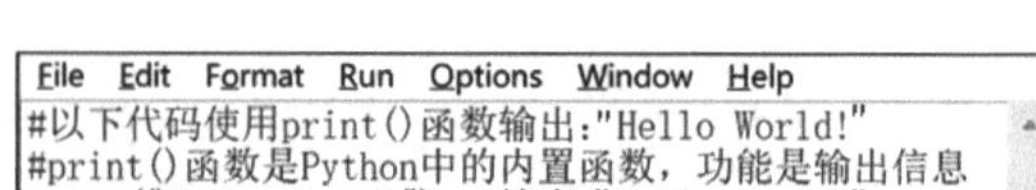

图 2-2　输入代码

选择“Run”→“Run Module”命令（图 2-3）或按 F5 键执行该代码，其运行结果如图 2-4 所示。

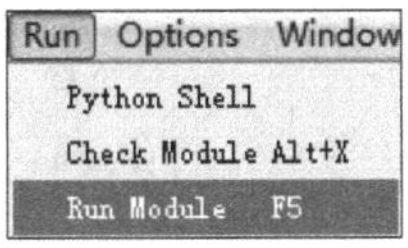

图 2-3　选择“Run”→“Run Module”命令

```
======================== RESTART: F:/python/py2-01.py ========================
Hello World!
>>>
```

图 2-4　例 2.1 的运行结果

2. 文档字符串

如果要进行大段文字性的注释，则可以使用一组 3 个单引号（'''）或 3 个双引号（"""）将注释内容包围的形式。这实际上是定义了一个文档字符串，只要这个字符串未被赋值给任何变量或未被使用，它就可以被当作大段的注释。在编写公共模块、函数、类和方法时，可以使用文档字符串来描述和解释它们的功能、接口规范等。可以使用__doc__（双下划线）属性查看文档字符串。

例 2.2　文档字符串的使用及访问方法。新建一个 py2-02.py 文件，输入如图 2-5 所示的代码，按 F5 键执行该代码，其运行结果如图 2-6 所示。

```
x=input("请输入第一个数:")
y=input("请输入第二个数:")
def  calculate(x,y):
      '''输入两个数
         计算和
         计算差
      '''
      sum1=int(x)+int(y)
      diff1=int(x)-int(y)
      print("两数和:"+str(sum1))
      print("两数差:"+str(diff1))
calculate(x,y)
#调用__doc__
print(calculate.__doc__)
```

图 2-5　例 2.2 输入的代码

```
>>>
======================== RESTART: F:\python\py2-
02.py ========================
请输入第一个数: 50
请输入第二个数: 25
两数和: 75
两数差: 25
输入两个数
        计算和
        计算差
```

图 2-6　例 2.2 的运行结果

2.1.2　代码缩进

代码缩进是指代码行开头的空白字符（通常是空格或制表符），用于表示该行代码在程序结构中的层级。Python 使用缩进来体现代码之间的层级关系和逻辑从属关系。代码缩进是 Python 中界定代码块的唯一方式。

代码缩进是 Python 语法结构的一个重要组成部分，同一层级的代码行必须具有相同的缩进量，而不同层级的代码行通过不同的缩进量来区分。表示代码缩进时，制表符和空格不能混合使用，错误地使用制表符或空格时，解释器会提示“unindent does not match any outer indentation level”（缩进级别不匹配）。代码缩进混乱会直接导致程序不能正确运行或运行结果达不到预定的目标。

例 2.3　代码缩进的使用。

源程序：

```
1  j="*"    #变量j赋值为*
2  for i in range(3):      #变量i从0到2,循环3次
3      print(i)            #输出i
4      print(j)            #输出j
```

程序结果：

```
0
*
1
*
2
*
```

代码分析：

第2行代码是for循环语句，这一行输入结束后（注意行末的“:”）按Enter键换行，系统会在新的一行自动留出代码前的空白，此空白即代码缩进。range(3)是创建一个0~2的整数序列，print(i)和print(j)在同一个for语句层次内循环3次，输出的结果分别为“第1次：0、*，第2次：1、*，第3次：2、*”。

例2.4 将例2.3中第4行代码前的缩进去掉，根据运行结果理解代码缩进对程序的影响。

源程序：

```
1  j="*"    #变量j赋值为*
2  for i in range(3):      #变量i从0到2,循环3次
3      print(i)            #输出i
4  print(j)                #输出j,删掉print(j)前的空白
```

程序结果：

```
0
1
2
*
```

代码分析：

print(j)和print(i)缩进不同、层级不同，print(j)不在for循环语句中。这里循环3次输出的结果分别为0、1、2，在该循环结构执行完毕后，继续执行print(j)语句。

2.1.3 编码规范

1. 源文件编码

在核心Python 3发行版中的代码使用了UTF-8（或Python 2中的ASCII）。使用ASCII（Python 2）或UTF-8（Python 3）的文件不需要编码声明，但是在Python 2中使用UTF-8编码时需要有以下编码声明。

```
#-*- coding: utf-8 -*-
#! /usr/bin/env python2
```

2. 代码行的长度规则

Python 将代码行限制为最多 79 个字符。对于结构限制较少的长文本块（普通注释或文档字符串），行长度应限制为 72 个字符。

一般来说，Python 代码中的一条语句占一行，在每条语句的末尾不需要使用表示语句结束的符号。但如果将几条简单的语句写在同一行，则每条语句的末尾需要使用“;”表示结束。

如果一条语句较长需要分几行来写，则 Python 中可以使用反斜杠“\”作为续行符。注意：续行符后不能有任何字符（包括空格或注释）；若是在圆括号“()”、方括号“[]”和花括号“{}”内换行，则使用的是隐式续行符，此时不需要使用续行符“\”。

例 2.5　续行符“\”的用法。

源程序：

```
1   print('Hello world!Good morning!\
2   I wish you a good day!')
3   s1=1 + 2 - 3 + 4 - 5 + 6 - 7 + 8 - 9 + 10 - 11 + 12\
4      - 13 + 14 - 15 + 16 - 17 + 18 - 19 + 20
5   print(s1)
6   s2=(1 + 2 - 3 + 4 - 5 + 6 - 7 + 8 - 9 + 10 - 11 + 12
7      - 13 + 14 - 15 + 16 - 17 + 18 - 19 + 20)
8   print(s2)
9   s3=[1, 2, 3, 4, 5,
10      6, 7, 8, 9, 10]
11  print(s3)
```

程序结果：

```
Hello world!Good morning!I wish you a good day!
12
12
[1, 2, 3, 4, 5, 6, 7, 8, 9, 10]
```

代码分析：

第 1、2 行代码中，print()中的字符串较长，使用续行符“\”表示续行。

第 3、4 行代码中是一个很长的计算表达式，使用续行符“\”将其拆分为两行，以提高代码的可读性。

第 6、7 行的表达式在圆括号内换行，不需要使用续行符“\”。

第 9、10 行代码定义列表时，在[]内换行不需要使用续行符“\”。有关定义列表的相关内容详见第 4 章。

3. 空行

在 Python 代码中插入空行时，解释器不会报错。为了增强代码的可读性，在顶部函数和类定义时可以使用两个空行进行包围，甚至可以利用空行来将两段不同功能的代码块分隔开来。

2.2 保留字与标识符

计算机编程语言中通常会预定义一些具有特定意义的词汇，这些词汇被保留用于在程序中表达特定的功能或结构，称为保留字。用户在程序中自定义变量、函数、类、模块等时使用的名称称为标识符。

2.2.1 保留字

不同版本 Python 语言的保留字有一定的差别。例如，在 Python 3.×的 IDLE 中使用“help ("keywords")”命令查询到当前版本的保留字为 35 个，如图 2-7 所示。

```
>>> help("keywords")

Here is a list of the Python keywords.  Enter any keyword to get more help.

False               class               from                or
None                continue            global              pass
True                def                 if                  raise
and                 del                 import              return
as                  elif                in                  try
assert              else                is                  while
async               except              lambda              with
await               finally             nonlocal            yield
break               for                 not
```

图 2-7 Python 中的保留字

表 2-1 展示了常用的保留字及其基本意义，程序中经常会使用它们来完成程序所需求的功能，保留字在程序中有重要的作用。

表 2-1 常用的保留字及其基本意义

序号	保留字	意义	序号	保留字	意义
1	False	布尔类型，假值，与 True 相反	19	from	导入模块，如 from…import
2	None	表示为空	20	global	声明全局作用域内定义的变量
3	True	布尔类型，真值，与 False 相反	21	if	条件语句，如 if…else、if…elif…else
4	and	表达式运算，逻辑与	22	import	导入模块，如 from…import
5	as	用于类型转换	23	in	判断变量是否在序列中
6	assert	用于断言，必须为真，为假时触发异常	24	is	判断变量是否为某个类的实例
7	async	异步处理	25	lambda	匿名
8	await	程序挂起	26	nonlocal	外层变量
9	break	终止执行的循环	27	not	表达式运算，逻辑非
10	class	定义类	28	or	表达式运算，逻辑或
11	continue	继续执行下一次循环	29	pass	空的函数、方法、类的占位符
12	def	定义函数或方法	30	raise	异常抛出
13	del	删除变量、序列的值	31	return	返回结果到调用处
14	elif	条件语句，结构为 if…elif…else	32	try	可能错误或异常，如 try…except
15	else	条件语句，结构为 if…elif…else	33	while	循环语句
16	except	捕获异常，与 try、finally 结合使用	34	with	简化语句
17	finally	异常语句，始终执行 finally，与 try 和 except 结合使用	35	yield	返回生成器对象
18	for	循环语句			

2.2.2 标识符

每种计算机程序语言的标识符都规定了相应的命名规则，Python 语言中标识符的命名规则如下。

（1）标识符由字母、数字、下划线组成。

（2）标识符不能以数字开头。

（3）标识符区分字母大小写。

（4）标识符不能包含空格。

（5）保留字不能作为标识符使用。

（6）尽量避免使用下划线开头、结尾的命名，因为下划线在 Python 解释器中有特殊的意义。

例 2.6 标识符的命名规则。

合法标识符举例：n、x2、Num、m_3。

不合法标识符举例：2n、class、N@1、m 3、n+1。

2.3 变 量

在程序设计中，变量用于存储和表示程序中需要改变或处理的数据，变量的值可以被读取、修改或用于计算。变量通常有一个名称，用标识符表示，以便于在程序中引用它。在程序设计中，还存在一些不应该或不需要改变的数据，这样的数据用常量表示，即常量的值在程序执行期间也可以被读取、用于计算，但是不能修改。

2.3.1 变量的定义与使用

在很多计算机程序设计语言中，变量使用前一般需要先定义其数据类型及名称；但在 Python 中，变量可以直接通过赋值语句创建，不需要声明其数据类型。在赋值语句中给出变量的名称以及对其的赋值，变量的数据类型就与所赋值的类型一致。

定义变量的语法格式有如下几种。

```
变量名=值    #定义 1 个变量
变量 1=变量 2=变量 3=…=变量 n=值    #为多个变量赋相同的值
变量 1,变量 2,变量 3,…,变量 n=值 1,值 2,值 3,…,值 n    #为多个变量赋不同的值
```

注意：Python 中使用变量前必须先赋值，如果不指定初始值，则解释器会提示 “name ‘xxx’ is not defined”（名称未定义）的错误。

2.3.2 理解 Python 中的变量

对变量赋值后，解释器会创建相应的内存空间存储值，而变量表示对该内存空间中值的引用。

例 2.7 理解 Python 中变量的概念，代码如图 2-8 所示。

```
>>> x=10
>>> type(10)
<class 'int'>
>>> type(x)
<class 'int'>
>>> id(10)
140714058638448
>>> id(x)
140714058638448
>>> y=x
>>> type(y)
<class 'int'>
>>> id(y)
140714058638448
```

图 2-8 例 2.7 代码

在图 2-8 所示代码中，x=10 定义了变量 x 并对其赋值 10，此时 x 的 type（类型）与 10 的 type 相同，都是 int（整型）；x 的 id（地址）与 10 的 id 相同，说明 x 引用的数据所在内存空间和整数 10 的内存空间一样，

即 x 表示的数据就是 10；y=x 定义了变量 y 并对其赋值 x，此时 y 与 x 的 type 相同，都是 int；y 的 id 与 x 的 id 也相同，说明 y 与 x 引用的数据在同一个内存空间（即整数 10 的内存空间）中，所以 y 和 x 都表示数据 10。由此可以看出，Python 中的变量并不直接存储值，而是通过地址引用相应内存空间中的值。

2.4 基本数据类型及其转换

Python 中的数据类型有数字、字符串、布尔、列表、元组、字典等。本节主要介绍数字、字符串、布尔这几种基本数据类型及其转换，列表、元组、字典等将在第 4 章中详细介绍。

2.4.1 数字类型

Python 的数字类型分为整型（int）、浮点型（float）和复数型（complex）。

1. 整型

整型表示带正负号的整数数据。在 Python 中，整型数据的表示形式有十进制、二进制、八进制、十六进制这 4 种。可以利用 Python 的内置函数 hex()、oct()、bin()将整数进行各进制形式的转换，这些函数返回的是相应进制形式的字符串。图 2-9 所示为将十进制整数 10 分别转换成相应的十六进制、八进制、二进制的形式。

```
>>> hex(10)
'0xa'
>>> oct(10)
'0o12'
>>> bin(10)
'0b1010'
```

图 2-9　进制转换示例

另外，Python 中的内置函数 int(字符串,base)可以将十六进制、八进制、二进制形式的字符串转换成相应的十进制整数。例如，int('0xa',16)、int('0o12',8)、int('0b1010',2)，它们的结果均显示为 10。

在 Python 2.×中，整数最大值范围规定：32 位整数的取值为-2147483648～2147483647，64 位整数的取值为-9223372036854775808～9223372036854775807。在 Python 3.×中，取消了整数的最大值限制，因此 Python 可以对超大值的数进行运算，应用领域更加广泛。

2. 浮点型

浮点型表示实数数据，由整数部分、小数点和小数部分组成。Python 中浮点数的表示形式可以使用一般的小数形式和科学记数法形式，科学记数法形式即将数学中 $a\times10^b$ 的写法写成 aeb 或者 aEb，如浮点数 1.25 用科学记数法表示可以是 125E-2，也可以是 12.5E-1。

由于精度的问题，浮点数的运算结果有可能存在误差。应尽量避免在浮点数之间直接进行相等性测试，而应该以两者之差的绝对值是否足够小作为判断两个浮点数是否相等的依据。

3. 复数型

在 Python 中，复数型数据用于表示数学中的复数，一般形式为 a + bj，其中 a 称为实部，b 称为虚部。可以使用 x.real、x.imag 和 x.conjugate()获得复数 x 的实部、虚部和其共轭复数。例如，对于复数 x=1.25+0.033j，x.real 为 1.25，x.imag 为 0.033，x.conjugate()为 1.25-0.033j。

Python 中的内置函数 complex(real,imag)可以创建一个复数或将某个数字、字符串转换为复数形式。例如，complex(1.25,0.033)表示将 1.25 作为实部（real）、0.033 作为虚部（imag）

创建复数 1.25+0.033j；complex('1.25+0.033j')可以将此字符串形式的复数转换为实际复数 1.25+0.033j。如果使用 complex()的调用形式，则参数 real 和 imag 都默认为零，返回虚数 0j。

2.4.2　字符串类型

字符串是 Python 中的一种基本数据类型，用于表示文本数据。字符串是由零个或多个字符组成的序列。在 Python 中，可以使用单引号（'）、双引号（"）或三引号（'''）来创建字符串，如 s='name'或 s="name"。

创建字符串时，如果构成字符串的字符中含有单引号，则使用双引号创建；相反，如果构成字符串的字符中含有双引号，则使用单引号创建；或者在字符串中使用转义字符。例如：

```
s="It's great!"          #包含单引号的字符串
s='She said, "Yes!"'     #包含双引号的字符串
s='It\'s great!'         #使用转义字符\'
s="She said, \"Yes!\""   #使用转义字符\"
```

在 Python 中，字符串一旦被创建，其值就是不可改变的，处理字符串的实质是生成一个新的字符串。本章仅介绍字符串格式的相关知识，有关字符串序列部分的操作将在第 4 章中介绍。

1. 转义字符

当字符串中需要使用一些特殊字符时，可以使用反斜杠“\”来进行转义。表 2-2 中列出了常用的转义字符。

表 2-2　常用的转义字符

转义字符	描述	转义字符	描述
\n	换行	\r	回车
\b	退格	\v	纵向制表符
\'	单引号	\t	横向制表符
\"	双引号	\ooo	1～3 位八进制形式编码对应的字符
\\	反斜杠	\xhh	1 或 2 位十六进制形式编码对应的字符
\f	换页	\uhhhh	4 位十六进制形式 Unicode 编码对应的字符
\a	响铃	\Uhhhhhhhh	8 位十六进制形式 Unicode 编码对应的字符

例 2.8　转义字符“\n”的应用实例。

源程序：

```
str1="Hello world!\nGood morning!\nI wish you a good day!"
print(str1)
```

程序结果：

```
Hello world!
Good morning!
I wish you a good day!
```

代码分析：

“\n”在字符串中出现，表示换行，因此输出结果为3行。

2. 字符串操作

字符串之间可以通过“+”或“*”进行连接。其中，“+”为加法操作，表示将两个字符串连接成为一个新的字符串；“*”为乘法操作，表示生成一个由其本身重复连接而成的字符串。例如：

```
"pine"+"apple"→"pineapple"
3*"pine"→"pinepinepine"
```

3. 原始字符串

原始字符串是指字符串中的所有字符均直接按照字面意思使用，没有转义字符或不能输出的字符。原始字符串的语法非常简单，只需在普通字符串前加上字母r（也可以大写）。例如，将例2.8中的str1改为原始字符串，即

```
str1=r"Hello world!\nGood morning!\nI wish you a good day!"
print(str1)
```

输出结果：

```
Hello world!\nGood morning!\nI wish you a good day!
```

2.4.3 布尔类型

布尔类型是一种逻辑数据类型，它仅包含两个值，即首字母大写的True和False，用于表示真（True）或假（False）两种截然相反的状态。布尔类型在程序设计中，诸如条件判断、流程控制等，起着重要作用。

在Python中，其他数据类型可以隐式转换为布尔值，即非零数值、非空字符串、非空列表等都被视为True，而零、空字符串、空列表等被视为False。

2.4.4 数据类型转换

在编写程序时，经常需要完成各类型之间数据的转换。为此，Python提供了许多内置函数供用户使用，完成转换功能后，返回的值是一个新对象。表2-3中列举了常用的转换函数。

表2-3　常用的转换函数

函数	描述	示例
int(x)	转换为x所对应的整数形式；若x是浮点型数据，则只保留其整数部分	int("125")返回125 int(1.85)返回1
float(x)	转换为x所对应的浮点数形式	float("125")返回125.0 float(125)返回125.0
complex(real,imag)	创建一个复数	complex(3,-4)返回(3-4j)
str(x)	转换为x所对应的字符串形式	str(125)返回'125' str(1.25)返回'1.25'

续表

函数	描述	示例
eval(x)	去掉 x 最外侧引号之后，执行余下的表达式	eval('12.5')返回 12.5 eval('125+12.5')返回 137.5 eval('125>12.5')返回 True
chr(x)	转换为 Unicode 编码为 x 的字符	chr(97)返回'a' chr(10084)返回'❤'
ord(x)	转换为字符 x 的 Unicode 编码	ord('a')返回 97 ord('❤')返回 10084
hex(x)	转换为 x 的十六进制形式的字符串	hex(125)返回'0x7d'
oct(x)	转换为 x 的八进制形式的字符串	oct(125)返回'0o175'
bin(x)	转换为 x 的二进制形式的字符串	bin(125)返回'0b1111101'

2.5 运 算 符

运算符是用于执行各种运算操作的符号。Python 中的运算符包括算术运算符、赋值运算符、关系运算符、逻辑运算符、位运算符、成员运算符、身份运算符等，被运算的数据称为操作数。由操作数和运算符一起构成表达式。

2.5.1 算术运算符

算术运算符用于基本的算术运算，是常用的运算符。表 2-4 中列出了算术运算符及对应的运算。

表 2-4 算术运算符及对应的运算

运算符	对应的运算	运算符	对应的运算
+	加法	/	除法
-	减法	//	整除
*	乘法	%	取模，返回余数
**	幂运算		

例 2.9 算术运算符的操作。

源程序：

```
a=int(input("请输入 a 的值: "))
b=int(input("请输入 b 的值: "))
print("a=",a)
print("b=",b)
print("a+b=",a+b)
print("a-b=",a-b)
print("a*b=",a*b)
print("a/b=",a/b)
print("a%b=",a%b)
print("a**b=",a**b)
print("a//b=",a//b)
```

程序结果：

```
请输入a的值：8
请输入b的值：10
a= 8
b= 10
a+b= 18
a-b= -2
a*b= 80
a/b= 0.8
a%b= 8
a**b= 1073741824
a//b= 0
```

2.5.2 赋值运算符

Python 中除了基本的赋值运算“=”之外，还提供了增强型赋值的方式，即可以直接将算术运算符和“=”赋值运算结合在一起使用。表 2-5 中列出了赋值运算符及对应的运算。

表 2-5 赋值运算符及对应的运算

运算符	对应的运算	运算符	对应的运算
=	赋值	**=	幂运算赋值
+=	加法赋值、字符串连接	/=	除法赋值
-=	减法赋值	//=	整除赋值
*=	乘法赋值	%=	取模赋值

例如，a=a+b 可以直接写成 a+=b，a=a*b 可以直接写成 a*=b。

注意：进行增强型赋值运算时，两个运算符中间不要出现空格，如“+=”不能写成“+ =”，即“+”和“=”之间不要有空格。

2.5.3 关系运算符

关系运算符又称比较运算符，用于比较两个对象是否满足关系运算符所表示的大小关系，若关系成立，则关系表达式的结果为布尔值 True，否则为 False。表 2-6 中列出了关系运算符及对应的运算。

表 2-6 关系运算符及对应的运算

运算符	对应的运算	运算符	对应的运算
==	等于	>	大于
!=	不等于	<=	小于等于
<	小于	>=	大于等于

注意：赋值运算 a=b 与关系运算 a==b 有着本质的区别。a=b 是将 b 的值赋给 a；而 a==b 是比较 a 和 b 两个对象的值是否相等，若相等，则该表达式（a==b）的值为 True，否则为 False。

2.5.4　逻辑运算符

Python 提供了 3 种逻辑运算符：逻辑与（and）、逻辑或（or）和逻辑非（not）。逻辑运算符用于布尔值（True 和 False）之间的运算。

and 运算符对两个布尔表达式执行逻辑与操作。以 x and y 为例，如果 x 的值等价于 True，则 and 运算的结果为 y 的值；如果 x 的值等价于 False，则运算结果为 x 的值。例如：

```
m=125>120 and 26<28       #m 的值是 True
m=125>120 and 28          #m 的值是 28
m=125<120 and 26<28       #m 的值是 False
m=0 and 26<28             #m 的值是 0
```

因此，对于逻辑与运算，当且仅当两个表达式的值都为 True 时，运算结果才为 True；否则，运算结果为 False。

or 运算符对两个布尔表达式执行逻辑或操作。以 x or y 为例，如果 x 的值等价于 True，则 or 运算的结果为 x 的值；如果 x 的值等价于 False，则运算结果为 y 的值。例如：

```
m=125>120 or 26>28        #m 的值是 True
m=125 or 26>28            #m 的值是 125
m=125<120 or 26           #m 的值是 26
m=0 or 26<28              #m 的值是 True
```

因此，对于逻辑或运算，只要有一个表达式的值为 True，运算结果就为 True；只有当两个表达式的值都为 False 时，运算结果才为 False。

not 运算符对一个布尔表达式执行逻辑取反。如果表达式的值为 True，则 not 运算的结果为 False；如果表达式的值为 False，则 not 运算的结果为 True。例如：

```
m=not 125>120             #m 的值是 False
m=not 0                   #m 的值是 True
```

注意：Python 中逻辑运算符为英文小写字母。

2.5.5　位运算符

位运算是将数据转换成二进制进行计算，计算完后的值为相对应的十进制。表 2-7 中列出了位运算符及对应的运算。

表 2-7　位运算符及对应的运算

运算符	对应的运算	描述
&	位与运算符	把数据转换成二进制形式，同位的数都为 1 时，结果才为 1，否则为 0
|	位或运算符	把数据转换成二进制形式，同位的数有一个为 1，结果才为 1，否则为 0
^	位异或运算符	把数据转换成二进制形式，同位的数不同时，结果为 1，否则为 0
~	位取反运算符	数据取反且符号位进行补码
<<	左移动运算符	把数据转换成二进制形式，进行左移，高位丢弃，低位补 0
>>	右移动运算符	把数据转换成二进制形式，进行右移，低位丢弃，高位补 0

2.5.6 成员运算符和身份运算符

Python 中还提供了成员运算符“in”、“not in”和身份运算符“is”、“is not”。

成员运算符用于判断成员是否在序列中。对于运算符“in”，成员包含在序列中时返回 True，如 str1='abcd'，'c' in str1，返回 True。对于运算符“not in”，成员不在序列中时返回 True，如'e' not in str1 会返回 True。

身份运算符用于比较两个对象引用的内存空间是否相同。“is”用于判断两个对象是否引用的是同一内存空间中的数据，若是则返回 True，否则返回 False，如果 a=1，b=1，则 a is b 返回 True。“is not”与“is”的功能相反，如果 a=1，b=2，则 a is not b 返回 True。

2.5.7 运算符的优先级和结合性

当同一个表达式中出现多个运算符时，运算符的优先级和结合性决定了表达式的运算顺序。优先级高的运算符会先做运算；而结合性则是在优先级相同的情况下，决定运算符的运算次序（从左向右或从右向左）。

在 Python 中，运算符的优先级由低到高依次为赋值运算符、逻辑运算符、成员运算符、身份运算符、关系运算符、位运算符、算术运算符。当然，同一种运算符中的各个运算符之间也可能会存在优先级高低的区分，如算术运算符中*、/的优先级高于+、-。强烈建议在书写复杂表达式时使用圆括号来明确表达式的运算顺序。

Python 中大部分运算符的执行顺序是从左向右，只有单目运算符（如 not）、赋值运算符是从右向左执行的。

2.6 基本输入和输出

在前面章节的示例代码中，用到了 input()和 print()两个函数，这两个函数是 Python 的基本输入/输出函数，本节将具体介绍它们的语法和使用方法。

2.6.1 使用 input()函数输入

input()函数用于接收用户的键盘输入。

语法格式：

```
input(prompt=None)
```

说明：

prompt：这是一个可选参数，用于指定提示信息，当 input()函数被执行时，会将该提示信息显示给用户，提示用户输入数据。如果省略 prompt 参数，则不会显示任何提示信息。无论用户输入什么内容，input()函数都会将其作为字符串类型返回。

例如，执行语句 a=input("请输入 a 的值：")后，会显示提示信息“请输入 a 的值：”并等待用户输入，当用户输入内容并按 Enter 键确认后，input()函数会将用户输入的内容以字符串类型返回，此字符串再赋值给变量 a。

因此，在使用 input()函数获取用户输入后，如果需要对输入的数据进行数值运算或其他非字符串操作，则通常需要对返回的字符串进行类型转换。例如，在例 2.9 中，a=int(input

("请输入 a 的值: "))。

2.6.2　使用 print()函数输出

print()函数用于将数据以指定的格式输出到标准控制台或指定的文件对象中。

语法格式：

```
print(value1,value2, …, sep=' ',end='\n',file=sys.stdout,flush=False)
```

说明：

value：表示要输出的对象，多个对象需要用逗号“,”分隔。这些 value 可以是变量、字符串、数字等任意类型的 Python 对象。

sep：表示各对象之间的分隔符，默认为空格，也可自行指定。

end：表示输出完毕后的结束符，默认为换行。

file：表示输出位置，默认值为 sys.stdout，即标准控制台。也可以通过指定文件对象，重新定向输出到文件中。

flush：表示刷新输出缓冲区，默认为不刷新。当其设置为 True 时，会强制将缓冲区中的内容立即输出。在某些情况下，如实时输出日志信息时，可能需要将其设置为 True。

1. 直接输出

例 2.10　print()函数的使用。

（1）print()函数可以直接输出内容。

源程序：

```
print('Hello World!')
```

程序结果：

```
Hello World!
```

（2）print()函数可以输出变量、表达式结果等。

源程序：

```
a=125
b=521
print(a,b,a+b,sep=';')
```

程序结果：

```
125;521;646
```

（3）print()函数可以将内容输出到文本文件中。

源程序：

```
fp = open('01.txt','w+')
#输出"Hello world!Good morning!I wish you a good day!"将其保存到 01.txt 中
print("Hello world! ", "Good morning! ","I wish you a good day!",file=fp)
#关闭文件对象
fp.close()
```

程序结果：

print()函数将内容输出到文本文件中的运行结果如图 2-10 所示。

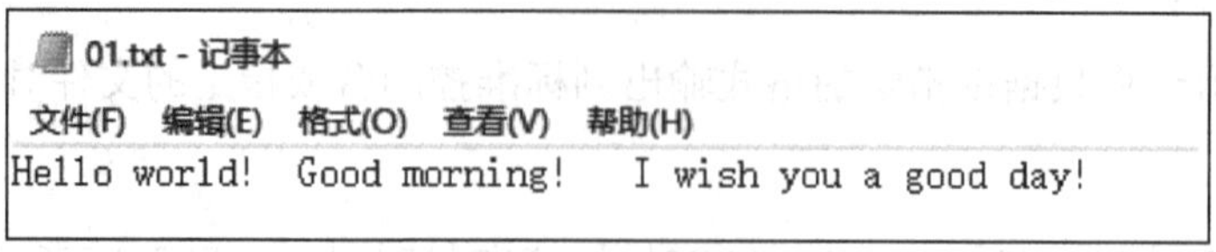

图 2-10 print()函数将内容输出到文本文件中的运行结果

2. 格式化输出

除了上述基本输出功能之外，print()函数还支持格式化输出，使得输出结果能符合特定的格式要求。print()函数的格式化输出主要有格式化占位符、string.format()方法、f-string 等几种方式。这里重点介绍从 Python 3.6 开始引入的 f-string 方式，这是一种更加简洁、直观和高效的字符串格式化方式。

f-string 会将要输出的内容写成一个字符串，在字符串前加上字母 f 或 F，字符串中使用花括号{}放置要输出的对象。例如：

```
name = "Anna"
age = 22
print(f"Hello, my name is {name} and I am {age} years old.")
```

输出结果：

```
Hello, my name is Anna and I am 22 years old.
```

在花括号{}中还可以放置表达式，输出的时候会对表达式进行求值及输出。例如：

```
a = 10
b = 20
print(f"{a} + {b} = {a + b}")
```

输出结果：

```
10 + 20 = 30
```

在 f-string 中，也可以对数字的输出进行格式化：使用 {value:<对齐><宽度><.精度><类型>}的格式设置数值 value 输出的宽度、对齐方式、小数点后的保留位数等。其中，各参数说明如下。

<对齐>：表示数值在给定输出列宽内的对齐方式，用符号“<”（左对齐）、“>”（右对齐）、“^”（居中）标明。

<宽度>：设置数值输出占据的列宽。

<.精度>：设置输出的小数点后保留的位数。

<类型>：表示输出的类型格式，用格式说明符表示。例如，d 表示十进制整数，f 表示浮点数，%表示百分数。表 2-8 中列出了常用的格式说明符。

表 2-8　常用的格式说明符

符号	描述	符号	描述
d	十进制整数	e 或 E	浮点数的科学记数法形式
b	二进制整数	s	字符串
o	八进制整数，无前缀	c	单个字符
x	十六进制整数（小写），无前缀	%	百分数
X	十六进制整数（大写），无前缀	,	千位分隔符
f 或 F	浮点数	g 或 G	根据数值的大小自动选择 f 或 e 格式

例 2.11　数字格式化输出。

源程序：

```
r=2
s=3.14*r*r
#在 4 列宽度内左对齐输出十进制整数 r，在 6 列宽度内右对齐输出浮点数 s，保留 1 位小数
print(f"半径={r:<4d},面积={s:>6.1f}")
p1=1234.56
p2=0.12345
#以科学记数法的方式输出 p1，保留 4 位小数；以保留 2 位小数的百分比形式输出 p2
print(f"p1 is {p1:.4e},p2 is {p2:.2%}")
```

程序结果：

```
半径=2   ,面积=  12.6
p1 is 1.2346e+03,p2 is 12.35%
```

在以上输出宽度的格式控制中，若数值的实际宽度超过设置宽度，则数值将不受设置宽度的限制完整输出。另外，若要在 f-string 的字符串中输出花括号“{}”本身，则需要使用双花括号，即用“{{”表示“{”、“}}”表示“}”。

本 章 小 结

本章主要讲述 Python 语言基础，包括 Python 的语法特点、保留字与标识符、变量、基本数据类型及其转换、运算符、基本输入和输出等，这些内容是在进行 Python 程序设计前必须牢牢掌握的基础内容。通过本章的学习，读者应对 Python 中的基本数据类型有一个基本的认知，并且掌握各种运算符的使用方法。本章内容对后期学习编程有重要作用。

第 3 章　Python 程序的控制结构

学习目标

（1）掌握 Python 程序的基本控制结构。
（2）掌握 3 种基本控制结构的语法结构和程序流程。
（3）掌握程序设计方法的应用。

使用各种类型的数据及运算符可以表达实际问题中对各种数据的处理步骤，要实现特定的业务逻辑还需要依赖于程序的控制结构。程序设计语言的三大基本控制结构是顺序结构、分支结构和循环结构，这些结构是构建程序逻辑的基础。

3.1　程序的顺序结构

顺序结构是程序中基本的控制结构之一。在顺序结构中，程序按顺序自上而下逐条语句依次执行，其流程图如图 3-1 所示。

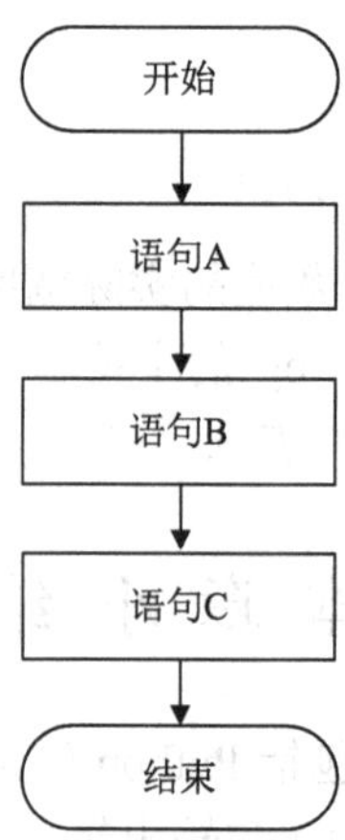

图 3-1　顺序结构的流程图

例 3.1　蛋鸡养殖户针对 51～150 日龄蛋鸡的用料计算公式如下：

日用料量=50+(日龄数−50)÷2

输入蛋鸡日龄，计算每日用料。

源程序：

```
a=int(input("请输入蛋鸡日龄："))
w=50+(a-50)/2
print(f"今日用料：{w}")
```

程序结果：

```
请输入蛋鸡日龄：69
今日用料：59.5
```

代码分析：

以上代码从第 1～3 行按顺序逐条语句执行，没有任何跳转或重复。由于 input()函数返回的是一个字符串，因此需要先使用 int()函数转换成整型数值再进行计算。

3.2　程序的分支结构

顺序结构的程序只能完成计算、输出等较为简单的功能，不能按给定的条件进行判断、决策。观察下面两个例子。

（1）针对各个不同日龄的蛋鸡，各阶段用料的计算方法不同，需要采用不同的计算公式。

（2）在学生选课系统中，如果某一时间段学生选择了“Python 语言程序设计”课程，那么禁止选择该时间段的其他课程。

为了实现诸如上述根据条件进行判断、确定下一步操作的程序设计，需要使用分支结构。程序的分支结构是根据给定的条件进行判断，执行不同流程的结构。Python 中的分支结构主要通过 if 语句来实现。

3.2.1　单分支结构

单分支结构是根据条件进行判断，如果条件表达式为 True，则执行语句块，否则不执行语句块。单分支结构的流程图如图 3-2 所示。

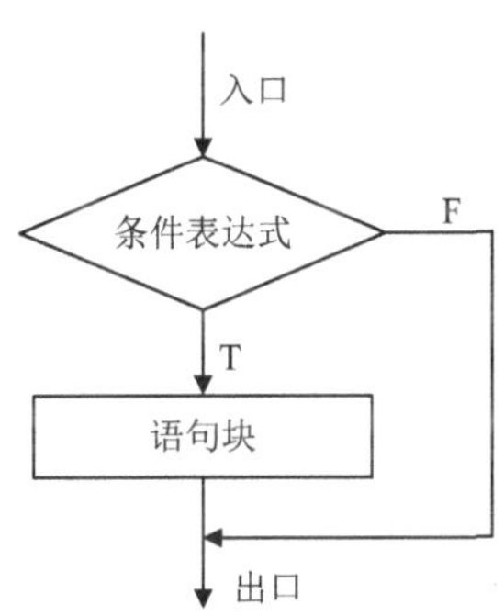

图 3-2　单分支结构的流程图

语法结构：

```
if <条件表达式>:
    <语句块>      #左边需要缩进
```

例 3.2　输入两个整数，按较小值在前、较大值在后输出。

源程序：

```
a=int(input("输入数 a:"))
b=int(input("输入数 b:"))
if a>b:
   a,b=b,a
```

```
print(a,b)
```

程序结果 1：

```
输入数 a:8
输入数 b:6
6 8
```

程序结果 2：

```
输入数 a:2
输入数 b:6
2 6
```

代码分析：

用户输入 a、b 两个数，比较 a 和 b 的大小，如果 a 大于 b，则将交换 a 与 b 的值，否则 a 与 b 的值不变。最后按照 a 在前、b 在后的顺序输出，一定是较小值在前，较大值在后。

例 3.3 设计程序计算养殖鸡的每日饮水量，当气温超过 35℃（含 35℃）时，鸡的饮水量约为正常温度时的 2 倍，输入今日气温和鸡的正常温度的饮水量，输出鸡的每日饮水量。

源程序：

```
t=eval(input("请输入气温："))
w=eval(input("请输入正常饮水量："))
if t>=35:
    w=w*2
print(f"今日饮水量：{w}")
```

程序结果 1：

```
请输入气温：25
请输入正常饮水量：150
今日饮水量： 150
```

程序结果 2：

```
请输入气温：35
请输入正常饮水量：150
今日饮水量： 300
```

代码分析：

若气温达到 35℃及以上，则鸡的饮水量需要乘以 2；若气温不超过 35℃，则不需要调整饮水量，因此该代码设计为单分支结构即可完成。eval()函数的功能是去掉参数最外侧引号并执行余下的表达式，因此输入的气温值无论是整型数还是浮点数，使用 eval()函数转换类型都是合适的。

3.2.2 双分支结构

双分支结构是根据条件进行判断，如果条件表达式为 True，则执行语句块 1，否则执行语句块 2。双分支结构的流程图如图 3-3 所示。

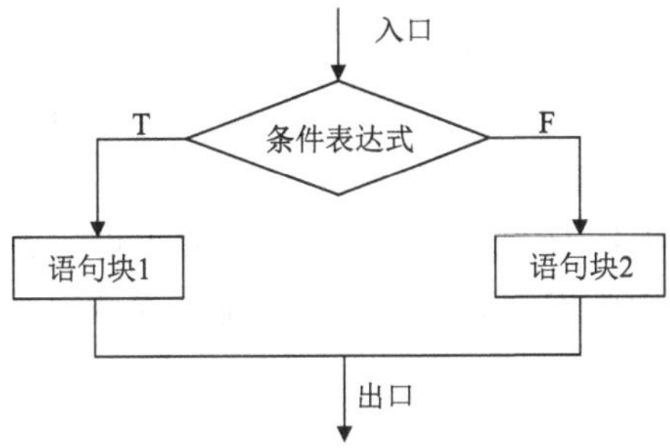

图 3-3　双分支结构的流程图

语法结构：

```
if <条件表达式>:
    <语句块 1>
else:
    <语句块 2>
```

例 3.4　读入一个年份，判断该年是否为闰年。判断方法：当年份能被 4 整除但不能被 100 整除，或能被 400 整除时，该年份为闰年。

源程序：

```
1    year=eval(input("输入年份:"))
2    if year%400==0 or (year%4==0 and year%100!=0):
3        print("闰年")
4    else:
5        print("平年")
```

程序结果 1：

```
输入年份:2020
闰年
```

程序结果 2：

```
输入年份:2021
平年
```

代码分析：

根据用户输入的年份，判断是否为闰年。闰年年份有两种情况：年份 year 能被 400 整除；年份 year 能被 4 整除，且不能被 100 整除。因为满足两个条件之一即可，所以使用逻辑或运算符 or 将两个条件表达式相连，结果为 True 时，输出“闰年”；结果为 False 时，输出“平年”。观察第 2 行语句中“==”运算符与“!=”运算符的用法，注意混合运算的优先级顺序。

简单的双分支结构还可以使用 Python 中形如 exp1 if cond else exp2 的表达式描述。在此表达式中，cond 是一个布尔表达式，如果 cond 的值等价于 True，则整个表达式的值为 exp1；否则整个表达式的值为 exp2。例如：

```
x = 10
y = 20
m = x if x > y else y     #如果 x>y，则取 x 的值赋给 m，否则取 y 的值赋给 m
print(m)    #输出 20
```

因此，例 3.4 中的 if 语句也可写为

```
print("闰年") if year%400==0 or (year%4==0 and year%100!=0) else print("平年")
```

例 3.5　我国农业普查每 10 年开展一次，在逢 6 的年份实施。随机生成一个 1996～2050 年中的年份，编程判断其是否为农业普查年份，并输出结果。

源程序：

```
1  import random
2  year=random.randint(1996,2050)
3  if year%10==6:
4      print(f"{year}是农业普查年。")
5  else:
6      print(f"{year}不是农业普查年。")
```

程序结果：

```
2034 不是农业普查年。
```

代码分析：

第 1 行代码中的 random 是 Python 中提供生成随机数功能的标准库，使用前需要用 import 语句导入。

第 2 行代码中的 random.randint()是 random 库中用于生成随机整数的函数，randint(a,b)可以生成一个 a～b 中的随机整数，所以 randint(1996,2050)可以生成一个 1996～2050 中的随机整数，此例中生成的是 2034。

第 3 行代码使用%运算取得 year 个位上的数字，判断是否为 6，若是，则输出“是农业普查年”，否则输出“不是农业普查年”。

3.2.3　多分支结构

多分支结构是对多个条件进行判断，如果满足某个条件，则执行其后的语句块；如果所有条件均不满足，则执行 else 语句。多分支结构的流程图如图 3-4 所示。

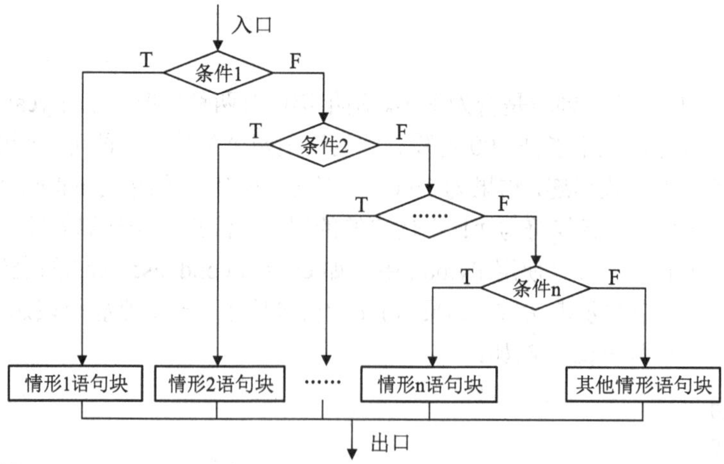

图 3-4　多分支结构的流程图

语法结构：

```
if <条件 1>:
    <情形 1 语句块>
elif <条件 2>:
    <情形 2 语句块>
…
elif <条件 n>:
    <情形 n 语句块>
else:
    <其他情形语句块>
```

例 3.6　某蛋鸡养殖户针对不同日龄蛋鸡的用料计算公式如下：

$$w=\begin{cases}a+2 & a\leqslant 10\\ a+1 & 10<a\leqslant 20\\ 28 & 20<a\leqslant 50\\ 50+(a-50)/2 & 50<a\leqslant 150\\ 100 & a>150\end{cases}$$

输入蛋鸡日龄，计算用料。

源程序：

```python
a=int(input("请输入日龄："))
if a<=10:
    w=a+2
elif 10<a<=20:
    w=a+1
elif 20<a<=50:
    w=28
elif 50<a<=150:
    w=50+(a-50)/2
else:
    w=100
print(f"日龄：{a}天，参考用料：{w:.2f}")
```

程序结果 1：

```
请输入日龄：20
日龄：20 天，参考用料：21.00
```

程序结果 2：

```
请输入日龄：35
日龄：35 天，参考用料：28.00
```

程序结果 3：

```
请输入日龄：65
日龄：65 天，参考用料：57.50
```

程序结果 4：

```
请输入日龄：165
日龄：165 天，参考用料：100.00
```

代码分析：

根据用户输入的 a（日龄）值进行判断，满足某个日龄范围的条件时，输出对应参考用料。

例 3.7 输入学生 3 门课程的分数，判断奖学金等级。一等奖学金条件为平均分 avg≥90，二等奖学金条件为 85≤avg<90，三等奖学金条件为 80≤avg<85，否则无奖学金。

分析：

首先输入 3 门课程的成绩，然后进行平均值计算。根据题目要求，条件为 4 个，即一等奖学金、二等奖学金、三等奖学金和无奖学金，即需要编写多分支结构的 if 语句。

源程序：

```
1   s1,s2,s3=eval(input("请输入三门课程成绩:"))
2   show="无奖学金"
3   avg=(s1+s2+s3)/3
4   if avg>=90:
5       show="一等奖学金"
6   elif avg>=85:
7       show="二等奖学金"
8   elif avg>=80:
9       show="三等奖学金"
10  print(show)
```

程序结果 1：

```
请输入三门课程成绩:90,95,92
一等奖学金
```

程序结果 2：

```
请输入三门课程成绩:85,90,88
二等奖学金
```

程序结果 3：

```
请输入三门课程成绩:80,78,90
三等奖学金
```

程序结果 4：

```
请输入三门课程成绩:80,78,80
无奖学金
```

代码分析：

在以上程序中，将“无奖学金”作为默认输出的字符串，当满足其他 3 种奖学金条件时，将替换该输出；如果没有满足任何一种奖学金条件，则输出该默认字符串，因此只需要使用 3 个分支的 if 语句。

注意：执行第 1 行代码输入数据时，需要使用半角状态的逗号分隔 3 门课程的成绩，这样使用 eval()函数去掉 input()返回的输入字符串两侧的引号后，将余下的部分赋值给左边的 3 个变量，刚好符合同时对多个变量赋值的形式。

3.2.4 分支结构的嵌套

分支结构的嵌套是指在 if 分支或 else 分支中又包含分支结构。建议最多使用 3 层嵌套，较多层次的嵌套会使得语句结构变得复杂，难以理解。图 3-5 所示是一个嵌套分支结构的流程图示例，根据分支结构的不同，其流程图也会不同。

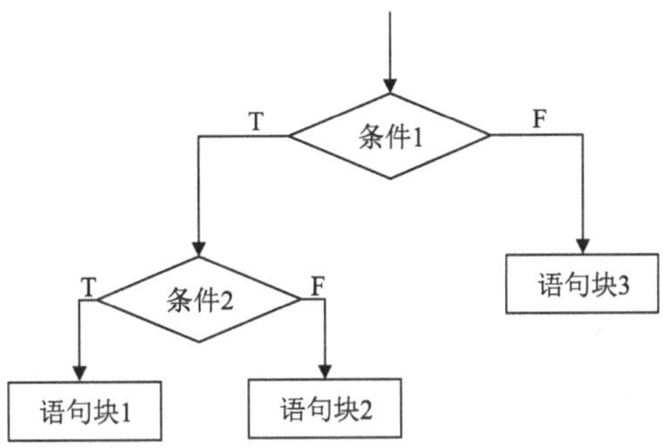

图 3-5 嵌套分支结构的流程图示例

图 3-5 的语句结构：

```
if 条件 1:
    if 条件 2:
        语句块 1
    else:
        语句块 2
else:
    语句块 3
```

例 3.8 输入停车时间，计算应付停车费。停车费收取规则：停车 1～6 小时，每小时 3 元，不满 1 小时的按 1 小时计；停车 7～24 小时，按 20 元的上限收取；若停车超过一天，则按此规则累加每天的停车费用。

分析：

每天停车费的计费规则分为两种情况：一种情况是 1～6 小时，按小时收费；一种情况是 7～24 小时，按天收费。但要注意停车时间的换算，如果不满整小时数，则需按整小时数计算，如 1.2 小时需按 2 小时计算。根据停车的总小时数，先换算出车停了几天几小时，再计算停车费。

源程序：

```
hours=eval(input("请输入停车时间（小时）:"))
days=hours//24                    #计算停车的完整天数
hour=hours%24                     #计算除去完整天数后停车的小时数
fee=days*20                       #完整天数的停车费按 20 元/天计
if hour<=6:                       #1～6 小时，按小时收费
    if (int(hour)!=hour):         #时长不是整小时数，不满 1 小时的按 1 小时计
        fee=fee+(int(hour)+1)*3
```

```
8       else:
9           fee=fee+hour*3
10  else:      #7～24 小时，按天收费
11      fee=fee+20
12  print(f"停车{hours}小时,收费{fee}元。")
```

程序结果 1：

```
请输入停车时间（小时）:5
停车 5 小时,收费 15 元。
```

程序结果 2：

```
请输入停车时间（小时）:6.2
停车 6.2 小时,收费 20.0 元。
```

程序结果 3：

```
请输入停车时间（小时）:5.4
停车 5.4 小时,收费 18.0 元。
```

程序结果 4：

```
请输入停车时间（小时）:26
停车 26 小时,收费 26 元。
```

程序结果 5：

```
请输入停车时间（小时）:32
停车 32 小时,收费 40 元。
```

代码分析：

根据输入的停车总小时数，第 2、3 行代码使用//、%运算换算出车停了几天几小时，并将天数赋值给 days 变量、小时数赋值给 hour 变量。

第 4 行代码计算完整天数的停车费用。

第 6～9 行代码判断小时数是否为整数值。若带小数位，即不满 1 小时，则需要按 1 小时的时长收费；若不带小数位，则按原 hour 数值收费。

3.3 程序的循环结构

循环结构是当循环条件为真时，重复执行循环体内的语句块的结构。Python 中的循环结构有 while 循环和 for 循环两种。

3.3.1 while 循环

while 循环是当条件成立时执行循环体中的语句块，不成立时停止循环。图 3-6 所示为 while 循环语句的流程图。

语法结构：

```
while <条件表达式>:
    <语句块>      #左边需要缩进
```

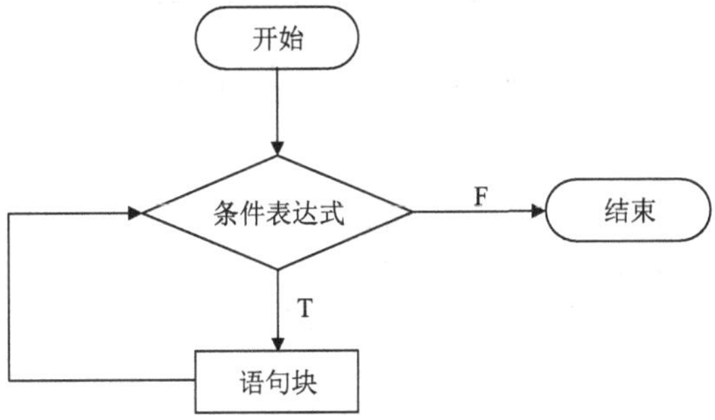

图 3-6　while 循环语句的流程图

例 3.9　计算 1～100 中所有偶数的和以及所有奇数的和。

源程序：

```
a=1
s1=0
s2=0
while a<=100:
    if a%2==0:
        s1+=a
    else:
        s2+=a
    a=a+1
print(f"偶数和:{s1},奇数和:{s2}")
```

程序结果：

```
偶数和:2550,奇数和:2500
```

代码分析：

这是一个重复累加的过程，参与累加的加数从 1 依次递增到 100，其中的偶数和奇数分别累加。定义变量 a 表示从 1 到 100 的每个加数，定义变量 s1 和 s2 分别表示偶数之和及奇数之和。作为累加和，s1、s2 的初值设为 0。a 的初值为 1，只要满足 a 的值不到 100，就进入语句块，使用 if…else 语句判断 a 的奇偶性，a 除以 2 时，如果余数为 0，则 a 为偶数，累加到 s1 中；否则 a 为奇数，累加到 s2 中，且 a 增加 1 成为下一个加数。

例 3.10　某养猪场养了一批瘦肉型猪准备销售，瘦肉型猪以活重 90～110kg 销售为宜。依次输入猪只的称重，以 0 结束，统计其中适宜销售的猪只数量及其平均重量，平均重量保留两位小数输出。

源程序：

```
n=0    #适宜销售的猪只数量，初值为 0
wt=0   #适宜销售猪只的重量之和，初值为 0
w=eval(input("请输入猪只的称重(kg)，输入 0 表示结束："))
while w>0:
    if 90<=w<=110:
        n+=1
        wt+=w
    w=eval(input("请输入猪只的称重(kg)，输入 0 表示结束："))
```

```
9   wa=wt/n   #计算平均重量
10  print(f"适宜销售的猪只数量:{n}, 平均重量: {wa:.2f}kg")
```

程序结果：

```
请输入猪只的称重(kg), 输入 0 表示结束: 100
请输入猪只的称重(kg), 输入 0 表示结束: 90
请输入猪只的称重(kg), 输入 0 表示结束: 80
请输入猪只的称重(kg), 输入 0 表示结束: 110
请输入猪只的称重(kg), 输入 0 表示结束: 115
请输入猪只的称重(kg), 输入 0 表示结束: 105
请输入猪只的称重(kg), 输入 0 表示结束: 0
适宜销售的猪只数量:4, 平均重量: 101.25kg
```

代码分析：

重复输入猪只的称重，只要输入的数值不为 0，就进入循环体语句块：判断称重是否为 90～110kg（第 5 行代码），若是，则适宜销售的猪只数量 n 增加 1（第 6 行代码），并累加至猪只重量之和 wt 中（第 7 行代码），再继续输入下一猪只的称重。

3.3.2 for 循环

for 循环是在完成遍历某个序列的过程中重复执行循环体中的语句块，遍历完成后停止循环。图 3-7 所示为 for 循环语句的流程图。

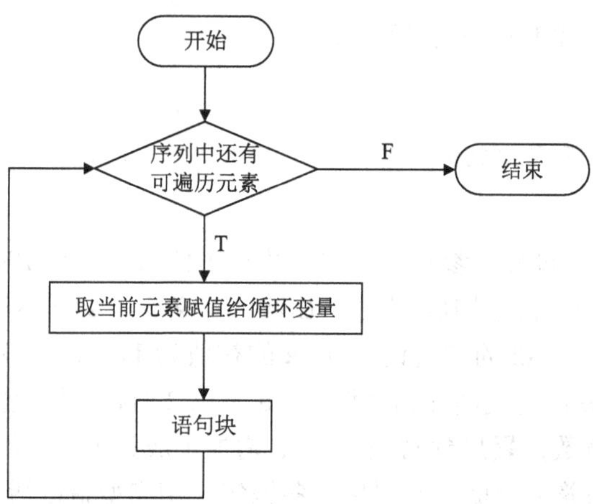

图 3-7 for 循环语句的流程图

语法结构：

```
for <变量> in <序列>:
    <语句块>     #左边需要缩进
```

for 循环结构的执行流程是依次从序列中提取元素，赋给循环变量，执行循环体，即每遍历序列中的一个元素，循环体就被执行一次，完整遍历序列中的所有元素后 for 循环结束。被遍历的序列可以是字符串、列表、元组或其他可迭代对象，如字典、集合、文件对象等；也可以使用 Python 的内置函数 range()生成一个数字序列用于 for 循环的遍历。

range(start, stop, step)会生成一个从 start 到 stop（不包括 stop）的数字序列，步长为 step。

如果只提供一个参数，则默认从 0 开始，如 range(10)生成数字序列 0～9。

例 3.11　随机生成 1 个车牌号。车牌号由 10 个阿拉伯数字、26 个大写字母（除'O' 'I'外）中的任意 5 个字符构成。

分析：

依次随机生成 5 个字符并按序构成车牌号，每次都从 10 个阿拉伯数字、26 个大写字母这 36 个字符中随机生成 1 个字符。所以可以考虑使用 randint()随机生成 0～35 中的数字，若生成的是 0～9 中的数字，则可直接作为车牌号中的 1 位；若生成的是 10～35 中的数字，则将其转换成按序对应的大写字母，例如，若随机生成的是 10，则将其转换成大写字母'A'，若生成 15，则将其转换成大写字母'E'。如果转换成的字母是'O'或'I'，则由于车牌号不包括这两个字符，因此需要修改，如改成其前 1 个字母。将依次生成的 5 个字符连接成一个字符串，即可得到随机车牌号。

源程序：

```
1   import random
2   carno=""   #空字符串
3   for i in range(5):   #循环 5 次
4       n=random.randint(0,35)   #随机生成 0～35 的数字，并赋值给 n
5       if n>9:
6           n+=55
7           if chr(n)=='O' or chr(n)=='I':   #若是'O'或'I'，则改成其前 1 个字母
8               n-=1
9           carno+=chr(n)   #使用“+”运算连接两个字符串
10      else:
11          carno+=str(n)
12  print(carno)
```

程序结果：

```
T50H7
```

代码分析：

第 2 行代码中，carno 表示车牌号，初始值为空字符串，之后每随机生成一个字符就与之相连，最后得到 5 位的随机车牌号。

第 3 行代码中，range(N)会生成序列 0～N−1。range(5)使得 for 循环遍历数字序列 0～4，即循环 5 次。

第 5、6 行代码中，若随机生成的是 10～35 中的数字，则将该数字转换成按序对应的大写字母的 Unicode 编码。'A'～'Z' 26 个英文字母的 Unicode 编码是 65～90。

第 9 行代码中，使用 chr()函数将 n 表示的 Unicode 编码转换成对应的字符，作为随机车牌号中的 1 位与 carno 相连接。

第 10、11 行代码中，随机生成的是 0～9 中的数字，使用 str()函数将整数 n 转换成字符串形式，并作为车牌号中的 1 位与字符串 carno 相连接。

3.3.3　循环控制：break 和 continue

break 和 continue 是用于控制循环结构执行流程的保留字，在循环结构中通常和 if 语句结合使用，表示在满足某种条件时提前结束循环。但两者在语义上有区别：break 用来提前

终止循环结构中它所属层次的循环，从该层循环结束后的代码继续执行；continue用来提前结束当次循环，即忽略循环体中continue之后尚未执行的语句，提前进入下一次循环，它所属的循环并未终止。

注意：break只能提前结束其所在层次的循环，break和continue不能在循环结构外使用。

例 3.12 以下循环代码中包含break和continue，观察分析它们的区别。

源程序：

```
1   print("以下是使用 break 的输出：")
2   for s in "python":
3       if s=="t":
4           break
5       print(s,end="")
6   print("\n 以下是使用 continue 的输出：")
7   for s in "python":
8       if s=="t":
9           continue
10      print(s,end="")
```

程序结果：

```
以下是使用 break 的输出：
py
以下是使用 continue 的输出：
pyhon
```

代码分析：

for循环遍历字符串“python”，依次输出遍历到的每个字符。在循环到字符“t”时，第4行代码使用break终止循环，所以输出的结果只有“t”之前的两个字符“py”；同样的循环结构，将break改成continue，第9行代码使用continue结束当次循环，不执行print()函数便进入下一次循环，所以最终输出的结果是除了“t”之外的其他所有字符“pyhon”。

3.3.4 循环语句的else用法

在Python中，循环语句都存在一个else的扩展用法，其语法格式如下。

```
while <条件表达式>:
    <语句块 1>
else:
    <语句块 2>
```

```
for <变量> in <序列>:
    <语句块 1>
else:
    <语句块 2>
```

这个else语句块在循环正常结束（即循环不是被break退出）的时候执行。

例 3.13 在字符串中寻找指定字符，输出找到或者未找到的信息。

源程序：

```
s=input("请输入字符串：")
c=input("请输入寻找的字符：")
for x in s:
    if x==c:
        print("找到指定字符")
        break
```

```
else:
    print("未找到指定字符")
```

程序结果 1：

```
请输入字符串：HELLO
请输入寻找的字符：E
找到指定字符
```

程序结果 2：

```
请输入字符串：HELLO
请输入寻找的字符：e
未找到指定字符
```

代码分析：

for 循环遍历字符串 s 中的每个字符，如果找到和指定寻找的字符 c 相同的字符，则输出找到的信息，并使用 break 提前结束循环，此时因为循环是通过 break 结束的，所以不会执行 else 语句块。如果循环过程中一直没有找到和 c 相同的字符，则不会执行 break，for 循环会在完成字符串 s 的遍历后结束，此时会执行 else 语句块，输出未找到的信息。

例 3.14　输入一个整数，判断其是否为一个质数。

分析：

质数也称为素数，其特点是只能被 1 和其本身整除，即如果一个整数除了 1 和其本身之外还有其他因数，则这个整数不是质数。因此，可以根据一个整数的因数情形来判断其是否为质数。

源程序：

```
1  n=int(input('请输入一个大于等于 2 的整数：'))
2  for i in range(2,n):      #range(2,n)用于生成序列 2～n-1
3      if n%i==0:            #若 i 能整除 n，则 i 是 n 的因数
4          print(f"{n}不是质数。")
5          break
6  else:
7      print(f"{n}是质数。")
```

程序结果 1：

```
请输入一个大于等于 2 的整数：9
9 不是质数
```

程序结果 2：

```
请输入一个大于等于 2 的整数：97
97 是质数
```

代码分析：

第 1 行代码中，变量 n 表示输入的整数。

第 2～5 行代码中，使用循环依次判断 2～n-1 中的每个数，若存在 n 的因数，则 n 不是质数，循环无须继续，使用 break 提前结束循环。

第 6～7 行代码中，使用了循环语句的 else 用法，else 部分输出“是质数”的代码在循

环正常结束时执行，循环正常结束即循环不是由 break 退出的，意味着 2～n-1 中没有 n 的因数，即 n 的因数只有 1 和其本身，说明 n 是质数。

此问题还有其他的解决思路，读者可自行思考。

3.3.5 循环的嵌套

循环的嵌套是指在一个循环结构内部再包含另一个循环结构。

例 3.15 以下是一段两层嵌套循环的代码，通过分析其输出了解嵌套循环的执行流程。

源程序：

```
for i in range(3):       #外层循环
    for j in range(2):   #内层循环
        print(f"i={i}, j={j}")
```

程序结果：

```
i=0, j=0
i=0, j=1
i=1, j=0
i=1, j=1
i=2, j=0
i=2, j=1
```

代码分析：

外层循环 for 的循环变量 i 从 0 到 2，一共执行 3 次循环体，而每次执行循环体时，内层循环 for 的循环变量 j 都从 0 到 1 完整地执行 2 次循环体，即 print()语句。因此，输出的结果是当 i 分别为 0、1、2 时，j 都会依次为 0、1。

被包含的循环结构作为外层循环结构循环体的一部分，在外层循环体每次执行时，都会完整地执行一遍自身的循环。

例 3.16 扩展例 3.11 的功能。随机生成 5 个车牌号，提示用户："若有喜欢的车牌号，请输入对应序号；若无，请输入 0 继续："，若用户输入的是喜欢的车牌号的序号，则结束生成车牌号，若用户输入 0，则继续生成 5 个随机车牌号供用户选择。

分析：

随机生成 5 个车牌号，即将例 3.11 中生成 1 个车牌号的过程重复 5 遍，这是一个嵌套循环；而这个过程在用户没有喜欢的车牌号的情况下还会重复进行，直到用户输入所喜欢的车牌号的序号时结束。

源程序：

```
import random
while True:                         #生成车牌号的重复过程直接开始
    for i in range(5):              #随机生成 5 个车牌号
        carno=""
        for j in range(5):          #随机生成 5 个字符，构成一个车牌号
            n=random.randint(0,35)
            if n>9:
                n+=55
                if chr(n)=='O' or chr(n)=='I':
                    n-=1
```

```
11                  carno+=chr(n)
12              else:
13                  carno+=str(n)
14          print(i+1,carno)          #输出新生成的车牌号
15      r=input("若有喜欢的车牌号，请输入对应序号；若无，请输入 0 继续：")
16      if r!='0':
17          print("您选择的是第"+r+"个车牌号。挑选车牌号结束。")
18          break    #用户选择了喜欢的车牌号的序号，循环结束
```

程序结果：

```
1 31HZJ
2 HS5HG
3 DTBJN
4 GS607
5 XZH1M
若有喜欢的车牌号，请输入对应序号；若无，请输入 0 继续：0
1 1ANPM
2 ESPKD
3 C5LDC
4 87KXJ
5 QTFCN
若有喜欢的车牌号，请输入对应序号；若无，请输入 0 继续：0
1 XHW17
2 2L1R1
3 63ELD
4 M9UDD
5 HAEWG
若有喜欢的车牌号，请输入对应序号；若无，请输入 0 继续：4
您选择的是第 4 个车牌号。挑选车牌号结束。
```

代码分析：

第 2 行代码中，while 循环的循环条件是布尔值 True，即循环条件一直成立，表示随机生成 5 个车牌号的这个重复过程可以直接开始。

第 3 行代码中，外层 for 循环开始，此循环将循环 5 次，表示生成 5 个随机的车牌号。循环体是第 4～14 行，完成生成 1 个随机车牌号并输出的操作。

第 5～13 行代码中，内层 for 循环重复 5 次，随机生成 5 个字符，构成 1 个车牌号。

第 16～18 行代码中，在两层嵌套的 for 循环之后执行，根据用户的输入，若用户选择了喜欢的车牌号，则使用 break 结束 while 循环；若没有用户喜欢的车牌号，则 while 循环继续，即继续生成新的一组车牌号。

3.4　程序设计应用实例

3.4.1　递推法编程实例

递推法是利用问题本身所具有的递推关系，通过已知条件逐步推导出问题的解的方法，通常是将一个复杂的计算过程转换为简单过程的多次重复。

例 3.17 已知以下算式，请计算该算式的值直到某一项的绝对值小于 10^{-6} 为止。

$$1-\frac{1}{3}+\frac{1}{5}-\frac{1}{7}+\frac{1}{9}-\frac{1}{11}+\cdots$$

分析：

观察此算式，不难发现其每一项都是一个分数，分数的分子是 1，分母的绝对值比前一项多 2，且每一项的符号都是正负交替的，按照此规律依次用表达式表示每一项并累加，循环条件是作累加的项的绝对值不小于 10^{-6}。

源程序：

```
1  y=0
2  sign=1        #表示正负号
3  t=1           #第 1 项
4  while abs(1/t)>=1e-6:   #使用 abs()函数求数值的绝对值
5      y=y+1/t*sign
6      sign=-sign          #正负交替
7      t+=2
8  print(f"{y:.6f}")
```

程序结果：

```
0.785398
```

代码分析：

第 1～3 行代码，是循环开始前的准备工作，变量 y 表示算式结果，初始值为 0；变量 sign 表示符号，初始值为 1，表示正号；变量 t 表示每一项的分母，初始值为 1。

第 4 行代码中的循环条件使用了 Python 的内置函数 abs()，此函数用于求取一个数值的绝对值。

第 5～7 行代码，将满足条件的每一项 1/t 累加至变量 y 中，正负交替变换符号 sign，分母 t 的值按步长 2 递增。

第 8 行代码，保留 6 位小数并输出算式结果。

例 3.18 小顺同学练习长跑，他制订了一个循序渐进的练习计划：从跑 1km 开始，每两周跑步距离增加 10%，当跑步距离达到 5km（此距离保持练习两周）后，变为每一周跑步距离增加 5%，当跑步距离达到 10km 时就不再增加，保持这个距离练习。若按照这个计划，请计算小顺同学能在第几周达到 10km 的跑步距离。

分析：

此问题中，跑步距离 s 的改变具有很明确的规律，在 5 以内，s 按 10%迭代增加，周数按步长 2 同步增加；达到 5 或 5 以上之后，s 按 5%迭代增加，周数按步长 1 同步增加，s 达到 10 或 10 以上时停止迭代，此时的周数即为所求。

源程序：

```
s=1
for i in range(1,1000,2):    #周数按步长 2 增加
    if s>=5:                 #练习距离达到 5km 或以上时，本阶段结束
        break
    s=s*(1+10/100)           #跑步距离按 10%迭代增加
for j in range(i+2,1000):    #上一个阶段最后的距离仍练习 2 周后，按每周 5%增加
```

```
7        s=s*(1+5/100)
8        if s>=10:
9            print(f"第{j}周跑步距离达到{s:.2f}km，保持下去，加油！")
10           break
```

程序结果：

```
第 50 周跑步距离达到 10.01km，保持下去，加油！
```

代码分析：

第 2～5 行代码，使用 for 循环实现第一个阶段跑步距离的迭代增加，循环变量 i 表示周数，从 1 开始，按步长 2 增加；由于并不知道哪一周 s 的值达到 5 或 5 以上，因此 i 的终值选取了一个较大的数 1000，而在循环体内通过判断 s 的值在达到 5 或 5 以上时，使用 break 结束循环。

第 6～10 行代码，使用 for 循环实现第二个阶段跑步距离的迭代增加，循环变量 j 表示周数，j 需要接着上一个阶段开始，因此 j 的初值是 i+2，表示上一个阶段最后的距离练习了 2 周后开始。

可以在循环体中加入输出周次及此周次跑步距离的语句，如在第一个 for 循环中加入以下语句：

```
print(f"第{i}、{i+1}周，跑步{s:.2f}km")
```

则在输出结果中可看到每周跑步距离的变化。用一年左右的时间从跑步 1km 进步成跑步 10km，因此，坚持一件有意义的事情，效果一定是很可观的！

3.4.2　穷举法编程实例

穷举法是通过遍历所有可能的情况来寻找问题的解的方法，适用于求解空间有限且可枚举的问题。

例 3.19　假定 1 只公鸡 2 元钱，1 只母鸡 3 元钱，3 只小鸡 1 元钱，请问用 100 元钱买 100 只鸡，有多少种买法？

分析：

根据题意，设公鸡、母鸡和小鸡的只数分别为 x、y、z，可列出以下方程组。

$$\begin{cases} x+y+z=100 \\ 2x+3y+z/3=100 \end{cases}$$

其中，x、y、z 只能是整数。

由于有 3 个未知数，但只有两个方程，解不唯一，因此，可以对全部的组合进行枚举，找出符合条件的解，即使用穷举法求解。

通过分析可知，公鸡的只数为 0～50，母鸡的只数为 0～33，小鸡的只数为 0～100，那么可以利用三重循环把这些组合全部测试一遍。

源程序：

```
str1=""
for x in range(51):
    for y in range(34):
        for z in range(101):
            if x+y+z==100 and 6*x+9*y+z==300:
```

```
                str1=str1+str(x)+" "+str(y)+" "+str(z)+"\n"
print(f"所有的买法如下:\n{str1}")
```

程序结果：

```
所有的买法如下:
0 25 75
8 20 72
16 15 69
24 10 66
32 5 63
40 0 60
```

代码分析：

在这个程序中，最内层语句循环的次数为 50×33×100=165000 次，效率比较低。

算法改进：由于公鸡和母鸡的只数 x、y 已确定，根据第一个方程式，z 的值肯定是 100-x-y。所以可以把第三层循环去掉，变为两层循环，此时，最内层的语句循环的次数为 50×33=1650 次。两层循环的程序如下。

```
str1=""
for x in range(51):
    for y in range(34):
        z=100-x-y
        if  6*x+9*y+z==300:
             str1=str1+str(x)+" "+str(y)+" "+str(z)+"\n"
print(f"所有的买法如下:\n{str1}")
```

例 3.20 一根长度为 h（单位：cm）的木料，要将其截取成 17cm 和 27cm 两种长度的短料，每种短料至少 1 段。要使剩余的残料最少，两种短料应各截取多少段?

分析：

设截取成 17cm 的短料有 x1 段、27cm 的短料有 x2 段，根据题意，1≤x1≤h//17，1≤x2≤h//27，因此可以枚举 x1、x2 所有可能的组合，找到其中使得残料最少的组合。

源程序：

```
h=int(input("木料的长度(cm): "))
m=h    #m表示最短的残料长度，初始值为木料的原始长度
for x1 in range(1,h//17+1):            #17cm短料可能的段数
    for x2 in range(1,h//27+1):        #27cm短料可能的段数
        r=h-17*x1-27*x2                #计算残料
        if r<m and r>=0:               #若当前残料更少，则对其进行替换
            a=x1
            b=x2
            m=r
print(f"截取17cm短料{a}段，27cm短料{b}段，残料最少，剩余{m}cm。")
```

程序结果 1：

```
木料的长度(cm): 253
截取17cm短料10段，27cm短料3段，残料最少，剩余2cm。
```

程序结果 2：

```
木料的长度(cm)：325
截取 17cm 短料 8 段，27cm 短料 7 段，残料最少，剩余 0cm。
```

代码分析：

第 2 行代码，变量 m 表示最短的残料长度，在之后的代码中，随着 x1 和 x2 各种组合的测试，一旦出现更短的残料，m 的值就会被替换，因此其初始值设置成木料的原始长度最合适，因为只要截取开始，残料一定是短于原始长度的，m 一定会被替换。

第 3～9 行代码，使用双重循环枚举 x1 和 x2 各种可能的组合，计算残料的长度，一旦出现更短的残料，就替换表示结果的变量 a、b、m。注意其中的第 6 行代码，残料长度需要≥0。

3.4.3　解析法编程实例

解析法是通过逻辑分析，按照一定的规则分解问题并提取各要素之间的有用信息，构建数学模型或数学表达式，推导出问题的解的方法。

例 3.21　某温室中有 6 组传感器用于获取室内的温度数据，编写程序求该温室的综合温度。

分析：

6 组传感器获取室内温度数据时，会有 6 组数据产生，作为控制器件的依据（如气温高于预警值时，打开风机），需要一个综合数据，该数据可以由多种方法得到。

源程序 3.21.1（平均值法）：

```
sum_t=0
for i in range(6):   #依次输入 6 组温度数据并求和
    t=float(input("please input t:"))
    sum_t=sum_t+t
ave_t=sum_t/6          #求平均值
print(f"{ave_t:.2f}")
```

程序结果：

```
please input t:26.3
please input t:25.6
please input t:24.8
please input t:25.5
please input t:24.9
please input t:25.6
25.45
```

源程序 3.21.2（排序求中位数去除异常值再取平均值）：

```
t=[26.3,25.6,24.8,25.5,24.9,27.6]        #将 6 组温度数据放在列表中
print(f"直接求平均值为: {(sum(t)/6):.2f}")#用 sum()函数求列表 t 中所有数据的和
t.sort()                  #列表排序
median=(t[2]+t[3])/2      #求中位数
low=0                     #t 中第 1 个数据的索引
high=5                    #t 中最后 1 个数据的索引
err=1
for i in range(6):        #确定去除异常值后的数据范围
```

```
9        if abs(t[i]-median)>err and t[i]<median:
10           low=i+1
11       if abs(t[i]-median)>err and t[i]>median:
12           high=i-1
13   sum_t=0
14   for i in range(low,high+1):   #去除异常值后的数据之和
15       sum_t=sum_t+t[i]
16   print(f"去异常值求平均为：{sum_t/(high-low+1)}")
```

程序结果：

```
直接求平均值为：25.78
去异常值求平均为：25.42
```

代码分析：

源程序 3.21.2 中，6 组温度数据以列表的形式给出，若直接求平均值，则其值为 25.78（第 2 行代码）。程序采用排序后取中位数作为标准（第 3、4 行代码），将所有温度数据与其相比，相差绝对值超过 err 值时，被认为是异常值并去除（第 8～12 行代码），最后对去除异常值的温度数据求平均值（第 13～16 行代码）。本例选取的 err 值为 1。两种不同的方法求得的平均值分别为 25.78 和 25.42。当要求温度数据的精度为 0.1 时，第 2 种方法较为准确。

中位数是将一组数据排序后，位于中间位置的数。如果数据个数是奇数，则中位数是中间的那个数；如果数据个数是偶数，则中位数是中间两个数的平均值（第 4 行代码）。

此代码中，还涉及列表的相关概念以及列表的求和、排序等操作，相关内容详见第 4 章。

例 3.22 生物学家使用 A、C、T 和 G 构成字符串来构建一个基因组，基因是其中的子字符串，它固定从 ATG 开始，在 TAA、TAG 或 TGA 之前结束，且每个基因字符串的长度是 3 的倍数，不包含上述开始和结束子字符串。输入一个基因组，找出其中所有的基因，如果没找到，则输出“not found”。

分析：

根据题意，基因以 ATG 开头，以 TAA、TAG 或 TGA 结尾，且长度是 3 的倍数，因此从基因组字符串头开始，不断寻找 ATG 子字符串，若找到 ATG 子字符串，则从该子字符串后开始寻找结尾子字符串，若找到结尾子字符串，计算头尾之间的字符个数是否是 3 的倍数，若是则找到基因；若未找到结尾子字符串，则意味着该字符串中没有基因；若一直未找到 ATG 子字符串，则也意味着该字符串中没有基因。此过程中涉及两层嵌套循环，外层循环是在整个字符串中不断寻找 ATG 子字符串，内层循环是找到 ATG 子字符串时，在其后范围内寻找结尾子字符串。

源程序：

```
genome=input("请输入基因组字符串：")
i=0              #i 是字符串的索引，从 0 开始
found=False      #标志变量，若找到基因，则其值变为 True
while i<=len(genome)-2:      #从字符串的第 1 个字符到倒数第 3 个字符，寻找 ATG
    if genome[i:i+3]=="ATG":#每 3 个字符进行一次查看，若找到了 ATG
        for j in range(i+3,len(genome)-2):  #寻找结尾子字符串
            if genome[j:j+3] in ("TAG","TAA","TGA"):
                break  #一旦找到结尾子字符串，就退出寻找
        else:
```

```
10             break    #未找到结尾子字符串，意味着没有基因，可提前结束 while 循环
11         if (j-(i+3))%3==0:         #头尾之间的字符个数是 3 的倍数
12             found=True             #找到基因，标志变量变为 True
13             print(genome[i+3:j])   #输出找到的基因
14         i=j+3               #从上一个结尾子字符串之后开始继续寻找 ATG
15     else:
16         i=i+1               #当前 genome[i:i+3]不是 ATG，继续查看下一个字符
17 if not found:               #若标志变量为 False，则意味着未找到基因
18     print("not found")
```

程序结果 1：

```
请输入基因组字符串：ATGCTGTAGAATGCTAGCTAAGATGCGTTAG
CTG
CGT
```

程序结果 2：

```
请输入基因组字符串：ATGCTTAGAATGCTACTATGCGTTA
not found
```

代码分析：

第 2 行代码中，变量 i 是字符串的索引，从 0 开始，在第 4 行开始的 while 循环中，i 是循环变量，依次表示字符串中每个字符的索引，从而访问每个字符。

第 3 行代码中 found 的初始值为 False，只有在找到基因时变为 True，这种起标志性作用的变量，当在后面的代码中要判断是否找到基因时非常有用。

第 5 行代码中，循环体中不断寻找 ATG，每 3 个字符进行一次查看。

第 6～8 行代码中，若找到了 ATG，则在 ATG 之后的范围内寻找结尾子字符串，一旦找到就停止寻找；并在第 11～13 行代码中计算并判断头尾子字符串之间的字符个数是否为 3 的倍数，若是则找到了一个基因，于是标志变量变为 True，并输出该基因。

第 9、10 行代码是 for 语句的 else 用法，若之前的 for 语句不是被 break 退出的，则意味着一直没有找到结尾子字符串，也就是说原基因组字符串中没有基因，此时可以提前结束寻找，执行 else 引导的语句块 break，从 while 循环中退出。

第 14 行代码中，处理完一组头尾子字符串后，从尾字符串之后的字符开始再次寻找 ATG。

第 17、18 行代码中，循环结束后，若标志变量仍为 False，则说明在之前的处理中未找到基因。

此代码中涉及字符串的索引、长度、切片等概念，相关内容详见第 4 章。

本 章 小 结

在对 Python 语言的基础知识有了初步的了解后，本章重点介绍了顺序、分支、循环三大基本控制结构的语法结构和流程图，以及程序设计应用实例等内容，并在每节中都给出了相应实例与代码分析，帮助读者更好地学习程序设计的基本方法，以便在开发时灵活运用。相信读者学习完本章后，通过不断地实践与总结，可以掌握程序设计的方法和技巧。

第 4 章　组合数据类型

学习目标

（1）了解组合数据类型的基本概念。
（2）理解列表的概念，重点掌握列表的用法。
（3）了解元组的概念，掌握字符串的概念及其用法。
（4）理解字典的概念，掌握字典的各种使用方法。
（5）理解集合的概念，掌握集合的基本用法。
（6）综合运用组合数据类型解决实际问题。

前面介绍的整型、浮点型和复数型等，只能表示一个数据，称为基本数据类型。在处理实际问题时常常需要同时处理大量数据，这需要将这些数据有效组织起来统一表示，这种能够表示多个数据的类型称为组合数据类型。Python 中的组合数据类型是编程中不可或缺的重要工具，它允许开发者以更结构化和灵活的方式处理数据。

组合数据类型根据其中多个数据之间的关系可以分为 3 类：序列类型，包括列表（list）、元组（tuple）、字符串（str）；映射类型，即字典（dict）；集合类型，即集合（set）。

列表是一个有序的元素集合，可以包含不同类型的元素，并且支持动态添加、删除和修改元素。由于其灵活性，列表在数据处理和算法实现中非常常用。

元组与列表类似，但它是不可变的。这意味着一旦元组被创建，其元素就不能被修改。元组通常用于存储不应该改变的数据，如配置参数或数据库记录。

字符串是一种特殊的元组，可以认为字符串是单个字符有序集合在一起构成的。与元组一样，字符串中的内容是不可变的。

字典是 Python 中较强大的组合数据类型之一，它允许开发者存储键值对。在字典中，每个元素都是一个键值对，键是唯一的，而值可以是任何数据类型。字典的灵活性体现在其键值对的动态性上，可以随时添加、删除或修改键值对。

集合是一个无序的、不包含重复元素的数据结构。它主要用于数学上的集合操作，如并集、交集和差集。集合的元素唯一性使其在处理需要去除重复元素的场景中非常有用。

这些组合数据类型具有独特的特点和用途，它们为开发者提供了强大的数据组织和处理能力。通过灵活运用这些数据类型，开发者可以构建出既高效又易于维护的 Python 程序。无论是处理有序数据、固定数据集合、去除重复元素还是处理关联数据，Python 的组合数据类型都能提供有效的解决方案。

4.1　列　　表

假如需要编写一个程序来读取多个数据，输出这些数据，并找出其中的最大值。在读取完全部数据之前无法判断哪一个值是最大的。因此，程序必须先存储所有值，才能将其输出。

这时需要考虑是否可以简单地将这些数据中的每个值存储在一个单独变量中呢？如有 100 个值，则可以将这些值存储在 100 个变量（x1，x2，x3，…，x100）中。然而，这样的变量序列在实际编程中会带来巨大的麻烦，因为对其中一个变量进行处理的代码必须重复 100 次，每个变量都要重复 1 次。在 Python 中，可以使用列表这种内置的数据结构来存储多个数据，然后使用索引取出其中的一个数据进行处理。

列表是一个存储线性或者按顺序排列的元素集合的数据类型。可以使用列表存放多个类型相同或不同的数据，存入一个列表的多个数据之间具有先后关系。

4.1.1　创建列表

在 Python 中，用方括号（[ ]）表示列表，用逗号分隔其中的元素。下面是使用方括号创建列表的几个例子。

```
empty_list = []                               #创建空列表
integer_list = [1, 2, 3, 4, 5]                #创建包含整数的列表
string_list = ["apple", "banana", "cherry"]   #创建包含字符串的列表
mixed_list = [1, "hello", 3.14, True]         #创建包含混合类型元素的列表
```

还可以使用 Python 中的内置函数 list()来创建列表，它能够将任何可迭代对象（如字符串、元组、集合、字典的键或值等）转换成一个列表。例如：

```
#创建空列表
empty_list = list( )
print(empty_list)         #输出：[]
#从字符串创建列表（每个字符成为列表中的一个元素）
string_to_list = list("hello")
print(string_to_list)     #输出：['h', 'e', 'l', 'l', 'o']
#从元组创建列表
tuple_to_list = list((1, 2, 3))
print(tuple_to_list)      #输出：[1, 2, 3]
#从范围对象创建列表
range_to_list = list(range(5))
print(range_to_list)      #输出：[0, 1, 2, 3, 4]
```

4.1.2　访问列表元素

列表是一个元素序列，每个元素都有一个称之为索引的整数位置。如果要访问列表元素，则必须使用索引。列表的索引从 0 开始，即列表中第一个元素的索引是 0，第二个元素的索引是 1，以此类推。例如：

```
#定义一个列表
my_list = [10, 20, 30, 40, 50]
#访问第一个元素（索引为 0）
first_element = my_list[0]
print(first_element)      #输出：10
#访问第三个元素（索引为 2）
third_element = my_list[2]
print(third_element)      #输出：30
```

以上索引方式可以称之为正向索引，在实际使用中，为了便于访问列表中后面的元素，Python还提供了一种反向索引，即将列表中的最后一个元素的索引指定为-1。例如，在上面定义的列表my_list中，可以按以下方式访问最后一个元素：

```
#访问最后一个元素（索引为 -1）
last_element = my_list[-1]
print(last_element)       #输出: 50
```

使用反向索引这种方式是很有用的，因为可能经常需要在不知道列表长度的情况下访问最后面的元素。这种负索引的方式也可以用来访问其他的列表元素，例如，索引-2表示返回倒数第二个列表元素，索引-3表示返回倒数第三个元素，以此类推。

在使用索引时必须确保索引在有效范围内，试图访问列表中不存在的元素将引发运行时异常IndexError。例如，若列表my_list中有5个元素，则不允许访问my_list[10]。试图访问索引不在有效索引范围内的元素称为越界错误或者边界错误。一种非常常见的越界错误是在包含5个元素的列表my_list中访问my_list[5]，因为这个列表中的索引访问是0～4。为了避免这样的错误，需要知道列表中有多少个元素。可以使用内置函数len()获取列表的长度，即列表中元素的个数。

```
countElements = len(my_list)
```

对列表my_list来说，正索引的有效范围是0～len(my_list)-1，而负索引的有效范围是-len(my_list)～-1。

当列表中存放多个元素时，如何访问列表中的所有元素？通常有两种方法：一种是遍历索引值并查找每个元素，另一种是直接遍历元素本身。

1. 遍历索引

给定包含10个元素的列表my_list，需要将变量（如i）赋值为0，1，…，9，表达式my_list[i]依次表示列表中的每个元素。以下循环显示列表my_list中的所有索引值及其相应元素。

```
for i in range(10):
    print(i,my_list[i])
```

一般不要直接使用列表中具体的元素个数，因为很多时候无法预先知道列表中的元素个数，建议使用len()函数创建一个统一的循环。

```
for i in range(len(my_list)):
    print(i,my_list[i])
```

2. 遍历元素

直接使用for循环在列表的各个元素上进行迭代即可。

```
for element in my_list:
    print(element)
```

循环体对列表中的每个元素执行一次循环。每次循环开始时，先将元素分配给循环变量element，然后执行循环体，再次进入循环时就是处理列表中的下一个元素了。

4.1.3　列表切片

有些时候需要使用列表中的一部分内容，也就是说需要取出列表中的一部分元素创建一个子列表，这就是列表切片。

语法格式：

```
list[start:stop:step]
```

其中，各参数的说明如下。

start：切片开始的位置索引（包含）。如果省略，则默认表示从列表头部开始（正向切片）或从列表末尾开始（反向切片）。

stop：切片结束的位置索引（不包含）。如果省略，则默认表示到列表末尾结束（正向切片）或到列表头部结束（反向切片）。

step：步长，即切片中每个元素之间的间隔。如果省略，则默认为 1。

下面是一些列表切片的使用示例。

```
mylist = [0, 1, 2, 3, 4, 5, 6, 7, 8, 9]
#1.基本切片，获取从索引 2 到索引 5（不包括 5）的元素
slice1 = mylist[2:5]
print(slice1)  #输出: [2, 3, 4]
#2.省略开始索引，获取从索引 0 到索引 5（不包括 5）的元素
slice2 = mylist[:5]
print(slice2)  #输出: [0, 1, 2, 3, 4]
#3.省略结束索引，获取从索引 5 到列表末尾的元素
slice3 = mylist[5:]
print(slice3)  #输出: [5, 6, 7, 8, 9]
#4.省略开始和结束索引，获取整个列表的副本
slice4 = mylist[:]
print(slice4)  #输出: [0, 1, 2, 3, 4, 5, 6, 7, 8, 9]
#5.使用步长
#获取从索引 0 到列表末尾的元素，步长为 2
slice5 = mylist[::2]
print(slice5)  #输出: [0, 2, 4, 6, 8]
#获取从索引 1 到列表末尾的元素，步长为 2
slice6 = mylist[1::2]
print(slice6)  #输出: [1, 3, 5, 7, 9]
#6.反向切片
#获取从索引 9 到索引 0（不包括 0）的元素，步长为-1
slice7 = mylist[9:0:-1]
print(slice7)  #输出: [9, 8, 7, 6, 5, 4, 3, 2, 1]
#获取整个列表的反向副本
slice8 = mylist[::-1]
print(slice8)  #输出: [9, 8, 7, 6, 5, 4, 3, 2, 1, 0]
```

从上面的例子中可以看到，在进行切片时，如果索引不越界，则当 step>0 时，切片结果与原列表元素顺序相同，一般要求 start 表示的位置在 stop 之前，否则切片结果是空列表；当 step<0 时，切片结果与原列表元素顺序相反，一般要求 start 表示的位置在 stop 之后，否

则切片结果也是一个空列表。同时，可以注意到，步长 step 为正数时使用正索引，start 默认为 0，表示从原列表中的第一个元素开始正向取元素；步长 step 为负数时使用负索引，start 默认为-1，表示从原列表中的最后一个元素开始反向取元素。同样地，步长 step 为正数时使用正索引，stop 默认为列表长度，表示切片结果正向取到原列表最后一个元素；步长 step 为负数时使用负索引，stop 默认为-1 减列表长度，表示切片结果反向取到原列表最前面的元素。

4.1.4 列表操作

因为列表属于序列类型，所以支持序列类型通用的操作符和函数，如表 4-1 所示。

表 4-1 序列类型通用的操作符和函数

操作符和函数	描述
s1+s2	连接序列 s1 和 s2
s * n 或 n * s	将序列 s 进行 n 次重复
x in s	如果 x 是 s 的元素，返回 True，否则返回 False
x not in s	如果 x 不是 s 的元素，返回 True，否则返回 False
s[i]	索引，返回序列 s 中索引为 i 的元素
s[start:stop:step]	切片，返回包含序列 s 中从索引 start 到索引 stop 的所有元素构成的子序列（不包含索引 stop 的元素）
for x in s:	对序列的所有元素进行循环遍历
len(s),max(s),min(s),sum(s),sorted(s)	求序列 s 的元素个数、最大元素、最小元素，并对序列 s 进行排序（要求序列中的元素是同类型的，并且是可比较可计算的）
s.index(x[,i[,j]])	返回序列 s 中从索引 i 位置开始到索引 j 位置中第一次出现元素 x 的索引（i、j 省略时从头到尾查找 x 出现的位置）
s.count(x)	返回序列 s 中元素 x 出现的次数

下面举例说明表 4-1 中的操作符和函数的使用。

```
s1 = [3, 1, 2]
s2 = ['b', 'c', 'a']
print(s1 + s2)                      #输出：[3, 1, 2, 'b', 'c', 'a']
print(s1 * 3)                       #输出：[3, 1, 2, 3, 1, 2, 3, 1, 2]
print('b' in s2)                    #输出：True
print('b' not in s1)                #输出：True
print(s1[0])                        #输出：3
print(s1[::-1])                     #输出：[2, 1, 3]
for x in s2:
    print(x,end=' ')                #输出：b c a
print(f"\nlen={len(s1)},max={max(s1)},sum={sum(s1)}")
                                    #输出：len=3, max=3, sum=6
print(f"排序结果 {sorted(s2)}")      #输出：排序结果 ['a', 'b', 'c']
print(s1.index(3))                  #输出：0
print(s2.count('a'))                #输出：1
```

因为列表中的元素是可变的，所以可以对列表进行修改、增加、删除操作。

1. 修改列表元素

可以通过索引修改列表中的一个元素，或者通过切片赋值修改列表中的多个元素。

```
#创建一个列表
mylist = [1, 2, 3, 4, 5]
#1. 直接修改
#修改索引为2的元素
mylist[2] = 10
#输出修改后的列表
print(mylist)  #输出: [1, 2, 10, 4, 5]
#2. 使用切片赋值
#使用切片赋值修改列表中的一部分元素
mylist[1:3] = [20, 30]
#输出修改后的列表
print(mylist)  #输出: [1, 20, 30, 4, 5]
```

切片赋值会替换掉切片范围内的元素，一般用等长的另一个序列（如列表、元组或字符串）来替换。如果切片的结果和赋值符号右侧的序列元素个数不相等，则用赋值符号右侧的序列替换原列表中切片位置的元素，使原列表中的元素个数增加或减少。

切片赋值的右侧必须是一个可迭代对象，否则将引发 TypeError 异常。

2. 增加列表元素

可以使用列表的append()方法和insert()方法向列表中增加一个元素，通过列表的extend()方法和列表切片赋值的方式向列表中增加一个或多个元素。

```
#创建一个列表
mylist = [1, 2, 3]
#1. 使用 append()方法在列表尾部增加一个元素
mylist.append(4)
#输出修改后的列表
print(mylist)  #输出: [1, 2, 3, 4]
#2. 使用 insert()方法在索引1的位置插入元素1.5
mylist.insert(1, 1.5)
#输出修改后的列表
print(mylist)  #输出: [1, 1.5, 2, 3, 4]
#3. 使用 extend()方法在列表尾部增加一个或多个元素
mylist.extend([5, 6])
#输出修改后的列表
print(mylist)  #输出: [1, 1.5, 2, 3, 4, 5, 6]
#4. 使用切片赋值的方式在索引0位置（列表头部）插入一个或多个元素
mylist[0:0]=[-1]
#输出修改后的列表
print(mylist)  #输出: [-1, 1, 1.5, 2, 3, 4, 5, 6]
```

以上用法中，列表的append()方法和extend()方法是在列表尾部增加元素。append()方法在使用时括号中是列表元素，extend()方法在使用时括号中是序列。相似地，insert()方法是在指定位置插入一个元素，切片赋值的方式是在指定位置插入一个序列。

3. 删除列表元素

删除列表元素可以使用多种方法，具体选择哪种方法取决于用户的需求，如是否需要输出被删除的元素，或者是否要在特定位置删除元素。以下是几种常见的删除列表元素的方法。

1）使用 pop()方法

pop()方法用于删除列表中的最后一个元素（默认情况下），并返回该元素。也可以提供一个索引来删除特定位置的元素。

```
#创建一个列表
mylist = [1, 2, 3, 4, 5]
#删除并返回最后一个元素
last_element = mylist.pop()
print(last_element)          #输出: 5
print(mylist)                #输出: [1, 2, 3, 4]
#删除索引为 1 的元素
element_at_index_1 = mylist.pop(1)
print(element_at_index_1)    #输出: 2
print(mylist)                #输出: [1, 3, 4]
```

2）使用 remove()方法

remove()方法用于删除列表中第一个匹配的元素，并且只删除一个元素。如果元素不存在，则将引发 ValueError 异常。

```
#创建一个列表
mylist = [1, 2, 3, 2, 5]
#删除第一个值为 2 的元素
mylist.remove(2)
print(mylist)  #输出: [1, 3, 2, 5]
```

3）使用 del 语句

del 语句可以通过索引来删除列表中的一个元素，通过切片删除列表中的多个元素，或者删除整个列表。

```
#创建一个列表
mylist = [0, 1, 2, 3, 4, 5, 6, 7, 8, 9]
#使用 del 语句删除索引为 7 的元素
del mylist[7]
print(mylist)  #输出: [0, 1, 2, 3, 4, 5, 6, 8, 9]
#使用 del 语句删除列表中的多个元素
del mylist[:4]
print(mylist)  #输出: [4, 5, 6, 8, 9]
#使用 del 语句删除整个列表（通过变量名实现）
del mylist
#此时 mylist 不再存在，尝试访问它将引发 NameError 异常
```

注意：如果使用 del mylist[:]，则将删除列表中的所有元素，变量 mylist 仍然存在，只是 mylist 是一个空列表。

4）使用切片赋值

虽然切片赋值本身不是专门用于删除列表元素的操作，但可以通过切片赋值来达到删除列表中一部分元素的效果。具体来说，可以将切片的范围设置为要删除的元素部分，并将其赋值为一个空列表，从而间接地删除这些元素。读者可以自己尝试一下使用切片赋值的方式删除列表中的元素。

4. 列表排序

内置函数 sorted()可以对包括列表在内的序列类型进行排序，返回一个新的排序列表，原列表不变。sort()方法会直接修改原列表，将原列表修改为排序后的内容。两个函数都可以接收一个 reverse 参数，用于指定排序顺序（默认为升序，当 reverse=True 时表示降序排列）。

1）使用 sorted()函数

```
#原始列表
numbers = [5, 2, 9, 1, 5, 6]
#使用 sorted() 函数进行升序排列
sorted_numbers = sorted(numbers)
print(sorted_numbers)          #输出: [1, 2, 5, 5, 6, 9]
#原始列表未被修改
print(numbers)                 #输出: [5, 2, 9, 1, 5, 6]
#使用 sorted()函数进行降序排列
sorted_numbers_desc = sorted(numbers, reverse=True)
print(sorted_numbers_desc)     #输出: [9, 6, 5, 5, 2, 1]
```

2）使用 sort()方法

```
#原始列表
numbers = [5, 2, 9, 1, 5, 6]
#使用 sort() 方法进行升序排列
numbers.sort()
print(numbers)  #输出: [1, 2, 5, 5, 6, 9]
#列表已被修改
#不需要再次调用 sort()方法或使用 sorted()函数来查看排序结果
#使用 sort()方法进行降序排列
numbers.sort(reverse=True)
print(numbers)  #输出: [9, 6, 5, 5, 2, 1]
```

sorted()函数和 sort()方法都接收一个可选的 key 参数，该参数允许用户指定一个函数来从每个列表元素中提取一个用于比较的关键字。这对于排序复杂对象或根据对象的某个属性排序非常有用。

5. 列表反转

列表反转是指将原列表中各元素的顺序完全反转过来。

切片是 Python 中处理列表的一种强大工具，可以用来反转列表。假如有一个列表 mylist，使用 mylist[::-1]即可得到原列表的反转列表。

还可以使用列表的 reverse()方法直接在原列表上进行反转。例如，使用 mylist.reverse()将 mylist 的各元素反转过来。

实际上，也可以通过循环来手动反转列表，但这种方法相对繁琐一些。大家可以自己尝试一下。

6. 复制列表

列表变量本身并不包含列表元素，列表变量用于保存对实际列表的引用。将一个列表变量赋值给另一个列表变量时，如果直接使用等号（=），那么这两个变量实际上将引用同一个列表对象。这意味着通过一个变量对列表所做的修改将影响到另一个变量，因为它们指向的是内存中的同一个位置。

下面以一个例子来说明这一点。

```
#创建第一个列表变量并赋值
list1 = [1, 2, 3]
#将 list1 赋值给 list2
list2 = list1
#此时，list1 和 list2 引用的是同一个列表对象
print(list1 is list2)  #输出：True，表示它们引用的是同一个对象
#修改 list2 中的一个元素
list2[0] = 42
#因为 list1 和 list2 引用的是同一个列表，所以 list1 的内容也被修改了
print(list1)  #输出：[42, 2, 3]
print(list2)  #输出：[42, 2, 3]
```

在这个例子中，list1 和 list2 最初都引用了同一个列表对象[1, 2, 3]。通过 list2 修改列表中的第一个元素时，因为 list1 和 list2 引用的是同一个对象，所以 list1 显示的是修改后的列表。

如果想要创建一个新的列表，其内容与另一个列表相同，但又不希望它们共享相同的内存地址，则应该使用前面提到的列表复制方法，如切片操作、list()函数、列表的 copy()方法或列表推导式（list comprehensions）。例如：

```
#创建第一个列表变量并赋值
list1 = [1, 2, 3]
#使用切片操作创建 list1 的一个副本，并将其赋值给 list2
list2 = list1[:]
#或者：list2 = list(list1)
#或者：list2 = list1.copy()
#此时，list1 和 list2 引用的是不同的列表对象
print(list1 is list2)  #输出：False，表示它们引用的是不同的对象
#修改 list2 中的一个元素
list2[0] = 42
#list1 的内容不会被修改，因为它们是独立的对象
print(list1)  #输出：[1, 2, 3]
print(list2)  #输出：[42, 2, 3]
```

在修改后的代码中，list1 和 list2 是独立的列表对象，修改其中一个列表并不会影响另一个列表。

4.1.5 列表推导式

列表推导式是 Python 中一种简洁而强大的创建列表的方法，允许从一个可迭代对象（如

列表、元组、集合或字符串）中快速生成一个新的列表。

语法格式：

```
[expression for item in iterable if condition]
```

其中，各参数的说明如下。

expression：对每个元素应用的表达式。

item：从可迭代对象 iterable 中取出的元素。

condition：一个可选的条件表达式，用于过滤元素。

列表推导式可以用来替代循环语句，以更简洁的方式创建列表。例如，若要创建一个包含 0～9 的平方的列表，则可以使用以下列表推导式：

```
squares = [x**2 for x in range(10)]
```

此时，会生成一个包含 [0, 1, 4, 9, 16, 25, 36, 49, 64, 81]的列表。

列表推导式还可以包含条件语句。例如，如果想生成一个只包含偶数平方的列表，则可以这样写：

```
even_squares = [x**2 for x in range(10) if x % 2 == 0]
```

此时，会生成一个包含[0, 4, 16, 36, 64]的列表。

列表推导式不仅限于数字，还可以用于字符串或其他可迭代对象。例如，将字符串中的每个字符转换为大写的代码：

```
upper_case = [char.upper() for char in "hello world"]
```

此时，会生成一个包含 ['H', 'E', 'L', 'L', 'O', ' ', 'W', 'O', 'R', 'L', 'D']的列表。

4.1.6　列表的应用

例 4.1　输出 n 行杨辉三角形，输出的效果如下。

```
请输入一个正整数 n：7
1
1    1
1    2    1
1    3    3    1
1    4    6    4    1
1    5    10   10   5    1
1    6    15   20   15   6    1
```

分析：

通过观察可以发现，整个图形由 n 行整数构成，第 i 行有 i 个数。每行的第一个和最后一个数都是 1，中间的数是上一行相邻两数之和。可以使用列表 row 存放每行数据，为了能将最后一行的所有数据都存放下来，列表 row 的长度应为 n。对于第 i 行，第一个数 row[0]和最后一个数 row[i-1]都设为 1，其余数（从第 2 个数到倒数第 2 个数）是上一行的前一列的数与上一行的同一列的数之和，即通过 row[j] = row[j-1] + row[j]计算得出。

源程序：

```
1  n=int(input("请输入一个正整数n: "))
2  row=[0 for i in range(0,n+1)]
3  row[0]=1
4  print(f"{str(row[0]):6s}")
5  for i in range(1,n):
6      row[0]=1; row[i]=1
7      for j in range(i-1,0,-1):
8          row[j]=row[j]+row[j-1]
9      for j in range(0,i+1):
10         print(f"{str(row[j]):6s}",end="")
11     print()
```

代码分析：

（1）第1行代码中，输入要输出的杨辉三角形的行数n。

（2）第2行代码中，以列表推导式生成并初始化列表row，row中有n个元素，全部初始化为0。

（3）第3行代码中，将row中的第1个元素row[0]设为1，用于输出第1行元素。

（4）第4行代码中，先将第1行元素输出来，输出时按6个字符的宽度显示数据。

（5）第5～11行代码中，开始循环对第2～n行进行计算和输出。第6行代码中，设置每一行的首尾元素为1。第7、8行代码中，通过内循环计算中间元素，将上一行的相邻两数相加赋值到当前行对应位置。注意：在设置中间元素值时，不能从当前行的第2个元素开始，因为从前到后生成中间元素值时，会覆盖当前列j的内容，以使row[j]记录的是当前行的第j个元素，再生成第j+1个元素值时需要用到上一行的第j个元素，而此时第j个元素不是上一行的值而是当前行的值，导致计算错误。因此只能从后往前计算，确保每次计算时使用的都是上一行的数据。第9、10行代码中，输出当前行数据，按6字符宽度对齐。第11行代码中，使用print()实现行尾换行，保证每行输出格式整齐，最终输出完整的杨辉三角形。

例4.2 产生10个100～200中的随机正整数并将其放入列表，将其中所有的偶数删除，并输出列表中的数据。

分析：

在Python中，可以使用random模块的randint(a,b)函数来产生[a，b]闭区间范围的随机整数。此时，考虑先循环产生10个随机数并将其添加到一个空列表中存放，再使用循环遍历列表中的每个元素，如果检查到该元素为偶数，则使用remove()方法将其从列表中删除。

源程序4.2.1：

```
import random
ls = []
for i in range(10):
    x = random.randint(100,200)
    ls.append(x)
print(ls)
for i in ls:
    if i % 2 == 0:
        ls.remove(i)
```

```
10  print(ls)
```

程序结果：

```
[129, 160, 100, 156, 175, 127, 127, 154, 176, 115]
[129, 100, 175, 127, 127, 176, 115]
```

代码分析：

（1）第 1 行代码中，引入 random 模块。

（2）第 2 行代码中，创建一个空列表 ls，用于存放随机数。

（3）第 3～5 行代码中，使用 for 循环结合 randint 函数，生成 10 个 100～200 中的随机数，并将这些数值依次添加到 ls 列表中。

（4）第 6 行代码中，输出 ls 列表。

（5）第 7～9 行代码中，使用 for 循环遍历列表 ls，如果元素为偶数，则使用 remove()方法从列表中删除该元素。

（6）第 10 行代码中，输出列表 ls。

注意：以上给出的运行结果是其中一次可能的运行结果。由于列表中存放的是随机数，因此每次运行时的结果会有所不同。另外，再次输出列表 ls 时，其中的列表元素还有偶数存在。这是因为在遍历列表的同时删除元素会改变列表的长度，从而影响到 for 循环的索引，导致可能出现跳过某些元素的情况。因此，在删除元素时，可以考虑在循环时使用索引结合 pop()方法删除元素，或者反向遍历列表以避免索引改变带来的问题。

源程序 4.2.2：

```
import random
ls = [random.randint(100,200) for i in range(10)]
print(ls)
i = 0
while i < len(ls):
    if ls[i] % 2 == 0:
        ls.pop(i)
    else:
        i += 1
print(ls)
```

程序结果：

```
[194, 131, 152, 105, 168, 187, 132, 133, 158, 157]
[131, 105, 187, 133, 157]
```

说明：

在改进后的源程序中，使用 while 循环从索引 0 开始遍历列表的长度，通过 pop()方法从列表中删除索引为 i 的元素，避免了索引变化导致的问题。运行结果表明，经过筛选，列表元素中的偶数已被成功移除，仅剩下奇数元素。然而，这种方法在处理大数据集时效率较低，因为它需要频繁移动列表中的元素。

反向遍历列表并删除列表中的偶数是一个更为高效的方案。通过从列表的末尾开始向前遍历，可以确保删除元素时不会影响到尚未检查的元素的位置，从而避免了跳过元素的问题。

例如，使用 for 循环反向遍历列表，并使用 remove()方法删除偶数元素，源程序 4.2.2 中的第 4～9 行可以用如下代码替代。

```
for i in range(len(ls)-1,-1,-1):
    if ls[i] % 2 == 0:
        ls.remove(ls[i]) #或者 del ls[i]
```

例 4.3 给出一个月内若干天的生猪价格，分析价格波动情况，找出价格变化的拐点是哪些天。如果某天之前价格在上涨，而后一天价格在下降，则称这一天出现拐点；如果某天之前价格下降而后一天价格上涨，则也认为这一天出现拐点。

分析：

首先，定义一个列表存储每日生猪价格。其次，遍历列表，比较相邻两天的生猪价格变化。若发现价格由升转降或由降转升，则记录该天为拐点。最后，输出所有拐点日期，即可清晰展现价格波动趋势。具体实现时，需注意边界条件的处理，确保首尾日期也能正确判断。

源程序：

```
1   prices=[eval(i) for i in input().split()]
2   n=len(prices)
3   days=[]
4   if prices[0]!=prices[1]:
5       days.append(1)
6   for i in range(1,n-1):
7       if prices[i-1]>prices[i] and prices[i+1]>prices[i]:
8           days.append(i+1)
9       if prices[i-1]<prices[i] and prices[i+1]<prices[i]:
10          days.append(i+1)
11  if prices[n-2]!=prices[n-1]:
12      days.append(n)
13  print(days)
```

程序结果：

```
如果输入如下数据：
14.5 14.4 14.4 14.7 15 15.9 16.2 16.4 17.1 17.5 17 15.8 15.6 14.3 14.8
则输出如下结果：
[1, 10, 14, 15]
```

代码分析：

运行结果表示生猪价格在第 1 日、10 日、14 日和 15 日出现拐点。

（1）第 1 行代码中，通过 input().split()读取输入的数据并将其转换为浮点数列表 prices。

（2）第 2 行代码中，计算列表长度 n。

（3）第 3 行代码中，初始化空列表 days，用于存储拐点日期。

（4）第 4、5 行代码中，单独处理第 1 日的情况，确保边界条件无误，如果出现拐点，则将 1 添加到列表 days 中。

（5）第 6～10 行代码中，遍历列表，比较相邻两天的价格，记录拐点日期到列表 days 中。

（6）第 11、12 行代码中，处理最后一天的情况，若出现拐点，则将 n 添加到列表 days 中。

（7）第 13 行代码中，输出拐点日期列表。

4.2　元　　组

列表非常适用于存储在程序运行期间可能变化的数据集，列表是可以修改的。然而，有些时候需要创建一系列不可修改的元素，元组可以满足这种要求。Python 将不能修改的值称为不可变的，而不可变的列表称为元组。

4.2.1　创建元组

创建元组非常简单，只需将元素用逗号分隔并放在小括号()内即可。值得注意的是，即便不显式地使用小括号，只要元素间由逗号分隔，Python 也会将其识别为元组（但单个元素构成的元组需要在元素后额外添加一个逗号以明确其元组身份）。例如：

```
#使用小括号创建元组
t1 = (1, 2, 3)
#不使用小括号，但元素间用逗号分隔，创建元组
t2 = 1, 2, 3
#创建包含单个元素的元组，注意元素后需要加逗号
t3 = 4,
#创建空元组
t4 = ()
#创建包含不同类型元素的元组
t5 = ('apple', 3.14, True, [1, 2, 3])
```

Python 中的内置函数 tuple()也可以用来创建元组，它的作用是将一个可迭代对象（如列表、字符串、集合、范围对象等）转换成一个元组。例如：

```
#使用 tuple()函数将列表转换成元组
tuple1 = tuple([1, 2, 3])
#输出转换后的元组
print(tuple1)   #输出：(1, 2, 3)
#使用 tuple()函数将字符串转换成元组
tuple2 = tuple("abc")
#输出转换后的元组
print(tuple2)   #输出：('a', 'b', 'c')
#使用 tuple()函数将集合转换成元组
tuple3 = tuple({7, 8, 9, 8})
#输出转换后的元组
print(tuple3)   #输出：(8, 9, 7)
#使用 tuple()函数将范围对象转换成元组
tuple4 = tuple(range(3,7))
#输出转换后的元组
print(tuple4)   #输出：(3, 4, 5, 6)
```

在上面的例子中，tuple3 是使用 tuple()函数将集合{7, 8, 9, 8}转换成元组，输出结果可能是(8, 9, 7)或其他任何包含这 3 个元素的元组，顺序不固定。有关集合的概念将在 4.5 节中进行介绍。

4.2.2 操作元组

作为一种不可变的序列，针对序列的常见操作可以用在元组上。例如，可以在元组上使用 len()、min()、max()和 sum()函数，使用 for 循环遍历元组中的所有元素，使用索引访问单个元组元素，使用切片得到元组的一部分内容，使用+和*运算符实现元组的连接和重复，使用 in 和 not in 运算符测试元组中元素的存在性。总之，表 4-1 中列出的对序列的操作都可用于元组。但需要特别注意，元组一旦被创建，就不能更改其内容（即不能通过索引或切片来修改或替换元素），如果尝试这样做，则 Python 将引发 TypeError 异常。同样地，也不能删除元组中的元素，但可以使用 del 操作删除元组变量本身。

另外，元组可以进行比较操作。比较操作符，如<、<=、>、>=、==、!=均可使用。元组的比较是基于元素逐个比较，从元组的第一个元素开始，依次比较对应位置的元素。如果所有对应位置的元素都相等，则这两个元组相等。如果某个位置上的元素不相等，则比较结果直接取决于这两个元素的比较结果，如(1, 2, 3) < (2, 1, 0)的结果为 True。如果比较的元组长度不同，则长度较短的元组视为较小的，如(1, 2) < (1, 2, 3)的结果为 True。==操作符用于检查两个元组是否相等，即它们是否包含相同数量和相同顺序的元素，并且这些元素在比较时必须相等。!=操作符用于检查两个元组是否不相等，即它们在元素数量、顺序或内容上存在差异，如(1, 2, 3) != (1, 2, 3, 4)的结果为 True，因为两者长度和元素均不同。这种比较操作在排序和查找操作中非常有用。

元组排序时通常使用内置函数 sorted()实现，它返回一个新的排序后的列表。例如，sorted((3, 1, 2))将返回列表[1, 2, 3]。需特别注意的是，元组的不可变性使得元组不能使用列表的 sort()方法进行原地排序，但可以通过 sorted()函数生成排序后的新列表。

4.2.3 元组的拆包与封装

元组的拆包是指将元组中的元素分别赋值给多个变量，这在 Python 中非常常见。一般要求赋值符号左侧的变量个数与元组的元素个数相同。例如：

```
t = (5, 6, 7)
a, b, c = t
print(a,b,c)  #输出: 5 6 7
```

若元组元素个数多于变量，则可用*收集剩余元素，例如：

```
t = (1, 2, 3, 4)
a, b, *c = t
print(a, b, c)  #输出: 1 2 [3, 4]
```

还可以在拆包时忽略某些值，例如：

```
t = (10, 20, 30, 40)
a, *_, c = t
print(a, c)  #输出: 10 40
```

元组的封装是将多个变量组合成一个元组，例如：

```
s = "abc"
t = 123, s, 4.5
```

拆包与封装的灵活运用，使得元组在数据处理中尤为高效。在前面学习数据输入时，曾使用内置函数 eval(input("请输入两个数据，数据之间用逗号分隔"))来接收用户输入的数据。实际上，eval()函数返回的就是一个元组，如输入"3, 4"时返回(3, 4)，对元组(3,4)进行拆包操作，x, y = eval(input("请输入两个数据，数据之间用逗号分隔"))，这样 x 和 y 分别获取了输入的 3 和 4。想要交换两个变量的值时，只需使用元组拆包——x, y = y, x，这样 x 和 y 的值就互换了，无须引入临时变量。

此外，元组作为函数的参数可以传递多个值，同时保证了参数的不可变性，确保函数内部操作不会影响外部变量，提升了代码的安全性和稳定性。例如，在函数定义时使用 def func(*args)，args 即为元组，可灵活接收任意数量的参数，便于批量处理数据。这使得元组在这些方面展现出比列表更优越的特性。具体用法将在第 5 章中详细介绍。

4.2.4　元组的应用

例 4.4　已有元组 record 存储了一个班所有学生的 Python 课程成绩，统计这门课程的最高分、最低分、平均分和低于平均分的学生人数。

源程序：

```
1   record = ("Python",
2             93, 65, 78, 84, 56, 96, 95, 87, 74, 86,
3             73, 57, 86, 74, 96, 69, 93, 77, 87, 61,
4             96, 95, 87, 74, 86, 69, 43, 77, 87, 61)
5   print(record)
6   scores = record[1:]
7   maxscore = max(scores)
8   minscore = min(scores)
9   ave = sum(scores)/len(scores)
10  n = 0
11  for i in scores:
12      if i < ave:
13          n +=1
14  print(f"这个班{record[0]}课程成绩的统计数据如下：")
15  print(f"--最高分{maxscore}，最低分{minscore}，平均分{ave:.2f}，低于平均
16  分的学生人数是{n}")
```

程序结果：

```
('Python', 93, 65, 78, 84, 56, 96, 95, 87, 74, 86, 73, 57, 86, 74, 96, 69,
93, 77, 87, 61, 96, 95, 87, 74, 86, 69, 43, 77, 87, 61)
这个班 Python 课程成绩的统计数据如下：
--最高分 96，最低分 43，平均分 78.73，低于平均分的学生人数是 15
```

代码分析：

（1）第 1～5 行代码中，通过元组存储从数据库中得到的成绩数据，元组 record 中的元素类型可以不同，但元组是不可变的。

（2）第 6 行代码中，对课程名称与成绩数据分开进行处理，通过元组切片操作提取成绩数据记录到新的元组 scores 中。

（3）第 7～9 行代码中，直接使用内置的 max()、min()、sum()和 len()函数分别计算最高

分、最低分、总分和元组长度，从而得到最高分、最低分和平均分。

（4）第 10～13 行代码中，通过循环遍历 scores 元组，统计低于平均分的学生人数。

（5）第 14～16 行代码中，输出相关结果。

注意：元组本身是不可变数据类型，没有增加、删除、修改、查找功能，元组内可以存储任意数据类型。如果元组中只有一个元素，则后面一定要加逗号，否则数据类型不确定。元组中包含可变数据类型，可以间接修改元组的内容。例如：

```
t1=([1,2,3],4)
t1[0].append('hello')
print(t1)          #输出：([1, 2, 3, 'hello'], 4)
```

4.3 字 符 串

在 Python 中，字符串既是基本数据类型，又是组合数据类型，可以将字符串看作单个字符的有序序列。和元组一样，字符串的内容也是不可变的，一旦创建就无法修改。

4.3.1 创建字符串

在第 2 章中已经介绍了可以用单引号、双引号或三引号来创建字符串，如'string'、"string"或'''string'''。还可以用内置函数 str()将其他类型的数据转换为字符串，如 str(123)返回'123'。

4.3.2 操作字符串

字符串的索引和切片操作与元组类似，可通过索引访问单个字符或通过切片获取子字符串。例如，s = "Hello, World!"，s[7:]将返回"World!"，而 s[::-1]可实现字符串反转，输出"!dlroW ,olleH"。还可使用+和*运算符将字符串进行连接和重复得到一个新的字符串，使用 in 和 not in 运算符测试字符串中子字符串的存在性。字符串作为一种特殊的元组，其操作方法与元组高度一致，只是字符串作为元组，可以认为其中的元素均为单个字符，而普通元组元素可以是任意类型。

字符串作为处理实际问题时常用的数据类型，还有一些专门针对字符串进行操作的内置函数和方法。

1. 内置的处理字符串的函数

表 4-2 列出了 6 个内置的处理字符串的函数。

表 4-2 内置的处理字符串的函数

函数	描述
len(x)	返回字符串 x 的长度，也可返回其他组合数据类型元素的个数
str(x)	返回任意类型 x 所对应的字符串形式
chr(x)	返回 Unicode 编码为 x 对应的单字符
ord(x)	返回单字符 x 的 Unicode 编码
hex(x)	返回整数 x 对应十六进制的小写形式字符串
oct(x)	返回整数 x 对应八进制的小写形式字符串

在使用表 4-2 中 6 个内置的处理字符串的函数时，有以下几点说明。

（1）len(x)计算字符串 x 的长度时，Python 3.×是以 Unicode 字符为计数基础的，因此，字符串中英文字符和中文字符都是 1 个长度单位。例如，len("Python 程序")返回的结果是 8。

（2）str(x)在处理数字类型时，会将整数、浮点数转换为其字符串表示形式，如 str(123)会得到'123'。如果处理的是其他非字符串类型对象，如列表或字典，则会得到字符串形式的描述信息。

（3）chr(x)在 x 为有效 Unicode 编码值时，会返回对应的字符。如果编码值超出有效范围，则将抛出 ValueError 异常。例如，chr(65)会返回'A'，因为 65 是'A'的 Unicode 编码。ord(x)函数是 chr()的逆操作，它接收一个字符并返回其对应的 Unicode 编码值。例如，ord('A')将返回 65。注意，ord()函数只能接收单个字符作为参数，否则会引发 TypeError 异常。

（4）hex(x)将整数 x 转换为十六进制形式，如 hex(255)返回'0xff'。oct(x)将整数 x 转换为八进制形式，如 oct(8)返回'0o10'。

扩展知识

Unicode 编码

Unicode 编码为每个字符分配一个唯一的数字标识，确保了字符的全球一致性表示。这种机制便于在计算机中处理和存储不同语言及文字。早期计算机在表示字符时使用的是 ASCII，它仅支持英文字符和一些特殊符号。随着互联网的全球化，ASCII 已不足以表示所有语言的字符，因此 Unicode 编码应运而生，它扩展了字符集以覆盖包括中文、日文、阿拉伯文在内的多种语言。在 Unicode 编码中，英文字符和数字在 Unicode 中仍然保持与 ASCII 相同的编码值，Unicode 编码值 0～127 与 ASCII 值 0～127 一致。例如，大写字母 A～Z 在 Unicode 中分别对应的编码值仍然是 65～90，小写字母 a～z 对应的编码值仍然是 97～122。

2. 字符串操作方法

在计算机程序设计中，对象（object）是一个软件实体，表示具有某种行为的值。值可以是基本数据类型，如字符串，也可以是组合数据类型，如列表或字典。对象通常包含数据和操作数据的方法。例如，字符串对象就拥有多种方法来执行诸如查找、替换和分割等操作。在 Python 中，字符串类型包含大量的内置方法，这里仅介绍其中 18 种常用的操作方法，如表 4-3 所示（其中，str 表示字符串或字符串变量）。

表 4-3　常用的字符串操作方法

方法	描述
str.lower()	返回字符串 str 的副本，字符全部小写
str.upper()	返回字符串 str 的副本，字符全部大写
str.islower()	当 str 所有字符都是小写时，返回 True，否则返回 False
str.isprintable()	当 str 所有字符都可输出时，返回 True，否则返回 False

续表

方法	描述
str.isnumeric()	当str所有字符都是数字时，返回True，否则返回False
str.isspace()	当str所有字符都是空格时，返回True，否则返回False
str.endswith(suffix[,start[,end]])	str[start:end]以suffix结尾返回True，否则返回False（start和end省略时表示对整个str进行判断）
str.startswith(prefix[,start[,end]])	str[start:end]以prefix开始时返回True，否则返回False（start和end省略时表示对整个str进行判断）
str.split(sep=None,maxsplit=-1)	返回一个列表，由str根据sep被分割的子字符串构成（maxsplit为最大分割次数），默认以空格为分隔符
str.join(iterable)	将可迭代对象（如列表、元组等）中的元素以指定的字符串str为连接符拼接成一个新的字符串
str.count(sub[,start[,end]])	返回str[start:end]中sub子字符串的出现次数
str.find(sub[, start[, end]])	返回str[start:end]中第一次出现sub子字符串的索引，如果找不到则返回-1
str.index(sub[, start[, end]])	与find方法类似，如果找不到子字符串，则会抛出ValueError异常
str.replace(old,new[,count])	返回str的副本，所有old子字符串被替换成new字符串，如果给出count，则前count次出现的old子字符串被替换
str.center(width[,fillchar])	返回字符串str的居中的字符串副本，并使用fillchar填充至长度width的新字符串
str.strip([chars])	返回str的副本，在其左侧和右侧去掉chars中列出的字符。如果chars未指定，则移除字符串首尾的空白字符（包括空格、换行符\n、制表符\t等）
str.zfill(width)	返回字符串str的副本，长度为width，不足的部分在左侧添加0
str.format()	返回字符串str的格式化副本，用于将指定的值插入到字符串中的占位符位置，常用于输出的格式控制

以下给出一些例子展示表4-3中部分字符串方法的使用，更多的字符串操作方法大家可以在具体应用时查阅相关资料逐步实践。

```
text = "Hello, World!"
print(text.lower())                #输出：hello, world!

num_str = "12345"
print(num_str.isnumeric())         #输出：True

startswith_text = "Hello, Python!"
print(startswith_text.startswith("Hello"))  #输出：True

split_text = "apple,banana,cherry,pear"
s_list = split_text.split(",",2)
print(s_list)          #输出：['apple', 'banana', 'cherry,pear']
j_text = ";;".join(s_list)
print(j_text)          #输出： apple;;banana;;cherry,pear

s = "banana banana split"
print(s.count("banana"))      #输出：2
print(s.find("split"))        #输出：14
```

```
s1 = "Hello, world!" * 2
print(s1.replace("world", "Python"))
                                    #输出：Hello, Python!Hello, Python!
print(s1.replace("world", "Python",1))
                                    #输出：Hello, Python!Hello, world!

print("center".center(10, '*'))
                                 #输出：**center** （宽度为 10，用'*'填充）

str2 = "--Hello-World!--"
print(str2.strip('-'))           #输出：Hello-World!

print("12".zfill(5))             #输出：00012
```

4.3.3　字符串的应用

例 4.5　输出一个 n 行由大写字母构成的等腰三角形。其中，n 是一个 1～13 中的整数，输出的效果如下。

```
请输入 1-13 中的整数：7
      A
     ABC
    ABCDE
   ABCDEFG
  ABCDEFGHI
 ABCDEFGHIJK
ABCDEFGHIJKLM
```

分析：

通过观察可以发现，整个图形由 n 行字符串构成，如果第 n 行的字符串是从字母表开始的，那么前面的每行字符串是前面有若干空格后面开始接上字母表。第 i 行字符串开头的空格数是 n-i 个，后面的字母是大写字母表的前 2i-1 个字母。根据这个规律，对于第 i 行来说，只需要生成一个符合要求的字符串，然后将其输出即可。

源程序 4.5.1：

```
1  import string
2  UpperLetters=string.ascii_uppercase
3  n=int(input("请输入 1-13 中的整数："))
4  for i in range(1,n+1):
5      s=(n-i)*" "+UpperLetters[:2*i-1]
6      print(s)
```

代码分析：

（1）第 1 行代码中，引入 string 模块到程序中。

（2）第 2 行代码中，通过 string.ascii_uppercase 得到由大写字母表构成的字符串并记录在字符串变量 UpperLetters 中。类似地，string.ascii_lowcase 可以得到小写字母表字符串、string.digits 可以得到数字字符串“0123456789”。

（3）第 3 行代码中，通过 input 函数获取用户输入的整数 n，并将其转换为 int 类型。

（4）第 4 行代码中，开始循环，i 从 1 到 n，逐行生成并输出字符串 s。每行要输出的字符串 s 前面用字符串的乘法运算生成(n−i)个空格，再用加法运算连接前 2i−1 个大写字母（通过对大写字母字符串 UpperLetters 进行切片得到）。

除了源程序 4.5.1 这种实现方式外，还可以使用嵌套循环的方法。

源程序 4.5.2：

```
1  n=int(input("请输入 1-13 中的整数："))
2  for i in range(1,n+1):
3      s=(n-i)*" "
4      for j in range(2*i-1):
5          s=s+chr(ord('A')+j)
6      print(s)
```

代码分析：

（1）第 2 行代码中，开始外层循环，i 从 1 到 n，逐行生成字符串 s。

（2）第 3～5 行代码中，对每行要输出的字符串 s 设置前面有(n−i)个空格，后面连接 2i−1 个大写字母。具体实现时，用第 3 行先设置字符串 s 的值为前面的(n−i)个空格；第 4 行开始的内层循环 j 从 0 开始，每次将字符'A'的 ASCII 值加上 j，将其转换为对应字母并连接到 s 后。

（3）第 6 行代码中，输出当前第 i 行字符串 s。

通过对比两种实现方式，可以看出，虽然程序逻辑有所不同，但最终都能实现预期的输出效果。源程序 4.5.1 侧重于直接利用字符串切片操作，简洁高效；源程序 4.5.2 通过嵌套循环逐个输出字符构建字符串，逻辑性更强。

例 4.6 如果一个字符串从左向右和从右向左读都是一样的，那么称这个字符串是回文串。例如，"mom""dad"和"noon"都是回文串。编写一段程序，提示用户输入一个字符串，并输出该字符串是否为回文串。

分析：

（1）检测字符串中的首字符与尾字符是否相同。如果相同，那么程序会继续检测第 2 个字符是否与倒数第 2 个字符相同。这个过程持续进行，直到有字符不匹配或检测完所有字符为止。

（2）使用两个变量，即 low 和 high 来表示字符串 s 起始和结束位置的两个字符，如源程序 4.6.1 第 2、3 行所示。初始状态下，low 是 0，high 是 len(s)−1。如果这两个位置的字符相同，那么 low 增加 1，high 减去 1（源程序 4.6.1 中的第 8、9 行）。这个过程持续进行，直到 low>=high 或出现不匹配的情况为止。

源程序 4.6.1：

```
1  s=input("输入一个字符串：").strip()
2  low=0
3  high=len(s)-1
4  while low<high:
5      if s[low]!= s[high]:
6          print(s,"不是回文串" )
```

```
            break
        low+=1
        high-=1
    if low>=high:
        print(s, "是回文串")
```

程序结果：

```
输入一个字符串：noon
noon 是回文串
```

源程序 4.6.1 通过 while 循环逐步比较字符串首尾字符，直观地判断回文。实际上，通过字符串切片得到原字符串的翻转，再比较两者是否相等，也能实现回文串的判断。

源程序 4.6.2：

```
s=input("输入一个字符串：").strip()
ss=s[::-1]
if s==ss:
    print(s,"是回文串")
else:
    print(s,"不是回文串")
```

源程序 4.6.2 的方法更为简洁高效，避免了循环的复杂操作，直接利用 Python 的切片功能实现了字符串翻转，代码更易读易懂。

4.4　字　　典

字典是键值对集合在一起构成的组合数据类型，其中每个键唯一标识一个值。例如，在数据集合中查找学生信息时，需要用学号进行查找，学号作为键，而学生的信息是与之对应的值。在程序设计中，根据一个信息查找另一个信息的方式构成了“键值对”，表示了索引用的键和对应的值构成的一对一的映射关系，通过一个特定的关键字（学号）来访问值（学生信息）。实际应用中有很多“键值对”的例子，例如，姓名和电话号码、邮政编码和地址、图书编号和图书信息等。由于键不是序号，因此无法使用列表来进行有效存储和索引。字典可以通过任意键信息查找一组数据中的值信息，实现关键字到值的映射，快速高效。

在字典中，键必须是唯一的。这意味着在同一个字典中，不能有两个键具有相同的值。键还必须是不可变的，这意味着键可以是数字、字符串或元组（只要元组中的元素也是不可变的），但不能是列表、集合或其他可变类型。与键不同，字典中的值可以是任何类型，包括可变类型，如列表、集合、字典本身等。

4.4.1　创建字典

可以使用花括号{}来创建字典，在花括号内直接写入键值对，每个键值对之间用逗号分隔，键和值之间用冒号分隔。例如，创建一个学生信息字典，代码如下。

```
student = {'name': 'Alice', 'age': 20, 'grade': 'A'}
```

创建空字典只需在花括号内不包含任何内容即可，如 empty_dict = { }。

还可以使用内置函数 dict()来创建字典，这个函数非常灵活，可以从多种不同的数据源生成字典。以下是一些使用 dict()函数创建字典的常见方式。

```
#方式 1：从键值对列表创建字典
pairs = [('name', 'Alice'), ('age', 30), ('city', 'New York')]
my_dict = dict(pairs)
print(my_dict)
#输出：{'name': 'Alice', 'age': 30, 'city': 'New York'}
#方式 2：从关键字参数创建字典
my_dict = dict(name='Bob', age=25, country='Canada')
print(my_dict)
#输出：{'name': 'Bob', 'age': 25, 'country': 'Canada'}
#方式 3：从另一个字典创建字典（浅复制）
original_dict = {'Bob': 25, 'Alice': 20, 'Bob': 23}
copied_dict = dict(original_dict)
print(copied_dict)
#输出：{'Bob': 23, 'Alice': 20}。注意，'Bob' 的值被覆盖了
#方式 4：使用函数 zip()和 dict()从两个并行列表创建字典 my_dict
keys = ['name', 'age', 'city']
values = ['Alice', 30, 'New York']
my_dict = dict(zip(keys, values))
```

以上方式中，方式 3 创建的列表虽然'Bob'在原字典中出现了两次，但是只有最后一次出现的值被记录在新字典中，即 23。这说明字典在创建时，如果键重复，则后面的键值对将覆盖前面的。另外，新字典是原字典的浅复制，意味着 original_dict 和 copied_dict 是字典{'Bob': 23, 'Alice': 20}的两个不同名称，如果改变 original_dict 的值，则 copied_dict 的值将随之改变，反之亦然。

在 4.1.4 节中曾介绍过列表推导式创建列表的方式，类似于列表推导式，字典推导式提供了一种更简洁的方式创建字典。例如：

```
#方式 1：使用字典推导式从一个 range 范围创建一个字典
squares = {x: x**2 for x in range(1, 11) if x%2 == 1}
print(squares)
#输出：{1: 1, 3: 9, 5: 25, 7: 49, 9: 81}
#方式 2：使用字典推导式从一个字典创建另一个字典
people = {'Alice': 28, 'Bob': 25, 'Mike': 27, 'Jane': 29}
filtered = {key: value for key, value in people.items() if value > 25}
print(filtered)
#输出：{'Alice': 28, 'Mike': 27, 'Jane': 29}
```

4.4.2 操作字典

字典作为特殊的集合，也可以使用内置的 len()函数获取其长度，如 len(my_dict)将返回 3，表示字典中有 3 个键值对。字典支持 in 操作符，用于检查某个键是否存在于字典中，如 'name' in my_dict 将返回 True。此外，字典还能通过以下方式进行操作。

1. 使用键索引对字典进行操作

在 Python 中，字典是一种通过键（key）来存储和访问值（value）的数据结构，可以使用键来索引操作字典的值，从而添加、修改或删除键值对。例如：

```
#创建一个字典
contacts = {'Adam': 25714, 'Mary': 17846}
#添加键值对
contacts['Mike'] = 45139
print(contacts) #输出：{'Adam': 25714, 'Mary': 17846, 'Mike': 45139}
#修改键值对
contacts['Mary'] = 22222
print(contacts) #输出：{'Adam': 25714, 'Mary': 22222, 'Mike': 45139}
#删除键值对
del contacts['Adam']
print(contacts) #输出：{'Mary': 22222, 'Mike': 45139}
```

2. 字典类型的方法

字典类型在 Python 内部是通过 dict 类实现的，通过 dict 的方法也可以实现对字典的操作，表 4-4 列出了常用的字典方法。

表 4-4　常用的字典方法

方法	描述
dic.keys()	返回字典 dic 的所有的键信息
dic.values()	返回字典 dic 的所有的值信息
dic.items()	返回字典 dic 的所有的键值对信息
dic.get(key,default=None)	键存在时返回相应值，否则返回默认值
dic.pop(key,default=None)	键存在时返回相应值，同时删除键值对，否则返回默认值。如果未指定且键不存在，则引发 KeyError 异常
dic.popitem()	随机从字典中取出一个键值对，以元组(key,value)形式返回。如果字典为空，则引发 KeyError 异常
dic.setdefault(key,default=None)	键存在时返回相应值，否则插入键及其对应的值（默认为 None）
dic.clear()	删除字典所有的键值对，使 dic 成为空字典
dic.copy()	返回字典的一个浅复制
dic.update(otherdic)	使用另一个字典 otherdic 的内容来更新字典 dic
dic.fromkeys(iterable, value=None)	创建一个新字典，使用可迭代对象中的元素作为键，并将每个键的值设置为 value。如果 value 未指定，则默认为 None

以下是表 4-4 中的部分字典方法的使用。

```
#创建一个字典
my_dict = {'a': 1, 'b': 2, 'c': 3}
#使用 clear()方法清空字典
my_dict.clear()
print(my_dict)    #输出：{}
```

```
#使用copy()方法创建字典的浅复制
copied_dict = my_dict.copy()
print(copied_dict)  #假设my_dict不为空，则输出与my_dict相同的内容
#使用fromkeys()方法创建新字典
new_dict = dict.fromkeys(['x', 'y', 'z'], 0)
print(new_dict)                    #输出：{'x': 0, 'y': 0, 'z': 0}
#使用get()方法获取字典中的值
value = my_dict.get('a', -1)       #假设'a'是my_dict的一个键
print(value)                       #如果'a'存在，则输出其对应的值，否则输出-1
#使用pop()方法移除并返回字典中的值
popped_value = my_dict.pop('b', -1)  #假设'b'是my_dict的一个键
print(popped_value)                #如果 'b' 存在，则输出其对应的值，否则输出 -1
#使用setdefault()方法设置默认值
my_dict.setdefault('d', 4)
print(my_dict['d'])                #输出：4
#使用update()方法更新字典
my_dict.update({'e': 5, 'f': 6})
print(my_dict)                     #输出：包含更新后的键值对
```

3. 遍历字典

使用for循环配合表4-4中的前3个字典方法可以遍历字典中的键、值、键值对。例如：

```
my_dict = {'b': 1, 'c': 2, 'a': 3}
#遍历字典中的键
for key in my_dict.keys():
    print(key)
#遍历字典中的值
for value in my_dict.values():
    print(value)
#遍历字典中的键值对
for key, value in my_dict.items():
    print(f"{key}: {value}")
#遍历字典中的键和值（简化版）
for key in my_dict:
    print(f"{key}: {my_dict[key]}")  #直接使用键访问值，输出键值对
```

有时可能需要按特定的顺序遍历字典，可使用sorted()函数对键进行排序，如sorted_keys = sorted(my_dict.keys())，再遍历sorted_keys，确保输出my_dict的键时按字母顺序排列。

4.4.3 嵌套

当处理复杂数据时，有时需要将多个字典存储在列表中或将列表作为值存储在字典中，甚至字典存储在字典中、列表存储在列表中，这都称为嵌套。

1. 字典列表

在Python中，列表可以包含任何数据类型作为元素，包括字典。当一个列表中的所有

元素都是字典时，就构成了字典列表。这种结构在处理具有不同属性的一组对象时非常有用。例如，假设有一个包含多位学生信息的列表，每位学生的信息都是一个字典，包含学生的姓名、年龄和成绩。以下代码展示了如何创建和使用包含字典的列表。

```
#创建一个包含学生信息的列表，每位学生的信息都是一个字典
students = [
    {'name': 'Alice', 'age': 20, 'grades': 85},
    {'name': 'Bob', 'age': 22, 'grades': 88},
    {'name': 'Charlie', 'age': 21, 'grades': 95}
]
#访问特定学生的信息
alice_info = students[0]
print(alice_info)    #输出 Alice 的完整信息
#访问 Alice 的姓名
alice_name = alice_info['name']
print(alice_name)    #输出: Alice
#访问 Alice 的成绩
alice_grade = alice_info['grades']
print(alice_grade)   #输出: 85
#修改 Bob 的年龄
bob_info = students[1]
bob_info['age'] = 23
print(bob_info)      #输出修改后的 Bob 的信息
#添加一位新学生的信息
new_student = {'name': 'David', 'age': 20, 'grades': 90}
students.append(new_student)
print(students)      #输出更新后的学生列表
#遍历学生列表并输出每位学生的姓名和成绩
for student in students:
    name = student['name']
    grade = student['grades']
    print(f"{name}'s grade is {grade}")
```

注意：在列表中存储多个字典时，这些字典的结构应保持一致，这样便于使用 for 遍历列表，并以统一的方式访问其中每个字典中的数据。

2. 在字典中存储列表

可以在字典的值部分存储列表，这种结构在处理需要将多个相关联的值与单个键相关联时非常有用。例如，假设有一个字典，其中键是学生的姓名，值是学生选修的课程列表。以下代码展示了创建和使用在字典中存储列表的结构。

```
#创建一个字典，其中键是学生的姓名，值是课程列表
courses_by_student = {
    'Alice': ['Math', 'Science', 'History'],
    'Bob': ['Math', 'Art', 'PE'],
    'Charlie': ['Science', 'History', 'Music']
}
```

```
#访问特定学生的课程列表
alice_courses = courses_by_student['Alice']
print(alice_courses)  #输出: ['Math', 'Science', 'History']
#修改特定学生的课程列表（添加一门课程）
courses_by_student['Bob'].append('Computer Science')
print(courses_by_student['Bob'])
#输出: ['Math', 'Art', 'PE', 'Computer Science']
#删除特定学生的某门课程
courses_by_student['Charlie'].remove('History')
print(courses_by_student['Charlie']) #输出: ['Science', 'Music']
#检查某位学生是否选修了某门课程
is_alice_taking_science = 'Science' in courses_by_student['Alice']
print(is_alice_taking_science)  #输出: True
#添加一位新学生的信息及其课程列表
new_student = {'David': ['Math', 'Literature']}
courses_by_student.update(new_student)
#或者使用 courses_by_student['David'] = ['Math', 'Literature']
print(courses_by_student)  #输出更新后的字典
#遍历字典并输出每位学生的姓名及其选修课程
for student,courses in courses_by_student.items():
    print(f"\n{student} is taking the following courses: ")
    for course in courses:
        print(f"\t{course}")
```

在这个例子中，与每位学生名字关联的值都是一个列表。在遍历字典时，使用 courses 变量来存储字典中每个键值对的值，而 courses 是一个列表。在遍历字典的外层 for 循环中，使用了另一个内层的 for 循环来遍历每位学生选修的课程并进行相应的输出。这种双重循环的方式在遍历复杂的字典结构时尤为常见，通过外层循环获取键值对，通过内层循环处理列表中的每个元素，从而实现逐层、细致的数据展示。

3. 在字典中存储字典

还可以在字典的值部分存储字典，这种嵌套字典的结构在处理具有层次关系或需要表示复杂数据结构时非常有用。例如，假设有一个字典，其中键是国家名，值是与该国家相关联的另一个字典，这个内部字典包含该国家的首都和人口等信息。以下代码展示了创建和使用在字典中存储字典的结构。

```
#创建一个字典，其中键是国家名，值是包含该国家的首都和人口信息的另一个字典
countries_info = {
    'USA': {'capital':'Washington D.C.','population':331002651},
    'France': {'capital': 'Paris', 'population': 67081000},
    'China': {'capital': 'Beijing', 'population': 1444216107}
}
#访问特定国家的信息
usa_info = countries_info['USA']
print(usa_info)
#输出: {'capital': 'Washington D.C.', 'population': 331002651}
```

```
#访问特定国家的首都
french_capital = countries_info['France']['capital']
print(french_capital)  #输出: Paris
#修改特定国家的人口信息
countries_info['China']['population'] = 1450000000
print(countries_info['China'])
   #输出: {'capital': 'Beijing', 'population': 1450000000}
#添加一个新国家及其信息
new_country = {'Japan': {'capital': 'Tokyo', 'population': 126476461}}
countries_info.update(new_country)
# 或者使用 countries_info['Japan'] = {....}
print(countries_info)  #输出更新后的字典
#遍历字典并输出每个国家及其首都和人口信息
for country, info in countries_info.items():
   print(f"{country} - Capital: {info['capital']}, Population: {info
['population']}")
```

4. 在列表中存储列表

与在字典中存储字典类似，也可以在列表中存储另一个列表，从而创建一个二维列表（也称为列表的列表）。这种结构在处理表格数据、矩阵或任何需要二维数组表示的数据时非常有用。例如，假设有一个二维列表，其中每个内部列表代表一行数据，行中的每个元素代表该行的一个列值。以下代码展示了在列表中存储列表的结构。

```
#创建一个二维列表，其中每个内部列表代表一行数据
matrix = [
   [1, 2, 3],
   [4, 5, 6],
   [7, 8, 9]
]
#访问特定行和列的元素
element_2_1 = matrix[1][1]            #第二行第二列的元素（索引从 0 开始）
print(element_2_1)                    #输出: 5
#修改特定行和列的元素
matrix[0][2] = 10                     #将第一行第三列的元素修改为 10
print(matrix)                         #输出修改后的二维列表
#添加一行新数据
new_row = [10, 11, 12]
matrix.append(new_row)
print(matrix)                         #输出更新后的二维列表
#遍历二维列表并输出每个元素
for row in matrix:
   for element in row:
      print(element, end=' ')
   print()                            #换行以区分不同的行
#访问特定行的所有元素
second_row = matrix[1]
```

```
print(second_row)                        #输出: [4, 5, 6]
```

二维列表常用来处理数学中的矩阵运算，如行列式的计算、矩阵的乘法等，也广泛应用于数据分析、图像处理等领域。同时，遍历二维列表时常用到双重循环，外内层循环分别对应行和列，确保每个元素被逐一处理。

4.4.4 字典的应用

例 4.7 输入一组无序的整数，编程输出其中出现次数最多的整数及其出现次数。若出现次数最多的整数有多个，则按照整数升序输出。

分析：

可以使用字典来记录每个整数出现的次数，字典的键为整数，值为出现次数。首先，遍历整数列表，更新字典中每个整数的计数。其次，使用内置的 max()函数对字典的值求最大值，即得到最大出现次数。再次，将字典的键转换成列表，对列表进行排序。最后，依次遍历排序后的键列表，检索字典找出出现次数与最大次数相等的整数，并输出它们及其出现次数。

源程序：

```
1   inls=[int(i) for i in input().split()]
2   dic={}
3   for i in inls:
4       if i in dic:
5           dic[i]+=1
6       else:
7           dic[i]=1
8   maxN=max(list(dic.values()))
9   keys=list(dic.keys())
10  keys.sort()
11  s=""
12  for i in keys:
13      if dic[i]==maxN:
14          s+=f"{i}:{maxN},"
15  s=s[:-1]
16  print(s)
```

程序结果：

```
如果输入以下数据：
0 -50 0 632 5813 -50 9 -50 0 632
则输出如下结果：
-50:3,0:3
```

代码分析：

输出结果表明出现次数最多的整数为-50 和 0，它们各自出现了 3 次，并按升序排列显示。

（1）第 1 行代码中，将输入的字符串分割成整数列表 inls。

（2）第 2 行代码中，创建了一个空字典 dic 用于存储每个整数及其出现次数。

（3）第 3～7 行代码中，遍历列表 inls 中的每个整数，统计它们在字典中的出现次数。

（4）第 8 行代码中，获取出现次数的最大值 maxN。

（5）第 9、10 行代码中，将字典的键转换成列表 keys，并进行排序。

（6）第 11～14 行代码中，通过遍历 keys 列表，将字典 dic 中值（出现次数）等于 maxN 的整数和其出现次数拼接成字符串 s。

（7）第 15 行代码中，进行字符串切片，将最后一个多余的逗号去除。

例 4.8　输入学生人数 N，依次输入学生姓名和分数，按输入的顺序依次输出每位学生的姓名和排名。

分析：

为了方便存储学生的分数信息，可以使用字典结构，其中键为学生的姓名，值为分数。学生排名也可使用字典存储，键为姓名，值为排名。另外，由于要求输出排名信息时要按输入的顺序输出，因此在输入过程中需按顺序记录输入的学生姓名。字典中的元素是无序的，因此可以使用列表来记录学生姓名的输入顺序。

源程序：

```
N=int(input())
score_dic={}
names=[]
for i in range(N):
    name,score=input().split()
    names.append(name)
    score_dic[name]=int(score)
rank_dic={}
for name in names:
    rank_dic[name]=0
r=1
while r<=N:
    m_score=0
    for name in names:
        if rank_dic[name]==0 and score_dic[name]>m_score:
            m_score=score_dic[name]
    cnt=0
    for name in names:
        if rank_dic[name]==0 and score_dic[name]==m_score:
            rank_dic[name]=r
            cnt+=1
    r=r+cnt
print("name\trank\tscore")
for name in names:
    print(f"{name}\t{rank_dic[name]}\t{score_dic[name]}")
```

程序结果：

如果输入以下数据：

```
7
zhang 50
li 30
zhao 40
qian 70
```

```
sun 30
wu 50
wang 60
```

则输出如下结果：

```
name     rank    score
zhang    3       50
li       6       30
zhao     5       40
qian     1       70
sun      6       30
wu       3       50
wang     2       60
```

代码分析：

（1）第 1 行代码用于读入学生人数，第 2 行代码用于创建一个空字典 score_dic 以存放输入的学生姓名和分数，第 3 行代码用于创建一个空列表 names 以存储学生姓名。

（2）第 4～7 行代码中，通过循环读取每位学生的姓名和分数，将其分别存入列表 names 和字典 score_dic 中。

（3）第 8 行代码中，创建一个空字典 rank_dic 以存放学生的排名。

（4）第 9～11 行代码中，初始化 rank_dic，将所有学生的排名设为 0。

（5）第 12 行代码中，开始进行排名，通过循环逐个确定每位学生的排名。

（6）第 13～16 行代码中，找到当前未排名学生中的最高分数 m_score。

（7）第 17～21 行代码中，将所有未排名且分数等于 m_score 的学生排名设为当前排名 r，并统计这些学生的数量 cnt。

（8）第 22 行代码中，更新当前排名 r，增加 cnt 个排名位置。

（9）第 23～25 行代码中，按顺序遍历列表 names 中记录的学生姓名 name，并对字典 rank_dic 和 score_dic 中的记录的排名及分数进行输出。

4.5 集　　合

集合是存储一系列不重复元素的数据结构。与列表元素不同，集合中的元素或成员并不按照任何特定的顺序来存储，即集合中的元素是不能按位置访问的。集合通常用于数学上的集合操作，如并集、交集、差集等。集合中的元素可以是任何不可变类型的数据，如整数、浮点数、字符串和元组，但不能包含列表、字典或其他可变类型的数据。因为集合中的元素不需要保持特定顺序，所以添加、删除元素的操作比列表更高效。

4.5.1 创建集合

创建集合可以使用{}或 set()函数。注意，空集合必须使用 set()函数创建，而不能用{}创建。直接使用{}会创建一个空字典而不是空集合。使用{}创建集合时，若包含重复元素，则系统会自动将其去除。以下是创建集合的示例。

1. 使用{}创建集合

当有一个明确的元素列表时，可以使用{}来创建集合。集合中的元素应该是不可变的，如整数、浮点数、字符串或元组。

```
#创建一个包含几个整数的集合
my_set = {1, 2, 3, 4, 5}
#创建一个包含字符串的集合
string_set = {"apple", "banana", "cherry"}
#注意：集合中的元素是唯一的，重复的元素会被自动去除
duplicate_set = {5, 2, 2, 1, 4, 3, 5}  #实际上等于 {1, 2, 3, 4, 5}
```

2. 使用 set()函数创建集合

set()函数可以用于将任何可迭代对象（如列表、元组、字符串等）转换为一个集合。如果可迭代对象中包含重复的元素，则它们在集合中只会出现一次。

```
#使用列表创建集合
list_to_set = set([1, 2, 3, 4, 5])  #实际上等于 {1, 2, 3, 4, 5}
#使用字符串创建集合（集合中的元素将是字符串中的每个字符）
string_to_set = set("hello")  #实际上等于 {'h', 'e', 'l', 'o'}
#创建一个空集合（注意：直接使用 {} 会创建一个空字典）
empty_set = set()
```

注意：集合是无序的，因此无法预测元素的存储顺序。在上面的例子中，如果使用 print()输出 string_to_set，则不一定是{'h', 'e', 'l', 'o'}，花括号内的内容可能是这些字符的任意组合。

另外，集合中的元素必须是不可变的。因此，不能直接将列表或字典作为集合的元素，但可以将它们的不可变版本（如元组）作为集合的元素。此外，由于集合中的元素是唯一的，因此任何重复的元素在创建集合时都会被自动去除。

4.5.2　操作集合

与前面几节介绍的组合数据类型一样，可以使用内置函数 len()来获取集合中的元素的个数，如 len(my_set)将返回 5。还可以使用 max()、min()函数来获取集合中的最大和最小元素，如 max(my_set)返回 5，min(string_set)返回"apple"。内置的 sum()函数同样适用于集合，用于计算所有元素的总和，如 sum(my_set)将返回 15。

此外，可以使用 in 和 not in 操作符来检查元素是否存在于集合中，如 1 in my_set 将返回 True。因为集合是无序的，所以不能像使用列表那样通过索引访问元素，但可以通过 for 循环遍历集合中的每个元素，如 for item in my_set: print(item)。注意：输出的顺序可能与创建 my_set 时花括号中的顺序不同，因为集合不保证元素的顺序。

需要特别注意的是，序列类型的+和*操作对于集合并不适用，因为集合强调的是元素的唯一性和无序性，尝试对这些集合进行操作将引发错误。

1. 添加和删除集合元素

与列表一样，集合也是多个元素构成的组合数据类型，因此可以动态地添加和删除集合元素。

1）添加集合元素

使用集合的 add()方法可以添加单个元素，如果元素已经存在于集合中，则不会重复添加。例如，my_set.add(6)会将 6 添加到 my_set 中，但若 my_set 已有 6，则集合元素无变化。

使用集合的 update()方法可以添加多个元素，如 my_set.update([7, 8])会将 7 和 8 添加到 my_set 中。如果添加时有重复元素，则系统会自动去重，确保集合元素的唯一性。

2）删除集合元素

使用集合的 remove()方法可以删除指定元素，若元素不存在，则会引发错误。例如，my_set.remove(1)会从 my_set 中移除 1。如果元素不存在于集合中，则会引发 KeyError 异常。

使用集合的 discard()方法删除元素时不会引发错误，即使元素不存在。例如，my_set.discard(2)会安全移除 2；而使用 my_set.discard(10)时，即使 10 不在 my_set 中，删除 10 也不会出错。

此外，集合支持使用 pop()方法随机删除并返回一个元素，若集合为空，则将引发错误。使用 clear()方法可清空集合，如 my_set.clear()将使 my_set 变为空集合。

2. 集合运算

在 Python 中，集合运算与数学上对集合执行的运算相同，包括子集、并集、交集、差集等。表 4-5 中展示了数学上的集合运算与 Python 集合运算的对应关系。

表 4-5 数学上的集合运算与 Python 集合运算的对应关系

数学上的集合运算	Python 集合运算	描述
$x \in A$	x in A	得到一个 bool 值，判断元素 x 是否在集合 A 中
$x \notin A$	x not in A	得到一个 bool 值，判断元素 x 是否不在集合 A 中
$A = B$	A == B	得到一个 bool 值，判断集合 A 和集合 B 是否相等
$A \neq B$	A != B	得到一个 bool 值，判断集合 A 和集合 B 是否不相等
$A \subset B$	A < B	得到一个 bool 值，判断集合 A 是否为集合 B 的真子集
$A \subseteq B$	A <= B A.issubset(B) B.issuperset(A)	得到一个 bool 值，判断集合 A 是否为集合 B 的子集（判断集合 B 是否为集合 A 的超集）
$A \cap B$	A & B A.intersection(B)	求交集，得到一个包含集合 A 和集合 B 中共同元素的新集合
$A \cup B$	A | B A.union(B)	求并集，得到一个包含集合 A 和集合 B 中所有元素的新集合
$A - B$	A - B A.difference(B)	求差集，得到一个集合，该集合包含在集合 A 中但不在集合 B 中的元素
$A \triangle B$	A ^ B A.symmetric_difference(B)	求对称差集，得到一个包含集合 A 和集合 B 中非共有元素（即在一个集合中存在而在另一个集合中不存在的元素）的集合

下面的例子说明了表 4-5 中的部分运算的使用。

```
#定义两个集合
A = {1, 2, 3, 4, 5}
B = {4, 5, 6, 7, 8}
#并集运算：获取两个集合中所有不重复的元素
C = A | B  #或者使用 A.union(B)
print("A ∪ B:", C)  #输出：A ∪ B: {1, 2, 3, 4, 5, 6, 7, 8}
#交集运算：获取两个集合中共有的元素
```

```
D = A & B  #或者使用 A.intersection(B)
print("A ∩ B:", D)  #输出"A ∩ B: {4, 5}"
#差集运算：获取在一个集合中存在而在另一个集合中不存在的元素
E = A - B  #或者使用 A.difference(B)
print("A - B:", E)  #输出"A - B: {1, 2, 3}"
F = B - A  #B - A 的差集
print("B - A:", F)  #输出"B - A: {6, 7, 8}"
#对称差集运算：获取两个集合中非共有的元素
G = A ^ B  #或者使用 A.symmetric_difference(B)
print("A △ B:", G)  #输出"A △ B: {1, 2, 3, 6, 7, 8}"
#子集和超集判断
is_subset = B.issubset(A)  #或者使用 B <= A
print("B ⊆ A?", is_subset)  #输出"B ⊆ A? False"
is_superset = A.issuperset(B)  #或者使用 A >= B
print("A ⊇ B?", is_superset)  #输出"A ⊇ B? False"
print("{4, 5} ⊂ A?", {4, 5}.issubset(A))  #输出"{4, 5} ⊂ A? True"
```

4.5.3 集合的应用

集合在数据处理中广泛应用，如去重、筛选、分类等。通过集合运算，能高效解决实际问题，提升代码简洁性。掌握集合操作，对优化算法、提高效率至关重要。

例 4.9 输入一组数据，找出其中的重复元素（出现次数大于 1 的元素）并按递增顺序输出。如果没有重复元素，则输出提示 None。

分析：

将输入的数据存入列表中，遍历列表元素，统计出现次数大于 1 的元素并存入集合。如果集合为空，则输出 None；否则，将集合中的元素按递增顺序输出。

源程序：

```
print("请输入一行用空格隔开的若干数据：")
li=input().split()
li=[int(i) for i in li]
collect_data=set()
for i in li:
    if li.count(i)>1:
        collect_data.add(i)
if len(collect_data)==0:
    print("None")
else:
    lr=sorted(collect_data)
    lr=[str(i) for i in lr]
    print("重复数据从小到大依次如下。")
    print(",".join(lr))
```

程序结果：

```
请输入一行用空格隔开的若干数据：
2 3 4 14 2 41 11 14 1 2 55 32 41 8 8
```

重复数据从小到大依次如下。

```
2,8,14,41
```

代码分析：

（1）第 1～3 行代码中，将输入的数据按顺序存入列表 li 中。

（2）第 4 行代码中，初始化一个空集合 collect_data 用于存储重复元素。

（3）第 5～7 行代码中，遍历列表 li，统计每个元素的出现次数，若出现次数大于 1，则将其加入 collect_data。

（4）第 8、9 行代码用于判断 collect_data 是否为空。若为空，则输出 None；否则，执行第 11～14 行代码，将 collect_data 中的元素按递增顺序排列后，转换成字符串列表 lr，并使用 join 方法将排序后的元素以逗号分隔的形式输出。

本 章 小 结

本章详细介绍了 Python 中的组合数据类型，包括列表、元组、字符串、字典和集合等。首先，阐述了组合数据类型的基本概念和重要性；其次，分别对每种数据类型进行了深入讲解，包括它们的创建、操作、特点及应用场景；最后，通过具体的代码案例和操作方法，展示了如何在实际编程中灵活运用这些数据类型来解决各种问题，强调了组合数据类型在数据处理和算法实现中的关键作用，并提供了多种实用的编程技巧和最佳实践。

第5章　函　　数

学习目标

（1）了解函数的作用。

（2）掌握自定义函数和调用函数的方法。

（3）掌握参数传递的多种方式。

（4）了解嵌套函数和 lambda 函数的使用方法。

（5）掌握变量的作用域。

有时，人们会遇到这种情况：在应用程序中会反复需要完成同一个功能，此时需要重复编写一些功能相同的程序代码，这使得程序代码结构性差、冗长、不易维护和阅读。可以将功能相同的程序代码写成函数，利用函数调用可以使程序更清晰、简洁。函数有两个重要作用：降低编程难度和实现代码复用。函数与函数调用的关系可用图 5-1 表示。

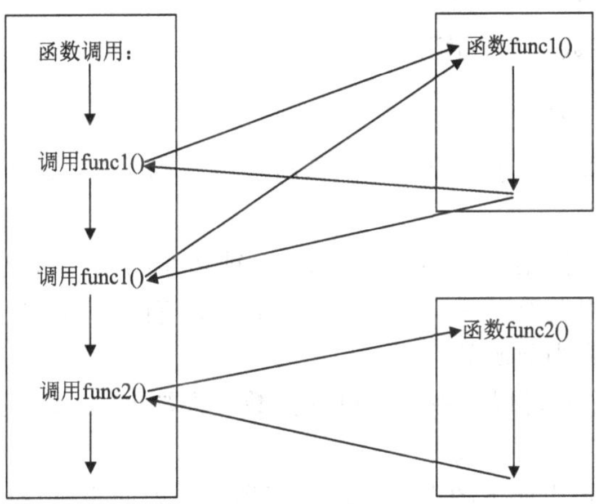

图 5-1　函数与函数调用的关系

如图 5-1 所示，程序在执行过程中，第 1 次遇到“调用 func1()”语句时，会转到函数 func1()的入口处执行，执行完函数 func1()后，返回第 1 次调用 func1()的语句处继续执行其后的内容；当执行到第 2 次“调用 func1()”语句时，转去执行函数 func1()，执行完函数 func1()后，再次转回到第 2 次调用 func1()的语句处继续执行其后的内容；当执行到第 1 次“调用 func2()”语句时，转去执行函数 func2()，执行完函数 func2()后，再次转回到第 1 次调用 func2()的语句处继续执行其后的内容，直到程序结束。

本章将介绍如何定义函数，以及在使用函数的过程中需要知道的参数及变量作用域等相关知识。

5.1 函数的使用

5.1.1 函数的定义

使用函数的过程中通常会遇到 3 种类型的函数：自定义函数、系统自带函数和 Python 标准库或第三方库中的函数。

（1）自定义函数：用户自己编写的解决特定问题的函数。

（2）系统自带函数：abs()、eval()、input()等。

（3）Python 标准库或第三方库中的函数：math 库中的 sqrt()、turtule 库中的画图方法等。

自定义函数的语法格式：

```
def 函数名([形参列表声明]):
    [函数体]
    return [返回值列表]
```

其中，需注意以下几点。

① def是Python定义函数的关键字。函数体与def关键字之间必须保持一定的空格缩进，允许嵌套定义函数。

② 函数的命名方式和变量的命名方式一致。

③ 形参（即形式参数）列表声明的格式具体如下。

```
形参名 1,形参名 2,…
```

形参不需要声明类型，用于在调用该函数时进行数据传递；若无参数，则形参两旁的括号不能省略。

④ 函数通过 return 返回结果，可以返回一个或多个结果，以逗号分隔。若函数没有通过 return 返回结果，则相当于返回 return None。return 有两个功能：一是将其后返回值列表中的结果返回，二是结束当前函数。

一旦定义了函数，它就可以像系统提供的函数一样被使用，即凡是可以使用表达式的地方，只要类型一致都可以使用函数。

例 5.1 使用“*”输出如下图形，最后一行顶格（前面没有空格）。

```
    *
   ***
  *****
 *******
*********
```

分析：

首先明确通过 for 循环来实现。为了使循环变量有意义，使用循环变量 i 代表当前输出的为第几行，取值为 1～5。要通过循环输出类似的形状，需要确定循环变量 i 和每一行中空格的个数及“*”的个数，并建立数学联系，可以得到下面两个计算公式。

每一行空格的个数=5−i

每一行“*”的个数=2i−1

有了空格和“*”个数与循环变量 i 的计算公式后，将它们作为循环体写入循环，每行最后通过换行结束。

源程序：

```
for i in range(1,6):
    print((5-i)*" "+(2*i-1)*"*")
```

代码分析：

以上程序输出的图形结果是固定的，要想输出自己需要的图形，如用其他字符来显示输出结果，则可以在例 5.1 的基础上进行修改，编写所需函数。如果需要输出任意字符的图形，就需要通过形参接收一个字符信息，修改程序如下。

```
def graphChar(c):        #形参 c 用于接收字符信息
    for i in range(1,6):
        print((5-i)*" "+(2*i-1)*c)

s=input("请输入任意一个字符:")
graphChar(s)
```

程序结果：

```
请输入任意一个字符:g
    g
   ggg
  ggggg
 ggggggg
ggggggggg
```

进一步改进程序，如果需要输出任意多行，且最后一行顶格，则需要再增加一个形参来接收行信息，修改程序如下。

```
def graphChar(c,n):        #形参 c 用于接收字符信息，形参 n 用于接收行信息
    for i in range(1,n+1):
        print((n-i)*" "+(2*i-1)*c)

s=input("请输入任意一个字符:")
m=int(input("请输入输出的行数:"))
graphChar(s,m)
```

程序结果：

```
请输入任意一个字符：#
请输入输出的行数：7
      #
     ###
    #####
   #######
  #########
 ###########
#############
```

通过例 5.1 可以看到不断对程序进行修改、编写和逐渐完善成符合需求的函数的完整过程。在编写函数的过程中，读者先要确定函数实现的功能，为了实现这些功能需要哪些值作为参数进行传递，从而构建函数的参数列表，再明确返回什么样的结果，并将其写到 return 语句的后面。

5.1.2 函数的调用与返回值

函数的调用与前 4 章使用的系统函数或库函数的调用方法相同，唯一的差别是现在由用户自定义函数。

语法格式：

```
函数名([实参列表])
```

其中，实参（即实际参数）是传递给函数的变量或表达式。

例如，调用过程如下。

```
s=input("请输入任意一个字符:")
m=int(input("请输入输出的行数:"))
graphChar(s,m)
```

此时，先给变量 s、m 赋值，再将其作为实参调用函数 graphChar()。这里由于函数 graphChar()没有返回值，因此可以作为单独的语句加以调用，不需要作为表达式或表达式的一部分。如果函数有非空（None）的返回值，则必须将返回结果作为表达式或表达式的一部分，再配以其他语法成分构成语句。

调用函数即让程序转去运行函数中的函数体，并将实参的值赋给形参。当函数体运行完毕后，会将返回值带回到调用函数的地方，并继续执行其后的其他代码。

调用函数时，要注意以下几点。

（1）函数调用的参数属于实参，可以是变量、常量或表达式。

（2）实参和形参可以使用同名变量。

（3）如果定义的函数没有形参，则调用时没有实参，但是括号不可省略。

（4）当函数没有返回值时，可以作为单独的语句加以调用，否则，必须将返回结果作为表达式或表达式的一部分，再配以其他语法成分构成语句。

例 5.2 编写函数，返回两个数字之和。

源程序：

```
def add(x,y):
    c=x+y
    return c

a,b=eval(input("请输入2个数字:"))
t=add(a,b)
print(t)
```

程序结果：

```
请输入2个数字：5,6
11
```

代码分析：

这个例子很简单，编写函数 add()求两个形参之和，并将结果返回即可。在调用过程（第 6 行）中，调用函数作为表达式的一部分。当函数调用结束后，会将数字之和作为返回值代入表达式，从而完成整个函数调用的过程。

例 5.3 编写函数，统计 m～n 中的整数之和，并统计该区间有多少个数字。

分析：

首先，为了实现该功能，函数需要设置两个形参 m、n，用于接收数字范围。需要注意的是，有可能出现 m>n 的情况，所以要增加一个 if 语句，使得 m>n 时交换 m、n 的值，保证在循环累加和之前 m≤n。其次，根据 m、n 的值编写 for 循环，以累加 range(m,n+1)中的所有数字，并设置一个计数器变量 count，循环每执行一次，count=count+1。最后，循环结束后，通过 return 分别返回累加和及计数器 count 值。

源程序：

```
1   def sumRange(m,n):
2       if m>n:
3           m,n=n,m
4       s=0
5       count=0
6       for i in range(m,n+1):
7           s=s+i
8           count=count+1
9       return s,count
10
11  x,y=eval(input("请输入一个需要累加的范围:"))
12  a,b=sumRange(x,y)
13  print(f"{x}到{y}之间共有{b}个数字，累加和是{a}")
```

程序结果：

```
请输入一个需要累加的范围:20,10
20 到 10 之间共有 11 个数字,累加和是 165
```

代码分析：

通过本例可以看到如何通过 return 返回多个结果（第 9 行）及如何接收多个返回值（第 12 行）。

这里总结函数调用的执行过程，具体如下。

（1）调用程序在调用处暂停执行并跳转到调用函数的起点。

（2）函数在调用时将实参的值赋给形参。

（3）执行函数体。

（4）函数调用结束后，给出返回值。

5.1.3 形参和实参

形参是在函数的定义中出现的参数，可以是变量、组合数据类型，其值需要通过实参来获得。实参是在调用函数时出现的参数，可以是常量、变量、表达式或组合数据类型。

在调用函数时，一般主调函数与被调函数之间有数据传递，即将主调函数的实参传递给被调函数的形参，完成实参与形参的结合，并执行被调函数体。

传递参数时，一般实参与形参是按位置传递的，即实参的位置次序与形参的位置次序相对应传递。按位置传递是常用的参数传递方法，如在调用函数时，用户根本不用知道形参名称，只要注意保持实参与形参的个数、类型、位置一致即可，如图 5-2 所示。

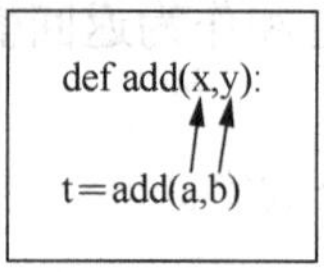

图 5-2　函数的调用形式

由图 5-2 可知，只要给定两个整数 a 和 b，t 就可以得到其和。这里强调实参与形参的个数必须保持一致，且位置与类型一一对应。但是，Python 中允许形参与实参的个数、位置不同，5.2 节会对其做进一步讲解。

5.2　函数的参数

在学习 Python 中的函数时，函数本身的定义和调用并不是很复杂，但是函数的参数类型和用法要复杂一些。在此做一个小结，以加深对函数参数的理解。

5.2.1　引用传递

Python 中的一切参数传递都是引用传递（地址传递），没有传统程序的值传递。但是，根据参数本身的类型不同，最终结果会有所不同。

Python 有两种数据类型：可变数据类型（mutable object），如列表可以通过引用其元素改变对象本身，字典和集合也属于可变数据类型；不可变数据类型（immutable object），如数字、字符串和布尔类型不能改变对象本身，只能改变引用的指向。尽管元组可以调用引用元素，但不可以赋值，不能改变对象本身，所以属于不可变数据类型。

若要知道两个引用是否指向同一个对象，则可以使用 Python 中的 is 关键字来进行判断。

根据参数是不可变数据类型还是可变数据类型，参数传递时分别对应引用传递时两种不同的传递结果：可变对象的引用传递，以及不可变对象的引用传递。

不可变对象（如数字、字符、元组）作为实参传递给形参时，形参的值在函数体中发生变化后不会影响实参；可变对象（如列表、字典、集合）作为实参传递给形参时，形参的值在函数体中发生变化会导致实参的值同步变化。这是因为实参和形参指向同样的内存单元。

例 5.4　不可变对象的参数传递。

源程序：

```
def change_integer(b):
        b=b+1
        print(f"形参 b={b}")

a=1
change_integer(a)
print(f"实参 a={a}")
```

程序结果：

```
形参 b=2
实参 a=1
```

代码分析：

上述代码只是将 a 作为实参传递给形参 b，函数体对 b 的值进行了修改，增加了 1。程序执行之后 a 的值并未改变，所以整数类型的实参 a 不会因为形参的值的变化而发生变化。

例 5.5　可变对象的参数传递。

源程序：

```
def change_list(b):
    for i in range(len(b)):
        b[i]=b[i]+1
    print(f"实参列表 b={b}")

a=[1,2,3]
change_list(a)
print(f"实参列表 a={a}")
```

程序结果：

```
实参列表 b=[2, 3, 4]
实参列表 a=[2, 3, 4]
```

代码分析：

上述代码将列表 a 的值作为实参传递给形参 b，函数体对形参列表 b 的值进行了修改，每个元素增加了 1。程序执行完之后 a 的值也随之发生变化，所以在这个函数中，实参的值会因为形参的值发生变化而随之变化。

5.2.2　必备参数

必备参数是 Python 函数中常见的参数，又称位置参数。在函数定义时，可以直接给定参数的名称，在调用函数时，可以按照参数的位置赋予参数值。

注意：如果在一个函数中定义了多个必备参数，则在参数传递时必须按照定义的顺序依次赋值，即实参与形参的个数、位置、类型要一一对应。

例 5.6　使用必备参数返回最小值。

源程序：

```
1  def printMin(para_a,para_b):
2  #判断参数大小
3      if para_a<para_b:
4          print(para_a, "is min")
5      else:
6          print(para_b, "is min")
7
8  printMin(2,5)
```

程序结果：

```
2 is min
```

代码分析：

这里将第 8 行的代码修改为以下两种情况。

```
printMin(2)          #传入参数数量不对应
printMin()           #未传入参数
```

程序运行后，均会提示出错。

5.2.3 命名参数

命名参数又称关键字参数。有些函数会存在较多的参数，使用这种函数时很难记住对应的参数顺序，这时可使用命名参数的形式，按名称指定参数，从而避免出现参数先后顺序出错，影响函数正确性的情况。

如果函数中命名参数和必备参数都存在，则在函数定义时，必须把必备参数放在命名参数前面。调用函数时，必备参数必须放在前面。

例 5.7 使用命名参数返回最小值。

源程序：

```
1   def printMin(para_a,para_b):
2   #判断参数大小
3       if para_a<para_b:
4           print(para_a, "is min")
5       else:
6           print(para_b, "is min")
7
8   printMin(para_b=2,para_a=5)
```

程序结果：

```
2 is min
```

代码分析：

第 8 行代码中的两个实参就使用了命名参数，将形参 para_b 赋值为 2，将形参 para_a 赋值为 5，实现了和例 5.6 同样的功能和运行结果。

当使用命名参数时，不需要按照参数先后顺序进行参数传递，而应按照指定的参数进行传递。

5.2.4 默认参数

在函数定义时，可以为形参赋一个默认值。调用函数时，如果没有给该参数赋新值，则使用函数定义时的默认值。此时，调用函数的实参的个数可以和形参的个数不一致。

如果函数中的必备参数和默认参数都存在，则在函数定义时，必须将必备参数放在默认参数前面。

例 5.8 使用默认参数返回最小值。

源程序：

```
def printMin(para_a,para_b=5):
#判断参数大小
    if para_a<para_b:
        print(para_a, "is min")
    else:
```

```
6            print(para_b, "is min")
7
8    printMin(3)
```

程序结果：

```
3 is min
```

代码分析：

第8行代码中只有一个实参，意味着将3传递给para_a，而para_b为默认值5。

5.2.5 不定长参数

在定义函数时，可以将既没有名称，又没有位置，且没有对应关系的参数放入一个元组中，这些参数称为不定长参数。有时，一个函数可能需要比定义它时所列出的参数个数多，这时就需要使用不定长参数。其使用方法是在变量名前加上星号（*），这样它就会存放所有未命名的变量参数。实际传入的参数可以是任意多个，也可以没有。

例5.9 不定长参数的使用。

源程序：

```
1    def printPara(para_a,*para_b):
2        print(para_a)
3        for i in para_b:
4            print(i,end=" ")        #print()函数中用空格替换默认值换行
5
6    printPara(2)
7    printPara(2,3,4,5)
```

程序结果：

```
2
2
3 4 5
```

代码分析：

第6、7行代码中，分别两次调用函数printPara()。第1次调用时，将实参2传递给形参para_a，由于只有一个实参，不定长参数para_b不接收任何值，因此输出结果为2；第2次调用时，将实参2传递给形参para_a，剩下的实参3、4、5都传递给不定长参数para_b，形成一个元组(3,4,5)，输出结果就是2和3 4 5。

5.2.6 经典案例

例5.10 判断字符串是否为回文串。

分析：

首先，确定函数的参数列表，由于只需要知道字符串是什么，因此可设置一个参数来接收字符串信息。其次，函数体用于判断字符串是否为回文串，这里提供两种判断字符串是否为回文串的思路：若对字符串进行逆序操作后，结果与原字符串一样，则该字符串是回文串；取字符串对应的字符进行一一比较，若每一组字符都相同，则该字符串是回文串。其中，取

字符对的方式如下：第一个字符和最后一个字符进行比较，第二个字符和倒数第二个字符进行比较，以此类推。本例采用后一种方式实现。最后，需要将是否为回文串的结论作为返回值，所以用 True 或 False 来返回结果。

源程序：

```
1   def huiwen(s):
2       n=len(s)
3       for i in range(n//2):
4           if s[i]!=s[-1-i]:
5               return False       #只要对应字符有一次不相同，就必然不是回文串
6       return True
7
8   a=input("请输入一个字符串:")
9   if huiwen(a):
10      print(a,"是回文串")
11  else:
12      print(a,"不是回文串")
```

程序结果：

```
请输入一个字符串：abc12
abc12 不是回文串
请输入一个字符串：abcba
abcba 是回文串
```

代码分析：

第 3 行代码中，循环只需要执行 n//2 次即可，循环中应进行的是字符不相同的判断，因为只要对应字符有一次不相同，就必然不是回文串。确定回文串时，必须每一组字符都相同，因此在循环结束后才能确定该字符串是否为回文串。

例 5.11 返回英文语句中最长的英文单词。

分析：

例 5.11 对问题进行了一些简化，即所有的单词都用空格进行分隔。如果英文语句中包含所有可能的英文符号，则需要通过一次循环将所有其他英文符号替换成空格，再进行处理。这里可以通过调用 split()函数对字符串按照空格进行切割，得到一个由单词构成元素的列表。此时，需要对每个元素的长度求最大值，同时保存该最大值元素，并在循环结束后返回最大值元素。

源程序：

```
def maxWord(s):
    list_w=[]
    list_w=s.split()
    max=0
    for i in list_w:
        if len(i)>max:
            max=len(i)
            j=i
    return j
```

```

a=input("请输入一句英文语句,用空格间隔单词:")
print(maxWord(a))
```

程序结果:

```
请输入一句英文语句,用空格间隔单词:Old soldiers never die they just fade away
soldiers
```

例 5.12　克里斯蒂安·哥德巴赫在教学中发现，每个不小于 6 的偶数都是两个素数之和。例如，6=3+3，12=5+7 等。因此，他提出了以下的猜想：任何一个不小于 6 的偶数，都可以表示成两个素数之和。这就是哥德巴赫猜想。证明 80～100 中的所有偶数都符合该猜想。

分析:

本例的基本思路是用穷举法来穷举偶数 n 的所有组合 n=a+b，判断其是否为两个素数之和，即此时 a 和 b 都是素数，即找到了一组符合要求的结果。程序中需要分别对 a、b 是否为素数进行判断，因此编写一个函数来实现是否为素数的判断功能，提高程序的可读性。判断 80～100 中的所有偶数符合猜想，就是再加一层外循环来逐一为 n 赋值。每个偶数在显示结果时，需要显示其对应的一组符合要求的两个素数之和。

源程序:

```
def sushu(n):
    for i in range(2,n):
        if n%i==0:
            return False
    return True

for n in range(80,101,2):
    for a in range(3,n,2):
        if sushu(a):
            b=n-a
            if sushu(b):
                print(f"{n}={a}+{b}")
                break
```

程序结果:

```
80=7+73
82=3+79
84=5+79
86=3+83
88=5+83
90=7+83
92=3+89
94=5+89
96=7+89
98=19+79
100=3+97
```

例 5.13　返回一个数字元素构成的非空列表中的最大值。

分析:

此时，可确定函数的参数为接收一个列表，因此可设置一个参数来接收这个列表信息。因为不涉及修改列表元素的内容，只是输出最大值元素，所以与实参及形参的变化无关。函数体返回最大值的思路如下：先设置一个最大值变量 imax，它的初值是列表中索引为 0 的元素，接着只需要将剩下的所有元素依次与 imax 进行比较，如果当前元素比 imax 大，则将这个值作为新的最大值并赋值给 imax。当循环结束后，所有元素都和 imax 进行比较过，退出循环时的 imax 就是所有元素中的最大值。最终需要将 imax 作为返回值来返回结果。

源程序：

```
import random

def maxLi(li):
    imax=li[0]
    #遍历列表，各元素进行一一比较
    for i in li:
        #若满足条件，则代表当前元素 i 比前面所有元素的最大值都大
        if i>imax:
            #重新赋值 imax
            imax=i
    #循环结束，返回 imax
    return imax

l1=[]
#循环 10 次，产生一个 10～200 中的随机元素构成的列表
for i in range(10):
    l1.append(random.randint(10,200))
print(l1)
print(maxLi(l1))
```

程序结果：

```
[56, 105, 143, 182, 148, 144, 183, 77, 53, 170]
183
```

代码分析：

如果要返回列表的最小值，则可以参考本例做相应修改，将循环中的比较符号>改为<。

例 5.14 编写程序，模拟抓小狐狸的游戏。假设一共有一排 5 个洞口，小狐狸最开始的时候在其中一个洞口，然后有人随机打开一个洞口，如果其中有小狐狸，就表示抓到了小狐狸；如果洞口中没有小狐狸，就明天再来抓，但是第二天小狐狸会在有人抓它之前跳到相邻洞口中。模拟这个过程，显示抓小狐狸的过程和结果。

分析：

确定函数的参数来代表各个洞口的信息，以及最高尝试次数，否则有可能永远抓不住小狐狸。因此，设置第 1 个参数用列表来存放所用洞口是否存在小狐狸的信息，n 个洞口对应 n 个列表元素，有狐狸时该元素值为 1，没有狐狸时该元素值为 0，所以最终所有列表元素中只会有 1 个元素的值为 1，其他均为 0。设置第 2 个参数为一个整数，以表示抓狐狸的次数的上限。

第一次抓小狐狸时，随机初始化小狐狸的位置，可以通过随机数实现，后面只能重新开

始抓，而小狐狸只能跳到其相邻洞口，可以通过随机数+1 或-1 来实现。注意特殊情况，当当前小狐狸在最左边或最右边的洞口时，下次小狐狸只有一个可选位置。

源程序：

```
import random

def catchMe(n=5,maxStep=10):
    '''模拟抓小狐狸，一共 n 个洞口，允许抓 maxStep 次，如果失败，则小狐狸会跳到相邻洞口'''
    #n 个洞口，有小狐狸时值为 1，没有小狐狸时值为 0
    positions=[0 for i in range(n)]
    #小狐狸随机初始化位置
    oldPos=random.randint(0,n-1)
    positions[oldPos]=1
    while maxStep>=0:
    #最多抓 10 次，每次抓时 maxStep 减一，若次数用完还没抓到小狐狸，则循环结束
        maxStep-=1
        #输入本次要打开的洞口的下标
        while True:
            x=int(input("今天打开哪个洞?0-%d:"%(n-1)))
            if 0<=x<n:
                break
        if positions[x]==1:
            print("成功，我抓到小狐狸啦。")
            print(positions)
            break
        else:
            print("今天又没抓到。")
            print(positions)
        #如果这次没抓到，则小狐狸跳到相邻洞口
        if oldPos==n-1:
            #若当前位置在最右边，则下次只能左跳一格
            newPos=n-2
        elif oldPos==0:
            #若当前位置在最左边，则下次只能右跳一格
            newPos=1
        else:
            #其他位置，随机减一或加一
            newPos=oldPos+random.choice([-1,1])
        #修改小狐狸的新的所在位置元素为 1，上次位置的下标变为 0
        positions[oldPos],positions[newPos]=0,1
        oldPos=newPos
    else:
        print("放弃吧，回去洗洗手，运气太差，抓不到小狐狸的！")

catchMe()
```

程序结果：

```
今天打开哪个洞?0-4:2
今天又没抓到。
[1, 0, 0, 0, 0]
今天打开哪个洞?0-4:3
今天又没抓到。
[0, 1, 0, 0, 0]
今天打开哪个洞?0-4:0
成功，我抓到小狐狸啦。
[1, 0, 0, 0, 0]
```

5.3 嵌套函数和 lambda 函数

5.3.1 嵌套函数

Python 允许在定义函数时其函数体内包含另一个函数的完整定义，这就是嵌套函数。定义在其他函数内的函数称为内部函数，内部函数所在的函数称为外部函数。当然，函数可以多层嵌套，这样，除了最外层和最内层的函数之外，其他函数既是外部函数又是内部函数。

嵌套函数的主要作用：可以使用内部函数来保护它们不受函数外部变化的影响，即将它们从全局作用域隐藏起来；避免重复代码，因为重复代码会降低程序的灵活性、简洁性，并且有可能导致代码之间出现矛盾。

例 5.15 嵌套函数的使用。

源程序：

```
1    def outFun():
2        def inFun():
3            print("inFun")
4        print("outFun")
5        inFun()
6    outFun()
7    #inFun()      #增加此句后会出错
```

程序结果：

```
outFun
inFun
```

代码分析：

inFun()函数嵌套在 outFun()函数中（第 2 行），outFun()函数内部调用 inFun()函数（第 5 行）。如果去掉第 7 行代码中的注释标识符，则会出现程序错误提示“NameError: name 'inFun' is not defined”。函数是有可见范围的，这就是作用域的概念。内部函数不能被外部直接使用，否则会抛出 NameError 异常。

5.3.2 lambda 函数

在 Python 中定义函数有两种方法：第 1 种是使用 def 进行定义，要指定函数名称；第 2 种是使用 lambda 进行定义，不需要指定名称，称为 lambda 函数。lambda 函数又称匿名函数，即没有名称的函数。因为 lambda 函数只是临时使用，没有必要为其命名。

lambda 函数是可选的，不一定非要使用它们，任何能够使用它们的地方都可以定义一个普通的函数以替换 lambda 函数。但是，有些特定环境下，使用 lambda 函数可以简化所写程序。总之，lambda 函数是一个可以接收任意多个参数（包括可选参数）并且返回单个表达式值的函数。lambda 函数不能包含命令，且其所包含的表达式不能超过一个。不要试图向 lambda 函数中放入太多内容，如果需要较复杂的内容，则应该使用常规方式 def 定义一个普通函数。

语法格式：

```
lambda parameters:expression
```

其中，各参数说明如下。

parameters：可选，如果提供，则通常是以逗号分隔的变量表达式形式，即位置参数。

expression：通常是简单的表达式，不能包含分支或循环（但允许包含条件表达式），也不能包含函数。

调用 lambda 函数时，返回的结果是对表达式进行计算产生的结果。

例 5.16　简单的 lambda 函数的使用。

源程序：

```
>>> add=lambda x, y : x+y
>>> add(1,2)
3
```

代码分析：

x 和 y 是 lambda 函数的两个参数，冒号后面的表达式是函数的返回值，可以看出这个函数是求两个变量 x、y 之和，但作为一个函数，没有名称是无法调用的，这里暂且给这个 lambda 函数绑定了一个名称 add，使调用 lambda 函数成为可能。

例 5.17　输入一个列表（列表中的每个元素也是列表），该列表由两项构成：第 1 项是字符串，第 2 项是一个数字，表示第 1 项中的字符串出现的次数。对该列表中的元素按照元素出现次数进行递增排序。

分析：

由于列表元素也是组合数据类型，在按出现次数排序的过程中，原来次数对应的字符串应该同步调整位置，lambda 函数能很方便地解决这个问题。

源程序：

```
1  mylist=[["a",6],["b",4],["c",3],["d",1],["e",2]]
2  mylist.sort(key=lambda x:x[1])
3  print(mylist)
```

程序结果：

```
[['d', 1], ['e', 2], ['c', 3], ['b', 4], ['a', 6]]
```

代码分析：

第 2 行代码中，调用 sort()方法对 mylist 列表进行排序，但是 mylist 列表中的每个元素又是一个列表，因此对 sort()方法的 key 参数指定用元素列表的 1 号元素，即按照字符出现的次数来排序，以此作为整体排序的依据，即 lambda x:x[1]。

5.4 变量的作用域

根据变量定义位置的不同，可将变量划分为两大类：全局变量和局部变量。两者的有效范围也是不同的。全局变量是定义在函数外部的变量，拥有全局作用域，可在整个程序范围内被自由访问。局部变量是定义在函数内部的变量，拥有局部作用域，只能在其声明函数内部访问。

例 5.18 变量作用域引发的错误。

源程序：

```
1  def func():
2      var=10
3      print(var)
4
5  func()
6  print(var)
```

程序结果：

```
10
NameError: name 'var' is not defined（第 6 行的 var 变量未被定义）
```

代码分析：

第 6 行代码中的 var 变量是函数外部定义的全局变量，而第 2 行代码中的 var 变量被当作在函数内部定义的局部变量来处理，虽然它与函数外的全局变量重名，但是它们是两个不同的变量。这是因为当函数内的局部变量和函数外的全局变量重名时，优先读取函数本身自有的局部变量。同理，第 3 行代码中的 print()函数显示局部变量 var 的结果为 10。因此，该程序出错的原因是没有为第 6 行的全局变量 var 赋初值而直接使用，即该变量未被定义。

例 5.19 变量作用域引发错误的改正。

源程序：

```
def func():
    var=10
    print(var)

var=1
func()
print(var)
```

程序结果：

```
10
1
```

代码分析：

在程序结果中，第 1 行的 10 是调用函数 func()后显示的局部变量 var 的值；第 2 行的 1 是调用完函数 func()后全局变量 var 的值。函数 func()的执行没有修改全局变量的值。

5.4.1　使用 global 声明全局变量

如果要在函数内部给一个定义在函数外部的全局变量赋值，如将例 5.19 中第 2 行的代码改写成为全局变量 var 赋值，则如何修改原有程序呢？

假设一个全局变量已在函数外定义，如果需要在函数内为这个变量赋值，并要将这个赋值结果反映到函数外，则可以在函数内使用 global 将这个变量声明为全局变量。如果在函数外没有声明，则可在函数内部直接将一个变量声明为全局变量，该函数执行后，此变量将成为全局变量。

语法格式：

```
global <全局变量>
```

例 5.20　使用 global 声明全局变量。

源程序：

```
1  def func():
2      global var          #声明函数内部的 var 为函数外部定义过的全局变量 var
3      var=10
4      print(var)
5
6  var=1
7  func()
8  print(var)
```

程序结果：

```
10
10
```

代码分析：

从程序结果中的第 2 行可以看到，全局变量 var 的值在调用函数 func()后，其值从原来的 1 修改为 10。通过第 2 行代码的 global 声明 var 为全局变量后，函数内部使用的 var 就是全局变量 var。因此，第 3 行代码用于将全局变量 var 的值修改为 10。

5.4.2　嵌套函数中的 nonlocal 声明

在嵌套函数中，如果要为定义在上级函数体中的局部变量赋值，则可使用 nonlocal 语句，表明变量不是所在块的局部变量，而是在上级函数体中定义的局部变量。nonlocal 语句可指定多个非局部变量，如 nonlocal x,y,z。

例 5.21　变量作用域混合应用。

源程序：

```
def scope_test():
    def do_local():
        spam="我是局部变量"
    def do_nonlocal():
        nonlocal spam   #要求 spam 必须是已存在的变量
        spam="我不是局部变量,也不是全局变量"
```

```
7       def do_global():
8           global spam     #若全局变量 spam 不存在，则会自动新建一个 spam 变量
9           spam="我是全局变量"
10      spam="原来的值"
11      do_local()
12      print("局部变量赋值后:",spam)
13      do_nonlocal()
14      print("nonlocal 变量赋值后:",spam)
15      do_global()
16  print("全局变量赋值后:",spam)
17
18  spam="猜猜我是什么变量"
19  print(spam)
20  scope_test()
21  print("全局变量:",spam)
```

程序结果：

```
猜猜我是什么变量
局部变量赋值后:原来的值
nonlocal 变量赋值后:我不是局部变量,也不是全局变量
全局变量赋值后:我不是局部变量,也不是全局变量
全局变量:我是全局变量
```

代码分析：

程序结果中的第 1 行是执行源程序中第 19 行代码后的结果，当前全局变量 spam 的值是第 18 行代码的赋值结果"猜猜我是什么变量"。

程序结果中的第 2 行是执行源程序中第 12 行代码后的结果，当前局部变量 spam 的值是第 10 行代码的赋值结果"原来的值"。第 11 行代码调用嵌套函数 do_local()并没有改变局部变量 spam 的值。

程序结果中的第 3 行是执行源程序中第 14 行代码后的结果，当前局部变量 spam 的值是第 6 行代码的赋值结果"我不是局部变量,也不是全局变量"。第 13 行代码调用嵌套函数 do_nonlocal()，由于在嵌套函数 do_nonlocal()中使用了 nonlocal spam 进行声明，从而使嵌套函数中的 spam 就是上一层函数中的局部变量，通过第 6 行代码的赋值改变局部变量 spam 的值。

程序结果中的第 4 行是执行源程序中第 16 行代码后的结果，当前局部变量 spam 的值是第 6 行代码的赋值结果"我不是局部变量,也不是全局变量"。第 15 行代码调用嵌套函数 do_global()，由于在嵌套函数 do_global()中使用了 global spam 进行声明，从而使嵌套函数中的 spam 就是全局变量 spam，并没有改变局部变量 spam 的值。

程序结果中的第 5 行是执行源程序中第 21 行代码后的结果，当前全局变量 spam 的值是第 9 行代码的赋值结果"我是全局变量"。第 15 行代码调用嵌套函数 do_global()，由于在嵌套函数 do_global()中使用了 global spam 进行声明，从而使嵌套函数中的 spam 就是全局变量 spam，通过第 9 行代码的赋值改变了全局变量 spam 的值。

5.5 递归函数

递归函数是一种比较特殊的函数，在函数体中直接或间接调用函数自身，有些类似于死循环的概念。因为递归函数要不断自己调用自己，所以递归函数一定要设置出口，从而最终退出这种递归调用的过程，如图 5-3 所示。当解决某些特定问题时，好的递归函数只需用少量代码就可以描述出解题过程中所需的多次重复计算，大大减少了程序代码量，很简单地解决一个看似很复杂的问题，但是所需代码量小并不意味着运算量小，递归函数的运算量和对内存的消耗往往是比较大的，这是因为递归函数需要在内存中记录和保留中间的递归过程。

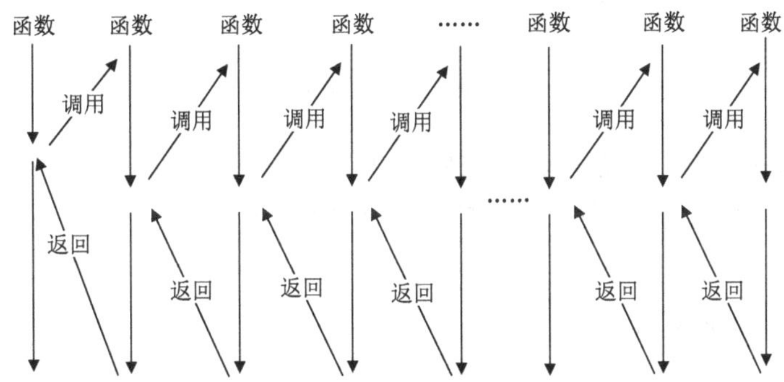

图 5-3　函数的递归调用过程

递归函数通常用于把一个大型复杂问题转换为一个或多个与原问题相似且规模较小的问题来求解，每个小规模问题的和就是这个大规模问题的解。

使用递归函数的前提有两个，具体如下。

（1）原问题可以层层分解为类似的子问题，且子问题比原问题的规模更小。

（2）规模最小的子问题具有直接解。

设计递归函数的方法涉及以下两个核心问题。

（1）寻找分解方法，即如何将大规模的问题分解成若干个小规模的问题。

（2）设计递归出口。

例 5.22　使用函数求解阶乘问题。

源程序：

```
def factorial(number):
    result=1
    for i in range(1,number+1):
        result=result*i
    return result

n=int(input("请输入一个正整数："))
print(str(n)+"的阶乘："+str(factorial(n)))
```

程序结果：

```
请输入一个正整数：10
10 的阶乘：3628800
```

代码分析：

将前面循环求阶乘的代码改写成函数，设置一个函数参数 number 来接收具体求哪个整数的阶乘，通过 result 存放结果并通过 return 返回值。以上代码的核心就是 result=result*i（i 的值从 1 到 number）。

例 5.23 使用递归函数求解阶乘问题。

源程序：

```
1  def factorial(number):
2      if number==1:
3          return 1                         #A
4      else:
5          return number*factorial(number-1) #B
6
7  n=int(input("请输入一个正整数："))
8  print(str(n)+"的阶乘："+str(factorial(n)))
```

程序结果：

```
请输入一个正整数：4
4 的阶乘：24
```

代码分析：

factorial(number)递归函数设置了出口，即 number 等于 1 的时候返回 1。当 number 大于 1 时，factorial(number)=number*factorial(number−1)，在第 5 行代码中递归调用函数自身且 number−1。

完整的递归过程如下：

（1）输入数字 4 后调用函数 factorial(4)，若其第 2 行条件为假，则执行 else 分支对应的 B 部分代码，即 4*factorial(3)。

（2）进入 factorial(3)，同样执行 else 分支对应的 B 部分代码，即 3*factorial(2)。

（3）进入 factorial(2)，同样执行 else 分支对应的 B 部分代码，即 2*factorial(1)。

（4）进入 factorial(1)，此时，第 2 行代码条件为真，执行对应的 A 部分代码，并返回结果 1。

至此，因为 factorial()函数已经有返回结果了，不能再次调用自身，说明递归过程结束了。由此可见，递归过程是一个分解问题的过程，每一次调用自身都会重新初始化，重新为形参 number 分配内存空间。整个问题按逻辑和先后顺序被不断分解成 number−1 的问题，其中，最后的 1 是 factorial(1)返回的值，也就是递归函数的出口，从这里停止向下递归并开始不断往上返回结果。

回推过程如下。

① 从递归部分的（4）开始，由于 return 1，因此将返回值代入（3），返回主调函数 factorial(2)，即 factorial(2)=2*factorial(1)=2*1=2，由于 B 部分代码中只有 return 语句，因此执行 return 2。

② 将（3）的返回值代入（2），返回主调函数 factorial(3)，即 factorial(3) = 3*factorial(2)=

3×2=6，执行 return 6。

③ 将（2）的返回值代入（1），返回主调函数 factorial(4)，即 factorial(4)=4*factorial(3)=4×6=24，执行 return 24。

至此，已经满足了输出 factorial(4)的要求，且已经到了回推的最顶层，回推过程结束，返回结果 24。从上述描述来看，回推过程是一个不断返回主调函数的过程，先解决最底层的函数，再利用该层的输出值 result（不一定是 return 值，任何在函数运行中被调用到的处于最后状态的值都可以是输出值），返回到其主调函数的上层函数中。以此类推，不断地返回到上一层主调函数，直到得到最后的函数结果。按照此逻辑，回推过程是通过不断解决一个大问题的各个小问题来达到解决大问题的目的，其解决问题的先后顺序为 factorial(4) = 1×2×3×4，其中 1 是 factorial(1)的返回值。

按照上面的理论，递归过程相当于一个不断输入的过程，而回推过程相当于一个反向输出的过程，这样，一个递归函数就是将最先输入的问题最后输出，第 2 输入的问题倒数第 2 输出，和栈的用法一致，递归函数就是在栈空间内完成的，所以遵循“先进后出”的原则。每一次调用自身都是一个输入过程，每一次调用 return 都是开启一个不间断的输出过程。

虽然递归函数的代码量很短，但是由于每一次调用自身都需要为形参分配新的内存空间，因此在代码量很大的情况下不推荐使用，以免造成内存的短缺；此外，系统会保存每一次函数的状态，运行效率也不高。此时，使用循环结构来解决更合适。

例 5.24　使用递归函数求解汉诺塔问题。

传说在古印度的贝拿勒圣庙里安装着 3 根插在黄铜板上的宝石针，印度主神之一梵天在其中一根针上按从下到上、由大到小的顺序放置了 64 片金圆盘（以下简称“盘子”），称为汉诺塔，然后让僧侣轮流值班把这些盘子移到另一根针上，移动时必须遵守如下规则：

（1）每次只能移动一个盘子。

（2）任何时候大盘子不能压在小盘子之上。

（3）盘子只允许套在 3 根针的某一根上。

图 5-4 所示为 3 阶汉诺塔的初始情况。

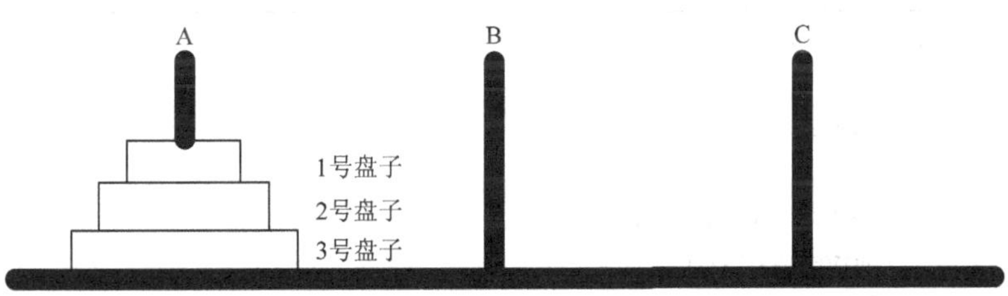

图 5-4　3 阶汉诺塔的初始情况

分析：

设 n 阶汉诺塔问题为 Hanoi(n, a, b, c)，当 n=0 时，没有盘子可供移动，什么也不做；当 n=1 时，可直接将 1 号盘子从 A 柱移动到 C 柱上；当 n=2 时，可先将 1 号盘子移动到 B 柱，再将 2 号盘子移动到 C 柱，最后将 1 号盘子移动到 C 柱。对于 n>0 的一般情况，可采用如下策略进行移动。

（1）将 1～n−1 号盘子（当作整体）从 A 柱移动到 B 柱，可递归求解 Hanoi(n−1, a, c, b)。

（2）将 n 号盘子从 A 柱移动到 C 柱。

（3）将1～n-1号盘子（当作整体）从B柱移动到C柱，可递归求解Hanoi(n-1, b, a, c)。

n阶汉诺塔问题按照上面的三步操作分解成了两个n-1阶汉诺塔问题和一次直接移动盘子的问题。

根据上面的思路可以分析汉诺塔问题移动盘子的最少次数。

设T(n)表示n个盘子的汉诺塔问题移动盘子的次数，显然T(0)=0，对于n>0的一般情况，可采用上述步骤（1）～步骤（3）。

在步骤（1）与步骤（3）中需要移动盘子的次数为T(n-1)，步骤（2）需要移动一次盘子，可得如下关系。

$$T(n) = 2T(n-1) + 1$$

展开上式可得

$$\begin{aligned}T(n) &= 2T(n-1) + 1\\&= 2[2T(n-2) + 1] + 1\\&= 2^2 \times 2T(n-2) + 2^1 + 1\\&\cdots\cdots\\&= 2^n T(n-n) + 2^{n-1} + \cdots + 2^1 + 1\\&= 2^n - 1\end{aligned}$$

因此，要将n个盘子从A柱移动到C柱最少需要移动$2^n - 1$次。

具体编程思路如下。

Hanoi(n, a, b, c)可以分成以下3个步骤。

步骤1：Hanoi(n-1, a, c, b)，即将A柱上的n-1号盘子借助C柱移动到B柱上，此时A柱只剩下第n号盘子。

步骤2：Move(n, a, c)，即将A柱上的第n号盘子移动到C柱上。

步骤3：Hanoi(n-1, b, a, c)，即将B柱上的n-1号盘子借助A柱移动到C柱上。

n=1时，可以直接求解，以此作为递归函数的出口，开始不断向上返回结果。

源程序：

```
def Hanoi(n,a,b,c):
    if n==1:
        move(a,1,c)
    else:
        Hanoi(n-1,a,c,b)
        move(a,n,c)
        Hanoi(n-1,b,a,c)

def move (a, n, b):
    print(f"移动{n}号盘子从柱子{a}到柱子{b}")

m=int(input("请输入汉诺塔盘子的数量："))
Hanoi(m,"A","B","C")
```

程序结果1：

```
请输入汉诺塔盘子的数量：3
移动1号盘子从柱子A到柱子C
```

```
移动 2 号盘子从柱子 A 到柱子 B
移动 1 号盘子从柱子 C 到柱子 B
移动 3 号盘子从柱子 A 到柱子 C
移动 1 号盘子从柱子 B 到柱子 A
移动 2 号盘子从柱子 B 到柱子 C
移动 1 号盘子从柱子 A 到柱子 C
```

程序结果 2：

```
请输入汉诺塔盘子的数量：4
移动 1 号盘子从柱子 A 到柱子 B
移动 2 号盘子从柱子 A 到柱子 C
移动 1 号盘子从柱子 B 到柱子 C
移动 3 号盘子从柱子 A 到柱子 B
移动 1 号盘子从柱子 C 到柱子 A
移动 2 号盘子从柱子 C 到柱子 B
移动 1 号盘子从柱子 A 到柱子 B
移动 4 号盘子从柱子 A 到柱子 C
移动 1 号盘子从柱子 B 到柱子 C
移动 2 号盘子从柱子 B 到柱子 A
移动 1 号盘子从柱子 C 到柱子 A
移动 3 号盘子从柱子 B 到柱子 C
移动 1 号盘子从柱子 A 到柱子 B
移动 2 号盘子从柱子 A 到柱子 C
移动 1 号盘子从柱子 B 到柱子 C
```

例 5.25 假设所有的苹果和所有的盘子都是一样的，没有任何区别，现在将 m 个苹果放到 n 个盘子中（允许有空盘子），共有多少种放法?

分析：

先找到递归过程的出口，当苹果数为 0 或者盘子数为 1 时，放法只有 1 种。

当苹果数 m 大于 0 且盘子数 n 大于 1 时，根据苹果和盘子的数量分情况讨论，设计递归的思路就是让苹果数或者盘子数不断减少，直到到达递归出口为止。

（1）当苹果数 m 少于盘子数 n 时，必然有 n-m 个盘子是空的，即使去掉这 n-m 个盘子，也不会影响整体的放法。

（2）当苹果数 m 不少于盘子数 n 时，可以分成两种情况考虑：第一种情况，若至少有一个盘子空着，则可以去掉这个空盘子，放法不会发生变化；第二种情况，若所有的盘子都有苹果，那么即使从每个盘子中拿走一个苹果，放法也不会发生变化。这两种情况的放法之和就构成了当苹果数 m 不少于盘子数 n 时的所有结果。

源程序：

```
def f(m,n):
    if(m==0 or n==1):
        return  1
    #苹果数为 0 或者盘子数为 1 时，为递归出口
    if(m<n):
        return  f(m,m)
        #苹果数少于盘子数时，只需要相同的盘子数即可
```

```
    else:
        return f(m,n-1) + f(m-n,n)
        #苹果数多于盘子数

a=int(input("苹果数量是："))
b=int(input("盘子数量是："))
print(f"{a}个苹果放到{b}个盘子里面一共有{f(a,b)}种放法")
```

程序结果 1：

```
苹果数量是：1
盘子数量是：1
1 个苹果放到 1 个盘子里面一共有 1 种放法
```

程序结果 2：

```
苹果数量是：2
盘子数量是：2
2 个苹果放到 2 个盘子里面一共有 2 种放法
```

程序结果 3：

```
苹果数量是：10
盘子数量是：5
10 个苹果放到 5 个盘子里面一共有 30 种放法
```

程序结果 4：

```
苹果数量是：5
盘子数量是：10
5 个苹果放到 10 个盘子里面一共有 7 种放法
```

本 章 小 结

本章着重介绍了函数的定义和使用方法。函数就是具备某一特定功能的代码，在编写函数时，要认真分析所要解决的问题，以及解决问题时需要获得的参数列表。函数可以减少重复代码，增强程序的扩展性、可读性，使用原则是“先定义后使用”。通过本章的学习，应重点掌握形参和实参的区别与联系，形参的多种类型，以及变量的作用域。在某些特定问题中，可以通过嵌套函数和 lambda 函数来编写更简单、更高效的代码。递归函数提供了解决某类特定问题的方法，但是对内存消耗较大，运算量较大。

第 6 章　文件与异常

学习目标

（1）熟悉 Python 中文本文件的读写方法及其应用。
（2）了解 Python 中二进制文件的读写方法。
（3）了解在 os 模块中实现文件级和目录级操作的方法。
（4）了解 JSON 文件的格式及其读写方法。
（5）熟悉 Python 中的异常处理机制。

在前面 5 章中，应用程序使用标准输入和标准输出，所处理的数据只能保存在内存中。当退出应用程序时，数据将会丢失。在 Python 中，从文件中获取批量数据及运行结果，并将其写入文件可以达到永久保存的目的。在实际开发过程中，异常处理也是程序中不可缺少的一部分，使用异常处理机制可以让程序具有更好的健壮性。

6.1　文件的定义、引用与分类

6.1.1　文件的定义

为了长期保存数据以便重复使用、修改和共享，数据必须以文件的形式存储到外部存储介质（如磁盘、闪存盘、光盘等）中。文件是以一定的组织形式存放于外存储器中的数据集合，它是操作系统管理数据的最小单位。文件系统是操作系统的重要组成部分，它规定了计算机对文件和目录进行操作处理的各种标准及机制。在此基础上，编程语言提供了文件类型及相应的处理函数，以在程序中通过文件实现数据的输入和输出。文件的输入、输出是指从已有的文件中读取数据和将处理结果按照一定格式写入文件中，适用于批量数据的处理。管理信息系统使用数据库来存储数据，而数据库最终要以文件的形式存储在外部存储介质中。应用程序的配置信息通常也是使用文件来存储的，图形、图像、音频、视频、可执行文件等也都是以文件的形式存储的。因此，文件操作在各类应用软件的开发中均占有重要地位。

6.1.2　文件的引用

在计算机中，文件按树状目录结构进行组织。在这种结构中，每个磁盘都有一个根目录，它包含若干文件和子目录（或称为子文件夹），子目录还可以包含下一级目录，以此类推，形成了多级目录结构。因此，访问文件需要知道文件所在的目录路径，这种从根目录开始标识文件所在的完整路径的方式称为绝对路径。其中，“绝对”是指当所有程序引用同一个文件时，所使用的路径都是一样的。例如，在 D 盘 music 文件夹的子文件夹 classic 下存放了一个文件 moon.mp3，那么可以用 D:\music\classic\moon.mp3 来引用此文件，这种表示方法称为绝对路径文件名。文件还可以以相对路径文件名的方式表示，即从当前路径出发表示一个文件。例如，当前路径为 D:\music，文件 moon.mp3 可以表示为 classic\moon.mp3，如果当前路径为 D:\music\classic，则直接读取文件名 moon.mp3 即可。一个正在执行程序的当前路径就是该程序所在的文件夹，如果处理的数据文件与当前程序在同一文件夹（或当前程序所在文件夹的子文件夹）下，则可以直接用相对路径文件名表示；如果处理的数据文件在不同的文件夹下，则通常要用绝对路径文件名表示。因此，绝对路径与相对路径的不同之处在于描述目录路径时所采用的参考点不同。

6.1.3 文件的分类

按文件中数据的组织形式，文件可分为文本文件和二进制文件两大类。

1. 文本文件

文本文件存储的是常规字符串，由若干文本行组成，通常每行以换行符“\n”结束。常规字符串是指在记事本或其他文本编辑器中能正常显示、编辑并且能够直接阅读和理解的字符串，如英文字母、汉字、数字字符串等。文本文件可以使用文本处理软件（如 gedit、记事本）进行编辑。

2. 二进制文件

二进制文件把对象内容以字节串形式进行存储，无法用记事本或其他普通文本处理软件直接进行编辑，通常也无法直接阅读和理解，需要使用专门的软件进行解码后读取、显示、修改或执行。常见的图形图像文件、音视频文件、可执行文件、资源文件、各种数据库文件、各类 Office 文档等都属于二进制文件。

6.2 文件的打开与关闭

在对文件进行任何操作之前，必须先打开文件，同时通知操作系统对文件进行读操作或写操作。Python 内置了文件对象，使用 open()函数可以打开一个文件并返回一个文件对象。

语法格式：

```
文件对象名=open(文件名[, 打开模式[, 缓冲区]])
```

其中，各参数说明如下。

文件名：被打开的文件名称。可以使用绝对路径表示，也可以使用相对路径表示。

打开模式：打开文件的类型和访问方式，即打开文件后的处理方式，具体如表 6-1 所示。其默认使用 r 模式。打开文件时，要明确文件的访问方式，打开文件后按访问方式规定的权限访问文件。若要改变文件的访问方式，则必须先关闭文件，再次按新的访问方式打开文件。

表 6-1 文件的打开模式

模式	描述
r	以读模式打开文本文件。文件指针在文件起始处，默认模式
r+	以读和写模式打开文本文件。文件指针在文件起始处
w	以只写模式打开文本文件。如果文件存在，则覆盖现有文件，否则会创建一个新文件
w+	以读和写模式打开文本文件。如果文件存在，则覆盖现有文件，否则会创建一个新文件

续表

模式	描述
a	以追加模式打开文本文件。文件指针在文件末尾处。如果文件不存在，则会创建一个新文件来进行写入
a+	以追加和读方式打开文本文件。文件指针在文件末尾处。如果文件不存在，则会创建一个新文件来进行写入
rb	以只读模式打开二进制文件。文件指针在文件起始处
rb+	以读和写模式打开二进制文件。文件指针在文件起始处
wb	以只写模式打开二进制文件。如果文件存在，则覆盖现有文件，否则会创建一个新文件
wb+	以读和写模式打开二进制文件。如果文件存在，则覆盖现有文件，否则会创建一个新文件
ab	以追加模式打开二进制文件。文件指针在文件末尾处。如果文件存在，则在现有文件的末尾添加新内容，否则将创建一个新文件来进行写入
ab+	以追加和读模式打开二进制文件。文件指针在文件末尾处。如果文件存在，则在现有文件的末尾添加新内容，否则会创建一个新文件来进行写入

缓冲区：读写文件的缓存模式。0 表示不缓存，1 表示缓存，大于 1 表示缓冲区的大小。

open()函数会返回一个文件对象，通过文件对象可以访问文件的属性，并对文件进行各种操作。文件对象的属性如表 6-2 所示。

表 6-2　文件对象的属性

属性	描述
closed	判断文件是否关闭。若关闭，则返回 True
mode	返回文件的打开模式
name	返回文件的名称

对一个文件操作完毕之后，一定要关闭该文件，以保证所做的任何修改都能保存并释放资源。如果文件对象名为 f，则调用格式如下。

```
f.close()
```

例 6.1　文件打开。

分析：

以写模式打开当前文件夹下的文件“file1.txt”，并查看该文件的 3 个常见属性的值。

源程序：

```
f1=open("file1.txt", "w")
print(f1.mode)
print(f1.name)
print(f1.closed)
f1.close()
print(f1.closed)
```

程序结果：

```
w
file1.txt
False
True
```

代码分析：

以写模式打开当前文件夹下的文件“file1.txt”时，如果当前文件夹下没有此文件，则新建一个文件；如果有此文件，则清空文件的内容。文件访问结束后，一定要关闭文件以释放资源，否则会影响其他程序对该文件的访问。

6.3 文本文件的读写操作及其综合应用

本节讲解 Python 中读取文本文件和写入文本文件的基本方法，以下内容假设已经创建了一个文件对象 f。

6.3.1 文本文件的读操作

Python 为文件的读取提供了 3 种方法，方法的返回值即为读取的内容，可以根据返回值的类型将其保存到相应类型的变量中。

1. f.read(size)方法

该方法返回一个字符串，其内容是长度为 size 的文本。数字类型参数 size 表示读取的字符数（一个汉字是一个字符），可以省略。如果省略参数 size，则表示读取文件所有内容并返回。如果文件指针已到达文件的末尾，则该方法将返回一个空字符串。

使用记事本建立一个文本文件“animals.txt”，文件内容如图 6-1 所示。

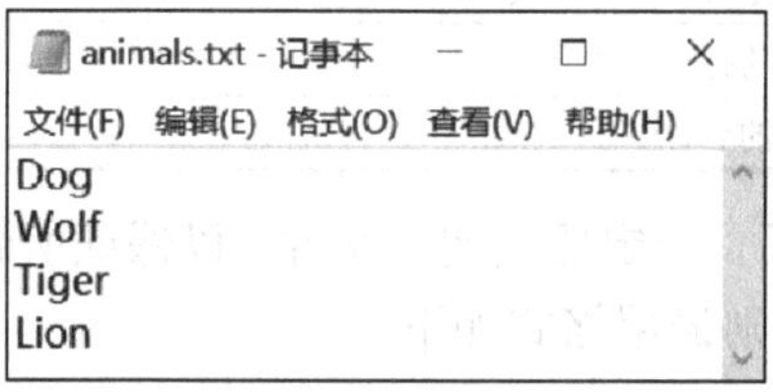

图 6-1 “animals.txt”文件内容

例 6.2 读取文本文件“animals.txt”的前 5 个字符。

源程序：

```
f=open("animals.txt", "r")
s=f.read(5)
f.close()
print(s)
print("字符串 s 的长度（字符个数）=", len(s))
```

程序结果：

```
Dog
W
字符串 s 的长度（字符个数）= 5
```

代码分析：

以只读模式打开当前文件夹下的文本文件“animals.txt”，读取文件的前 5 个字符构成一个字符串返回并存入变量 s 中，s 即为字符串类型，此时内容为“Dog\nW”，字符串长度为 5。由此可见，换行符“\n”在字符串中被视为一个字符。

例 6.3 读取文本文件“animals.txt”的所有内容。

源程序：

```
1  f=open("animals.txt", "r")
2  s=f.read()
3  f.close()
4  print(s)
5  print("字符串 s 的长度(字符个数)=", len(s))
```

程序结果：

```
Dog
Wolf
Tiger
Lion
字符串 s 的长度(字符个数)= 19
```

代码分析：

第 2 行代码调用 f.read()方法时没有指定参数，表示一直读到文件尾部，文件中所有的字符构成一个字符串返回，因此 s 的内容为“Dog\nWolf\nTiger\nLion”，字符串长度为 19。

2. f.readline()方法

该方法返回一个字符串，内容为文件的当前一行。换行符“\n”留在字符串的末尾。如果已到达文件的末尾，则该 f.readline()方法将返回一个空字符串。如果遇到一个空行，则该方法将返回“\n”。

例 6.4 f.readline()方法的使用。

源程序：

```
1  f=open("animals.txt", "r")
2  s=f.readline()
3  print(s)
4  while s!="":
5      s=f.readline()  #读取文件的一行
6      print(s)
7  f.close()
```

程序结果：

```
Dog

Wolf

Tiger

Lion
```

代码分析：

以只读模式打开当前文件夹下的文本文件“animals.txt”，读取文件的每一行，将内容赋值给 s 并输出。因为 f.readline()方法一次只能读一行，所以必须使用循环结构才能读入所有行。第 2、3 行代码用于读入文件的第 1 行并将其存入 s，此时 s 的内容为“Dog\n”。print()

函数默认以换行为结束符，因此每行之间都输出了一个空行。

3. f.readlines()方法

该方法返回一个列表，列表中的每个元素都是一个字符串，依次对应文件的每一行（包括行末的换行符“\n”)。

例 6.5 f.readlines()方法的使用。

源程序：

```
1    f=open("animals.txt", "r")
2    s=f.readlines()
3    print(s)
4    f.close()
```

程序结果：

```
['Dog\n', 'Wolf\n', 'Tiger\n', 'Lion']
```

代码分析：

第 2 行代码调用 f.readlines()方法一次性读入文件的所有行，并将其赋值给 s。s 是一个列表，每一个元素就是一个字符串，每个字符串对应原文件中的一行。此时，s 的内容为“["Dog\n", "Wolf\n", "Tiger\n", "Lion"]”。注意：文件的最后一行没有换行符。

6.3.2 文本文件的写操作

Python 为文件的写操作提供了以下两种方法。

1. f.write(s)方法

该方法将字符串 s 的内容写到与 f 对应的文件中，并返回写入的字符数。write 语句不会自动换行，如果需要换行，则应使用换行符“\n”。

例 6.6 f.write(s)方法的使用。

源程序：

```
1    s="Dog is an animal."
2    fw=open("result.txt", "w")
3    fw.write(s)
4    fw.close()
```

代码分析：

第 2 行代码以 w 模式打开文件，如果当前文件夹下没有“result.txt”文件，则会新建一个文件，文件内容为空。如果已经有此文件，则将文件原有内容清空。第 3 行代码调用 fw.write()方法将字符串写入文件。因此，此程序无论执行多少次，“result.txt”文件的内容始终只有一行字符串"Dog is an animal."。

以 w 模式打开文件时，文件原有内容将被覆盖；而以 a 模式打开文件时，指针会移动到文件末尾处，写入的内容将追加到该文件尾部。

例 6.7 a 模式的使用。

源程序：

```
1  s="Dog is an animal."
2  fw=open("result.txt", "a")
3  fw.write(s)
4  fw.close()
```

代码分析：

本例的代码与例 6.6 代码的区别仅仅在于文件打开模式不同。第 2、3 行代码以 a 模式打开文件并写入一个字符串。需要注意的是，每次运行此代码时，文件的内容会不同。读者可以自行运行代码，注意观察文件内容的变化。

2. f.writelines(strlist)方法

该方法把字符串列表 strlist 中的每个元素依次写入文本文件，但不会额外添加换行符。

例 6.8　f.writelines(strlist)方法的使用。

源程序：

```
1  s=["Dog", "Wolf", "Tiger", "Lion"]
2  fw=open("result.txt", "w")
3  fw.writelines(s)
4  fw.close()
```

代码分析：

第 2、3 行代码以 w 模式打开“result.txt”文件，并把字符串列表 s 的每个元素写入文件。需要注意的是，fw.writelines()方法的名称比较容易误导读者，实际上它并不会在文件中写入多行，如果需要向文件中写入多行字符串，则需要读者自己在字符串列表的每个元素末尾增加一个换行符“\n”。

6.3.3　文本文件的综合应用

例 6.9　环湖跑。

某大学为了提高学生的身体素质，督促学生加强体育锻炼，要求学生在课外时间进行环湖跑，并且在打卡机上打卡计圈数。学校相关部门在学期末将统计每位学生的总圈数并公布前 10 名学生的名单。以下程序从“环湖跑.txt”文件中读入 3 月、4 月、5 月、6 月环湖跑圈数，计算总圈数并进行排序，将排序结果写入“排行榜.txt”文件中。“环湖跑.txt”文件内容如图 6-2 所示。

环湖跑.txt - 记事本

文件(F)　编辑(E)　格式(O)　查看(V)　帮助(H)

学号	姓名	班级	学院	3月圈数	4月圈数	5月圈数	6月圈数
2015305201030	王泽昊	园艺1502	园艺林学学院	11	23	27	12
2016306201628	何梓	文洞1601	经济管理学院	8	24	25	13
2016306201611	吴云飞	经济学1603	经济管理学院	16	21	28	12
2015308200127	汪沐阳	计算机1501	信息学院	21	28	13	15
2015306200830	杨哲	农经1503	经济管理学院	12	10	13	24
2017306210222	李雨田	工商管理1702	经济管理学院	5	18	20	13
2017306211021	马骏	计算机1701	信息学院	5	30	28	6

图 6-2　“环湖跑.txt”文件内容

分析：

这是一个典型的文件应用，即利用程序读入类似二维表结构的数据，并完成相应的统计工作。此类应用的程序处理流程一般如下：读入文件数据并将其存入一个嵌套列表对象中；使用所学的知识编写统计程序；将计算结果逐行写入文件。第一个阶段工作的详细流程如下：首先，以行为单位读入文件中的数据并将其存入一个字符串列表中，每一行对应一个字符串；其次，利用字符串的 split()方法将一行对应的字符串分隔为一个字符串列表；最后，对该列表中的某些元素进行类型转换，即完成从文件数据到嵌套列表结构的转换。

源程序：

```
1   fr=open("环湖跑.txt","r")
2   lstLines=fr.readlines()
3   fr.close()
4   #将一维字符串列表 lstLines 转换为嵌套列表 lstStudents
5   del lstLines[0]          #删除标题行
6   lstStudents=[]
7   for strLine in lstLines:
8       lstTemp=strLine.split()
9       lstStu=lstTemp[0:4]+[int(x) for x in lstTemp[4:7+1]]
10      lstStudents.append(lstStu)
11  #在 lstStudents 基础上计算总圈数并提取部分列放入列表 lstRank 中
12  lstRank=[]               #存放输出结果，包含学号、姓名、班级、总圈数
13  for lstStu in lstStudents:
14      sum1=sum(lstStu[4:8])
15      lstRank.append([lstStu[0],lstStu[1],lstStu[2],sum1])
16  lstRank.sort(key=lambda stu:stu[3],reverse=True)
17  #将列表 lstRank 的内容写入文件，并将其输出到屏幕上
18  fw=open("排行榜.txt","w")
19  str1="    学号        姓名            班级           总圈数"
20  print(str1)
21  fw.write(str1+"\n")               #向文件中写入一个字符串，即一行
22  for StuList in lstRank[0:10]:
23      str1=f"{StuList[0]:14s}\t{StuList[1]:8s}\t{StuList[2]:10s}
        \t{StuList[3]:6d}\n"
24      print(str1)
25      fw.write(str1+"\n")           #向文件中写入一个字符串，即一行
26  fw.close()
```

程序结果：

学号	姓名	班级	总圈数
2016306201611	吴云飞	经济学1603	77
2015308200127	汪沐阳	计算机1501	77
2015305201030	王泽昊	园艺1502	73
2016306201628	何梓	文洞1601	70
2017306211021	马骏	计算机1701	69
2015306200830	杨哲	农经1503	59
2017306210222	李雨田	工商管理1702	56

代码分析：

(1) 第1～3行代码中，以读模式打开“环湖跑.txt”文件，按行读入文件内容，并将其

存入字符串列表 lstLines 中。根据文件内容可知，lstLines 中的每个元素就是一位学生的所有信息，其中包括学号、姓名、班级、学院及 3 月、4 月、5 月、6 月的圈数，共 8 项信息。但是，这些信息都存储在一个字符串中。

（2）第 5～10 行代码中，在循环控制下，将一维字符串列表 lstLines 的内容存入一个嵌套列表 lstStudents 中。具体实现过程如下：将字符串列表 lstLines 的每个元素（即一个字符串）分解为一个字符串列表，其目的是将一位学生的 8 项信息分开。将存放环湖跑圈数的 4 个元素转换为 int 类型。将存放一位学生 8 项信息的一维列表 lstStu 添加到嵌套列表 lstStudents 中。

（3）第 12～16 行代码中，在循环的控制下，在嵌套列表 lstStudents 的基础上依次求每位学生 3 月、4 月、5 月、6 月的总圈数，并提取出学号、姓名、班级、总圈数存入嵌套列表 lstRank 中。调用列表对象的 sort()方法在 lstRank 列表内部以降序方式排列，排序的关键字为“总圈数”。

（4）第 18～26 行代码中，以写模式打开“排行榜.txt”文件，将 lstRank 列表中的前 10 个元素的内容按行、列写入文件，同时使其输出到屏幕上，并关闭文件，释放资源。

例 6.10　统计英文文档信息。

当在文本处理软件中打开一个英文文档后，可以显示该文档的行数、单词数和字符个数等信息。本例将实现上述功能。

分析：

本例需要读入的文件内容不是类似二维表结构的数据，而是需要统计文件的行数，所以不能使用 f.read()方法一次性读入所有文件内容，只能按行读入，逐行进行处理。可以在循环控制下遍历文件对象的每一行，并进行相应的统计。

源程序：

```
file_name="I have a dream.txt"                          #文本文件名称
line_counts=0                                           #行数
word_counts=0                                           #单词个数
character_counts=0                                      #字符数
f=open(file_name,"r",encoding="utf-8")                  #打开文件
for line in f:
    words=line.split()  #将文件中一行中的单词分离后存入列表中
    line_counts=line_counts+1                           #行数加 1
    word_counts=word_counts+len(words)                  #单词个数加 1
    character_counts=character_counts+len(line) #字符数加 1
    print("行数:",line_counts,"单词个数:",word_counts,"字符数:",character_ counts)
```

程序结果：

```
行数: 89 单词个数: 1629 字符数: 8999
```

例 6.11　英文文档的词频统计。

分析：

（1）统计英文文档的词频实际上就是统计一个字符串中每个单词出现的次数。6.3.1 节中介绍了多种读文件的方法，读者要根据应用的需求选择合适的方法。本例需要将文件内容读入后形成一个字符串，使用 f.read()方法可以实现。

（2）英文文档中除了英文单词外，还有各种标点符号。因此，在统计单词出现次数之前需要去除这些符号。本例中使用字符串的 replace()方法将这些符号用空字符串替换。

（3）字典是一种特殊的数据结构，是一组键值对的集合。每个键对应一个值，键不能重复。本例中以单词为键、单词的出现次数为值建立字典。但字典结构是无序的，没有排序方法，因此按单词出现次数排序前必须将字典转换为列表，再调用列表的 sort()方法实现排序。

（4）英文单词中出现较多的往往是冠词、代词、介词等，这些词并不是人们所关注的对象。在统计之后，需要从字典中去除这些单词，通常这些单词被称为停止词。

源程序：

```
1   fr=open("I have a dream.txt")
2   s=fr.read()
3   #以空格替换英文文档中出现的符号
4   str1="~!@#$%^&*()_=-/,.?<>;:[]{}|\\\"\""
5   for ch in str1:
6       s=s.replace(ch," ")
7   #初始化字典和 words 列表
8   mydict={}
9   words=s.split()
10  #统计字符串中出现的单词及其出现次数，构成字典
11  for word in words:
12      mydict[word]=mydict.get(word,0)+1
13  #从字典中删除以下单词
14  strExclude={"the","and","of"}  #集合
15  for word in strExclude:
16      del mydict[word]
17  #将字典中的项放入列表中，以方便排序
18  mylist=list(mydict.items())
19  #按单词的出现次数排序
20  mylist.sort(key=lambda item: item[1],reverse=True)
21  for item in mylist[:10]:
22      word,count=item
23      print(word,"有",count,"个")
```

程序结果：

```
to 有 58 个
a 有 36 个
be 有 31 个
will 有 27 个
that 有 24 个
is 有 22 个
in 有 20 个
freedom 有 20 个
we 有 18 个
have 有 17 个
```

代码分析：

（1）第 1～6 行代码用于实现统计词频前的准备工作：打开文件，一次性读入文件内容

并存入字符串 s 中；以空格替换 s 中与单词无关的字符。

（2）第 7～12 行代码用于实现统计词频功能：字典初始化；英文分词，即使用 split()函数将一个字符串转换为一个字符串列表，每个元素就是一个单词；在循环的控制下，遍历每个单词，修改字典中单词键对应的值。字典的 get(s,n)方法的功能如下：如果 s 是字典中的键，那么从字典中获取其值；如果 s 不是字典中的键，那么该方法的返回值为 n。

（3）第 13～16 行代码用于删除字典中的停止词。需要注意的是，本例第 14 行代码仅列出了极少量的停止词，实际应用中读者可以根据需求自行添加。因为 del 语句一次只能删除字典中的一个键，所以要将所有的停止词构成一个集合（列表或元组），并遍历集合中的每个单词，逐个将其删除。

（4）第 17～23 行代码用于实现排序并输出：将字典转换为列表；调用列表的 sort()方法按单词的出现次数从大到小排序。

例 6.12 食物热量查询系统。

设计一个食物热量查询系统，该系统提供以下功能。

（1）查询每日所需摄入热量。

（2）查询某种食物的热量数据（单位为 J/100g）。

（3）录入新的食物和热量数据或修改已有食物对应的热量。

（4）依据食物摄取量计算总热量。

（5）给出减肥建议。

（6）退出程序。

其中，食物与对应的热量数据记录在“食物与热量.txt”文件中，其内容如图 6-3 所示。

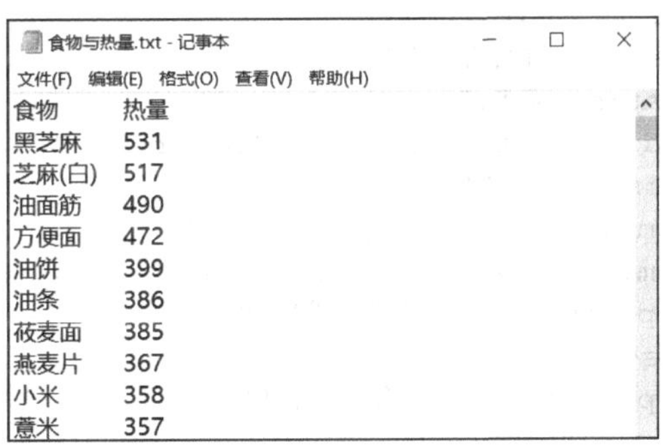
食物与热量.txt - 记事本
文件(F) 编辑(E) 格式(O) 查看(V) 帮助(H)

食物	热量
黑芝麻	531
芝麻(白)	517
油面筋	490
方便面	472
油饼	399
油条	386
莜麦面	385
燕麦片	367
小米	358
薏米	357

图 6-3 “食物与热量.txt”文件内容

分析：

这是一个具有 5 个功能的小系统，“麻雀虽小，五脏俱全”。本例需要设计菜单，并设计 5 个函数分别实现这 5 个功能，在主函数中输出菜单，并根据用户选择的菜单功能去调用对应的函数。

源程序：

```
#读入“食物与热量.txt”文件内容，并将其存入字典 mydict 中
fr=open("食物与热量.txt","r", encoding="utf-8")
strLines=fr.readlines()
namelist=[]
for strline in strLines[1:]:
    strline=strline.strip("\n").split()
```

```
    namelist.append(strline)
fr.close()
mydict=dict(namelist)
#根据性别、体重、身高、年龄等信息计算一天所需摄入的热量标准
def standard():
    x=input("请输入您的性别(man or woman)")
    y=int(input("请输入您的体重(kg)"))
    z=int(input("请输入您的身高(cm)"))
    b=int(input("请输入您的年龄"))
    bmr=0
    if x=="man":
        bmr=(10*y+6.25*z-5*b+5)*4.185
        print(bmr,"J")
    if x=="woman":
        bmr=(10*y+6.25*z-5*z-161)*4.185
        print(bmr,"J")
#查询用户输入的食物对应的热量，如果没有该食物，则可以选择录入功能
def checkname():
    name=input("请输入食物名称")
    if name in mydict:
        print(name,":",mydict[name])
    else:
        print("系统还未录入此食物,请查找以后依据功能 3 录入")
#录入新的食物和热量数据或修改已有食物对应的热量
def messagein():
    name=input("请输入食物名称:")
    if name in mydict:
        print("您输入的食物数据已录入")
        print(name,":",mydict[name])
        isedit=input("是否修改食物数据（Y/N)：")
        if isedit=="Y":
            messageinto=("请输入食物数据:")
            mydict[name]=messageinto
            print("食物数据修改成功!")
        else:
            print("结束修改食物数据")
    else:
        messageinto=input("请输入食物热量:")
        mydict[name]=messageinto
        print("食物数据录入成功!")
#依据食物摄取量计算总热量
def plusaugment():
    n=int(input("请输入摄入食物种类："))
    s=0
    for i in range(0,n+1):
        name=input("请输入食物名称:")
        d=int(input("请输入食物份数（每 100g）"))
        f=int(mydict[name])
        s=s+d*f
    print("共计摄入热量：",s)
#给出减肥建议
```

```
58  def suggest():
59      print("多读书，多看报，少吃零食，多睡觉")
60  #输出菜单
61  def displaymenu():
62      print("=========欢迎使用食物热量查询系统=========")
63      print("      1.查询每日所需摄入热量")
64      print("      2.查询某种食物的热量数据（J/100g）")
65      print("      3.录入新的食物和热量数据或修改已有食物对应的热量")
66      print("      4.依据食物摄取量计算总热量")
67      print("      5.给出减肥建议")
68      print("      6.退出程序")
69      print("请输入功能序号：")
70  #主函数
71  def main():
72      while True:
73          displaymenu()
74          n=int(input())
75          if n==1:
76              standard()
77          if n==2:
78              checkname()
79          if n==3:
80              messagein()
81          if n==4:
82              plusaugment()
83          if n==5:
84              suggest()
85          if n==6:
86              break
87      fw=open("食物与热量.txt","w", encoding="utf-8")
88      for key in mydict:
89          fw.write(key+" "+mydict[key]+"\n")
90      fw.close()
91  #调用主函数
92  main()
```

代码分析：

（1）第 1～9 行代码中，以只读模式打开“食物与热量.txt”文件，按行读入文件内容，并将其存入字符串列表 strLines。根据文件内容可知，strLines 中的每个元素都是一个字符串，内容是一种食物及其对应的热量值，因此遍历 strLines 中的每个元素（即字符串），把每个字符串使用 split()函数转换为字符串列表，并将其作为一个元素添加到嵌套列表 namelist 中。最后把列表 namelist 转换为字典，便于根据食物查找热量值。

（2）第 10～22 行代码中，设计函数 standard()根据性别、体重、身高、年龄等信息计算一天所需摄入的热量标准。

（3）第 23～29 行代码中，设计函数 checkname()查询用户输入的食物对应的热量，如果查询到该食物，则从字典 mydict 中读取对应的热量值，并将其输出；如果没有该食物，则推荐选择功能 3 实现食物信息的录入。

（4）第 30～46 行代码中，设计函数 messagein()实现食物与热量信息的录入或者对已有食物对应的热量进行修改。

（5）第 47～56 行代码中，设计函数 plusaugment()计算当天实际摄入的热量。首先提示用户输入摄入食物的种类，然后在循环的控制下，提示用户输入每种食物的名称、份数，最后计算从这种食物中获取的热量，热量的累加即为当天实际摄入的总热量。

（6）第 57～59 行代码中，设计函数 suggest()给出减肥建议。

（7）第 60～69 行代码中，设计函数 displaymenu()实现输出菜单的功能。

（8）第 70～90 行代码中，设计主函数 main()实现与用户的交互。

（9）第 91、92 行代码中，调用主函数。

例 6.13 蛋白质相似度矩阵的计算。

蛋白质是生命的物质基础，是构成细胞的基本有机物，是生命活动的主要承担者。相似的蛋白质序列往往起源于一个共同的祖先序列。它们很可能具有相似的空间结构和生物学功能，因此对于一个已知序列但未知结构和功能的蛋白质，如果与它相似的某些蛋白质的结构和功能已知，则可以推测这个未知结构和功能的蛋白质的结构及功能。现有名为“ID.txt”的文件记录了各蛋白质的 ID，其内容如图 6-4 所示；名为“blast.txt”的文件记录了不同蛋白质的相似度信息，每行的内容是“蛋白质 ID 1 蛋白质 ID 2 相似度”，如图 6-5 所示。请编写程序计算不同蛋白质的相似度矩阵，如图 6-6 所示。

ID.txt - 记事本

```
chr01.0043
chr01.0063
chr01.0107
chr01.0112
chr01.0272
chr01.0321
chr01.0322
chr01.0323
chr01.0369
chr01.0384
```

图 6-4 “ID.txt”文件内容

blast.txt - 记事本

```
chr01.0043	chr01.0043	100
chr01.0043	chr12.39833.333
chr01.0043	chr01.0112	30.07
chr01.0043	chr07.06529.114
chr01.0043	chr01.0107	31.757
chr01.0043	chr12.39933.099
chr01.0043	chr09.06227.273
chr01.0043	chr01.0384	35.065
chr01.0043	chr12.40230.645
chr01.0043	chr01.3178	30.275
chr01.0043	chr07.06326.613
chr01.0043	chr04.0354	33.019
chr01.0043	chr12.40036.364
chr01.0043	chr06.0045	29.927
chr01.0043	chr06.0286	28.814
chr01.0043	chr06.0091	24.841
chr01.0063	chr01.0063	100
```

图 6-5 不同蛋白质的相似度信息

result.txt - 记事本

```
相似度 chr01.0043 chr01.0063 chr01.0107 chr01.0112 chr01.0272 chr01.0321 chr01.0322 chr01.0323 chr01.0369 chr01.0384
chr01.0043 100.0 0.0 31.818 30.07 0.0 0.0 0.0 0.0 0.0 35.065 0.0 0.0 0.0 0.0 0.0 0.0 0.0 0.0 0.0 0.0 0.0 0.0 0.0 0.0 0.0 0.0 0.0 0.
chr01.0063 0.0 100.0 0.0 0.0 25.668 0.0 0.0 0.0 0.0 0.0 0.0 0.0 0.0 0.0 0.0 0.0 0.0 0.0 27.411 0.0 0.0 0.0 0.0 0.0 0.0 0.0 0.0 0.0 0
chr01.0107 31.818 0.0 100.0 55.729 0.0 0.0 0.0 0.0 0.0 34.94 0.0 0.0 0.0 0.0 0.0 0.0 0.0 0.0 0.0 0.0 0.0 0.0 0.0 0.0 0.0 0.0 0.0 0.
chr01.0112 30.07 0.0 55.729 100.0 0.0 0.0 0.0 0.0 0.0 28.571 0.0 0.0 0.0 0.0 0.0 0.0 0.0 0.0 0.0 0.0 0.0 0.0 0.0 0.0 0.0 0.0 0.0 0.
chr01.0272 0.0 25.668 0.0 0.0 100.0 0.0 0.0 0.0 0.0 0.0 0.0 0.0 0.0 0.0 0.0 30.0 0.0 0.0 0.0 0.0 0.0 0.0 0.0 0.0 0.0 0.0 0.0 0.0 0.0
chr01.0321 0.0 0.0 0.0 0.0 0.0 100.0 56.548 58.48 0.0 0.0 0.0 0.0 0.0 0.0 0.0 0.0 0.0 0.0 0.0 38.012 0.0 0.0 54.386 0.0 0.0 0.0 0.
chr01.0322 0.0 0.0 0.0 0.0 0.0 56.548 100.0 64.088 0.0 0.0 0.0 0.0 0.0 0.0 0.0 0.0 0.0 0.0 0.0 35.0 0.0 0.0 50.562 0.0 0.0 0.0 0.0
chr01.0323 0.0 0.0 0.0 0.0 0.0 58.48 64.088 100.0 0.0 0.0 0.0 0.0 0.0 0.0 0.0 0.0 0.0 0.0 0.0 36.932 0.0 0.0 50.273 0.0 0.0 0.0 0.
chr01.0369 0.0 0.0 0.0 0.0 0.0 0.0 0.0 0.0 100.0 0.0 0.0 0.0 0.0 0.0 0.0 0.0 0.0 0.0 0.0 0.0 0.0 0.0 0.0 0.0 0.0 0.0 0.0 0.0 0.0 0
chr01.0384 35.065 0.0 34.94 28.571 0.0 0.0 0.0 0.0 0.0 100.0 0.0 0.0 0.0 0.0 0.0 0.0 0.0 0.0 0.0 0.0 0.0 0.0 0.0 0.0 0.0 0.0 0.0 0.
```

图 6-6 不同蛋白质的相似度矩阵

分析：

本例是生物数据处理中的常见案例，即把一种组织形式的数据转换为另一种组织形式的数据。本例的任务是将“blast.txt”文件中的 170 行 3 列相似度数据转换为 171 行 171 列的相似度矩阵。

源程序：

```
1  '''1.从“blast.txt”文件中读数据，形成嵌套列表 lstA=[[蛋白质 ID 1,蛋白质 ID 2,相似度],...]'''
2  frBlast=open("blast.txt",encoding="utf-8") #默认为读文本文件
3  lstLines=frBlast.readlines()               #从文件中读入所有行
4  frBlast.close()
5  lstA=[]
6  for strLine in lstLines:
7      lstLine=strLine.split()
8      lstA.append([lstLine[0].strip(),lstLine[1].strip(),float(lstLine[2])])
9  #2.从“ID.txt”文件中读入蛋白质的 ID，并将其放入列表 lstC 中
10 fr=open("ID.txt",encoding="utf-8")          #默认为读文本文件
11 lstLines=fr.readlines()                     #从文件中读入所有行
12 fr.close()
13 lstC=[s.strip() for s in lstLines]
14 #3.从 lstA 中取出相似度并填写列表 lstResult
15 '''创建一个嵌套列表以存储蛋白质的相似度矩阵。由于蛋白质有 170 种，相似度矩阵有行标题和列标题，因此这个二维表有 171 行、171 列'''
16 m=[0.0]*170
17 lstResult=[]
18 #二维表的第一行是标题
19 lstResult.append(["相似度"]+lstC)
20 #二维表的其他行格式为[蛋白质 ID,0.0,0.0,0.0,...]
21 for i in range(0,170):
22     lstResult.append([lstC[i]]+m)
23 #将列表 lstA 中的相似度信息填入 lstResult 中对应的元素中
24 for line in lstA: #line=[蛋白质 ID 1,蛋白质 ID 2,相似度]
25     strBianHao1,strBianHao2,floatXiangsi=line
26     i=lstC.index(strBianHao1)
27     j=lstC.index(strBianHao2)
28     lstResult[i+1][j+1]=floatXiangsi
29     lstResult[j+1][i+1]=floatXiangsi
30 #4.将列表 lstResult 中的内容写入文件中，同时在屏幕上输出
31 fw=open("result.txt","w",encoding="utf-8")
32 for i in range(0,170+1)    :
33     strLine=""
34     for j in range(0,170+1):
35         print(lstResult[i][j],end=" ")
36         strLine=strLine+" "+str(lstResult[i][j])
37     print()
38     fw.write(strLine+"\n")
39 fw.close()
```

代码分析：

（1）第1～8行代码中，以只读模式打开“blast.txt”文件，按行读入文件内容，并将其存入字符串列表 lstLines 中。根据文件内容可知，列表 lstLines 中的每个元素都是一个字符串，内容是“蛋白质 ID 1,蛋白质 ID 2,相似度”，因此遍历列表 lstLines 的每个元素（即字符串），

把每个字符串使用 split()函数转换为字符串列表，作为一个元素添加到嵌套列表 lstA 中。

（2）第 9～13 行代码中，从“ID.txt”文件中读入蛋白质的 ID，并将其放入一维列表 lstC 中。生成一维列表 lstC 的目的在于获取一种蛋白质与另一种蛋白质的相似度在最终的相似度矩阵中的行列号。

（3）第 14～29 行代码中，从源嵌套列表 lstA 中取出相似度并填写列表 lstResult。其分为 3 个小任务。第一，生成一个嵌套列表，该列表用于存储蛋白质的相似度矩阵。由于蛋白质有 170 种，相似度矩阵有行标题和列标题，列标题是“相似度”和所有蛋白质的 ID，每行的标题是一个蛋白质的 ID，相似度值初始化为 0.0。所以这个嵌套列表有 171 行、171 列。第二，在结果列表 lstResult 中添加第一行（即标题行）及其他行。第三，根据列表 lstC 计算两个蛋白质的相似度值在相似度矩阵中的行列号，将列表 lstA 中的相似度信息填入列表 lstResult 中对应的元素中。

（4）第 30～39 行代码中，将列表 lstResult 中的内容写入文件中，同时在屏幕上输出。

例 6.14 校园植物信息管理系统。

校园里生长着丰富多样的植物，植物分类等级按大小从属关系的顺序为界、门、纲、目、科、属、种。校园植物信息表中存储植物名称、门、纲和地点。编程实现一个校园植物信息管理系统，包括以下功能。

（1）查询校园里所有植物的名称。

（2）查询某种植物所属的门和纲。

（3）查询某种植物在校园内的生长地点。

（4）查询某个门下所有的植物信息。

（5）查询某个纲下所有的植物信息。

（6）查询某个地点所有的植物信息。

其中，校园植物的所有信息记录在“校园植物信息表.txt”文件中，其内容如图 6-7 所示。

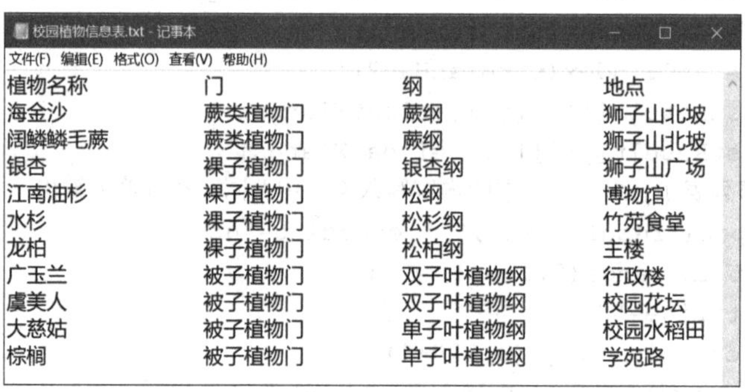

校园植物信息表.txt - 记事本

文件(F) 编辑(E) 格式(O) 查看(V) 帮助(H)

植物名称	门	纲	地点
海金沙	蕨类植物门	蕨纲	狮子山北坡
阔鳞鳞毛蕨	蕨类植物门	蕨纲	狮子山北坡
银杏	裸子植物门	银杏纲	狮子山广场
江南油杉	裸子植物门	松纲	博物馆
水杉	裸子植物门	松杉纲	竹苑食堂
龙柏	裸子植物门	松柏纲	主楼
广玉兰	被子植物门	双子叶植物纲	行政楼
虞美人	被子植物门	双子叶植物纲	校园花坛
大慈姑	被子植物门	单子叶植物纲	校园水稻田
棕榈	被子植物门	单子叶植物纲	学苑路

图 6-7 “校园植物信息表.txt”文件内容

分析：

这是一个具有 6 个功能的小系统，因此需要设计菜单，设计 6 个函数分别实现这 6 个功能，需在主函数中输出菜单，并根据用户选择的菜单功能去调用对应的函数。

源程序：

```
#从文件中读入植物的信息
fr=open("校园植物信息表.txt","r", encoding="utf-8")
Lines=fr.readlines()
```

```
lstPlant=[]
for aLine in Lines:
    strLstLine=aLine.strip("\n").split()
    lstPlant.append(strLstLine)
fr.close()
#1.查询校园里所有植物的名称
def AllPlantName():
    print("校园里有以下植物：")
    for item in lstPlant[1:]:
        print(item[0])
    print("共有",len(lstPlant[1:]),"种植物。")
#2.查询某种植物所属的门和纲
def aPlant():
    strName=input("请输入植物名称：")
    flag=False
    for item in lstPlant[1:]:
        if item[0]==strName:
            flag=True
            print(item[0],"属于",item[1],item[2])
    if flag==False:
        print("校园中没有此类植物。")
#3.查询某种植物在校园内的生长地点
def aPlantLocation():
    strName=input("请输入植物名称:")
    flag=False
    for item in lstPlant[1:]:
        if item[0]==strName:
            flag=True
            print(item[0],"生长于",item[3])
    if flag==False:
        print("校园中没有此类植物。")
#4.查询某个门下所有的植物信息
def aMen():
    strName=input("请输入植物的门：")
    flag=False
    for item in lstPlant[1:]:
        if item[1]==strName:
            flag=True
            print(item[0],item[2],item[3])
    if flag==False:
        print("校园中没有该门类下的植物。")
#5.查询某个纲下所有的植物信息
def aGang():
    strName=input("请输入植物的纲：")
    flag=False
    for item in lstPlant[1:]:
        if item[2]==strName:
            flag=True
```

```
52             print(item[0],item[1],item[3])
53     if flag==False:
54         print("校园中没有属于该纲的植物。")
55 #6.查询某个地点所有的植物信息
56 def aPlace():
57     strName=input("请输入校园地点：")
58     flag=False
59     for item in lstPlant[1:]:
60         if item[3].find(strName)>-1:
61             flag=True
62             print(item[0],item[1],item[2],item[3])
63     if flag==False:
64         print("校园中该地点没有植物。")
65 #输出菜单
66 def displaymenu():
67     print("=========欢迎使用校园植物管理系统=========")
68     print("      1.查询校园里所有植物的名称")
69     print("      2.查询某种植物所属的门和纲")
70     print("      3.查询某种植物在校园内的生长地点")
71     print("      4.查询某个门下所有的植物信息")
72     print("      5.查询某个纲下所有的植物信息")
73     print("      6.查询某个地点所有的植物信息")
74     print("请输入功能序号:")
75 #主函数
76 def main():
77     while True:
78         displaymenu()
79         n=int(input())
80         if n==1:
81             AllPlantName()
82         if n==2:
83             aPlant()
84         if n==3:
85             aPlantLocation()
86         if n==4:
87             aMen()
88         if n==5:
89             aGang()
90         if n==6:
91             aPlace()
92         choice=input("输入q退出,按任意键继续......):")
93         if choice in ("q","Q"):
94             break
95 #调用主函数
96 main()
```

代码分析：

（1）第 1~8 行代码中，以只读模式打开 “校园植物信息表.txt”文件，按行读入文件内容，并将其存入字符串列表 Lines 中。根据文件内容可知，Lines 中的每个元素都是一个字符串，内容是一种植物的信息（包含植物名称、门、纲、地点）。因此，遍历字符串列表 Lines 中的每个元素（即字符串），把每个字符串使用 split()函数转换为字符串列表，并将其作为一个元素添加到嵌套列表 lstPlant 中。

（2）第 9～14 行代码中，设计函数 AllPlantName()输出校园里所有植物的名称。

（3）第 15～24 行代码中，设计函数 aPlant()查询某种植物所属的门和纲。先提示用户输入植物名称，遍历列表 lstPlant，比较列表 lstPlant 的每个元素（一维列表）中存储植物名称的 0 号元素与用户输入的名称是否相等。如果相等，则输出当前元素（一维列表）的 1 号和 2 号元素（分别存储门和纲）。如果遍历完列表 lstPlant 的每个元素后都没有与之相同的植物名称，则输出“校园中没有此类植物。”。

（4）第 25～34 行代码中，设计函数 aPlantLocation()查询某种植物在校园内的生长地点。先提示用户输入植物名称，遍历列表 lstPlant，比较列表 lstPlant 的每个元素（一维列表）中存储植物名称的 0 号元素与用户输入的名称是否相等。如果相等，则输出当前元素（一维列表）的 3 号元素（存储地点）。如果遍历完列表 lstPlant 的每个元素后都没有与之相同的植物名称，则输出“校园中没有此类植物。”。

（5）第 35～44 行代码中，设计函数 aMen()查询某个门下所有的植物信息。先提示用户输入植物的门，遍历列表 lstPlant，比较列表 lstPlant 的每个元素（一维列表）中存储植物门的 1 号元素与用户输入的门是否相等。如果相等，则输出植物名称、纲和地点信息。如果遍历完列表 lstPlant 的每个元素后都没有与之相同的门，则输出“校园中没有该门类下的植物。”。

（6）第 45～54 行代码中，设计函数 aGang()查询某个纲下所有的植物信息。先提示用户输入植物的纲，遍历列表 lstPlant，比较列表 lstPlant 的每个元素（一维列表）中存储植物纲的 2 号元素与用户输入的纲是否相等。如果相等，则输出植物名称、门和地点信息。如果遍历完列表 lstPlant 的每个元素后都没有与之相同的纲，则输出“校园中没有属于该纲的植物。”。

（7）第 55～64 行代码中，设计函数 aPlace()查询生长在校园中的某个地点所有的植物信息。先提示用户输入地点，遍历列表 lstPlant，比较列表 lstPlant 的每个元素（一维列表）中存储地点的 3 号元素与用户输入的地点是否相等。如果相等，则输出植物名称、门、纲和地点信息。如果遍历完列表 lstPlant 的每个元素后都没有与之相同的地点，则输出“校园中该地点没有植物。”。

（8）第 65～74 行代码中，设计函数 displaymenu ()输出菜单。

（9）第 75～94 行代码中，设计主函数 main()实现与用户的交互。

（10）第 95、96 行代码中，调用主函数。

6.4　二进制文件的读写操作

二进制文件不能使用记事本或其他文本编辑软件进行读写，无法通过 Python 的文件对象直接读取和理解二进制文件的内容。在 Python 中，可以通过序列化完成二进制文件的读与写。序列化是把内存中的数据在不丢失其类型信息的情况下转换成对象二进制形式的过程，对象序列化后的形式经反序列化后能恢复为原来对象。常用的序列化模块有 pickle、struct 等。

6.4.1 使用 pickle 模块读写二进制文件

pickle 模块的常用方法有 dump(n,f)和 load(f)。

1. dump(n,f)方法

该方法将数据 n 写入文件对象 f 中。第一个写入文件的数据必须是即将写入的批量数据的个数。

2. load(f)方法

该方法从文件对象中读一个数据并返回。第一个从文件中读入的数据就是即将要读的批量数据的个数。

例 6.15 使用 pickle 模块读写二进制文件。

源程序：

```
import pickle
x=13000000
y=99.056
s="人民英雄 123abc"
mylist=[[11, 22, 33], [45, 56, 67], [67, 58, 19]]
mytuple=(-15, 10, 338)
myset={4, 5, 6}
mydict={"dog":"狗", "lion":"狮子", "tiger":"老虎"}
data=[x,y,s,mylist,mytuple,myset,mydict]
#以二进制方式将数据写入文件
with open("sample_pickle.dat", "wb") as f:
    pickle.dump(len(data),f)
    for x in data:
        pickle.dump(x,f)
#以二进制方式从文件中读入数据
with open("sample_pickle.dat", "rb") as f:
    n=pickle.load(f)
    for i in range(n):
        x=pickle.load(f)
        print(x)
```

程序结果：

```
13000000
99.056
人民英雄 123abc
[[11, 22, 33], [45, 56, 67], [67, 58, 19]]
(-15, 10, 338)
{4, 5, 6}
{'dog': '狗', 'lion': '狮子', 'tiger': '老虎'}
```

代码分析：

（1）打开二进制文件时，在 open()函数的文件模式参数中必须包含 b。读二进制文件时使用 rb，写二进制文件时使用 wb。关于文件的打开模式具体见表 6-1。

（2）第 2～9 行代码中，产生了几个不同类型的对象，并将这些对象存放在一个列表 data 中。

（3）第 11～14 行代码中，以二进制写模式打开文件，先写入数据的个数，再逐个写入列表中的每个元素。

（4）第 16～20 行代码中，以二进制读模式打开文件，先读入数据的个数，再逐个读入数据。

6.4.2　使用 struct 模块读写二进制文件

Python 中的 struct 模块主要用来处理 C 结构数据，读入时先转换为 Python 的字符串类型，再转换为 Python 的结构化类型，一般输入的渠道来源于文件或网络的二进制流。struct 模块按指定格式序列化，常用的方法有如下两种。

1. pack(fmt, v1, v2, …)方法

该方法按照给定的格式把数据封装成字符串，又称打包。具体为：将 v1、v2 等参数的值进行一层包装，包装的方法由 fmt 指定；被包装的参数必须严格符合 fmt；最后返回一个包装后的字节串。

2. unpack(fmt, string)方法

该方法实现解包，即按照 fmt 指定的格式解析字符串 string，返回一个元组，每个元素即为解析出来的各种类型的数据，且即使仅有一个数据也会被解包成元组。

格式字符串（format string）由一个或多个格式字符（format characters）组成，格式字符的描述如表 6-3 所示。

表 6-3　格式字符的描述

格式字符	C 类型	Python 类型	占用字节数
c	char	string of length 1	1
h	short	integer	2
i	int	integer	4
I	long	integer	4
q	long long	integer	8
f	float	integer	4
D	double	integer	8
?	bool	bool	1

例 6.16　使用 struct 模块读写二进制文件。

源程序：

```
import struct
n=9860000
x=8848.88
tag=True
str1="中华"
```

```
6   #把不同类型的数据打包为一个字符串，并写入文件
7   sn=struct.pack("if?", n, x, tag)
8   with open("sample_struct.dat", "wb") as f:
9       f.write(sn)                        #写入字符串
10  f.write(str1.encode())                 #字符串可直接写入
11  #从文件中读入字符串，并将其解包为一个元组
12  with open("sample_struct.dat", "rb") as f:
13      sn=f.read(9)
14      mytuple=struct.unpack("if?", sn)
15      n,x,tag=mytuple
16      print("n=", n,"x=", x,"tag=", tag)
17      s=f.read(9)
18  print("s=", s.decode("utf-8"))
```

程序结果：

```
n= 9860000 x= 8848.8798828125 tag= True
s= 中华
```

代码分析：

（1）第 7 行代码中，将整数 n、浮点数 x、布尔对象 tag 按指定的格式字符打包。格式字符中“i”对应整型，“f”对应浮点型，“?”对应布尔型。整型占 4 字节，浮点型占 4 字节，布尔型占 1 字节，共计 9 字节。

（2）第 13、14 行代码中，从字符串 sn 中按指定的格式字符串还原出 1 个整数、1 个浮点数和 1 个布尔值，并返回元组。

6.5　os 模块的使用

在实际应用中，除了访问文件的内容外，还需要进行文件级和目录级的操作，如文件删除、文件重命名、路径查询等。Python 中的 os 模块和 os.path 模块提供了相应的方法，如表 6-4 和表 6-5 所示。

表 6-4　os 模块的常用方法

方法	描述
name	返回当前系统的类型，Windows 返回 nt，Linux 返回 posix
sep	返回当前操作系统所使用的目录分隔符
extsep	返回操作系统所使用的文件扩展名分隔符
getcwd()	返回一个字符串，内容是当前工作目录的绝对路径
listdir(path)	返回一个字符串列表，内容为指定路径 path 下所有的文件名和目录名（不包含子目录）
get_exec_path()	返回一个字符串列表，内容为可执行文件的搜索路径，即系统变量 PATH 的内容
chdir(path)	把 path 指定的路径（相对路径或绝对路径）设为当前工作目录
walk(top,topdown=True)	遍历目录树，该方法会返回一个 generator 对象，与列表对象类似。每个元素都是一个元组，每个元组包括 3 个元素：绝对路径名、所有子目录列表与文件列表。top 指定了需要遍历的目录的路径，topdown 可选，值为 True 时，优先遍历 top 目录，否则优先遍历 top 的子目录
mkdir(path)	在当前工作目录下创建以 path 为名的子目录

续表

方法	描述
makedirs(path1/path2…)	在当前工作目录下创建多级目录
rmdir(path)	删除当前工作目录下的以 path 为名的子目录
removedirs(pathl/path2…)	删除当前工作目录下的多级目录
remove(filename)	删除 filename 指定的文件

表 6-5　os.path 模块的常用方法

方法	描述
abspath(filename)	返回一个字符串，值为 filename 的绝对路径，即当前工作目录的绝对路径与 filename 字符串相连接
dirname(filename)	返回一个字符串，值为 filename 字符串中的路径部分
exists(filename)	返回文件是否存在
getatime(filename)	返回文件的最后访问时间
getctime(filename)	返回文件的创建时间
getmtime(filename)	返回文件的最后修改时间
getsize(filename)	返回文件的大小，如果是目录，则返回 0
isabs(path)	返回 path 是否为绝对路径
isdir(path)	如果 path 是目录且存在，则返回 True
isfile(filename)	如果 filename 是文件且存在，则返回 True
join(path,*paths)	连接两个或多个 path
split(path)	返回一个元组，其中有两个元素。以 path 字符串中最右边的目录分隔符为基准，将 path 字符串分为两个字符串
splitext(filename)	返回一个字符串，值为 filename 字符串中的扩展名
splitdrive(path)	返回一个字符串，值为 path 字符串中驱动器的名称

例 6.17　创建目录，在 D 盘中创建一个名为“音乐”的文件夹。

源程序：

```
import os
print(os.getcwd())          #观察当前目录
os.chdir("D:\\")            #改变当前目录
print(os.getcwd())          #观察当前目录
os.mkdir("音乐")            #创建子目录
```

代码分析：

目录可以理解为文件夹。目录是 DOS 中的术语，文件夹是 Windows 操作系统中的术语。

例 6.18　歌手名与歌曲名查询。

从网上下载一些歌曲文件并存放在“D:\音乐”文件夹中，文件名包含歌手名和歌曲名信息，文件名格式为“歌手名-歌曲名.mp3”。编写程序列出所有歌手，并根据歌手的编号查询该歌手的所有歌曲名。

分析：

根据本例要求进行分析，只有建立了存储歌手名及其歌曲名的字典结构才能比较方便地根据歌手名信息查询对应的歌曲名。那么如何建立这样的字典呢？使用 os.listdir()方法可以获取文件夹中的所有文件名。根据描述，文件名包含歌手名和歌曲名信息，所以使用字符串的 split()方法可以将每个文件名中的歌手名和歌曲名分离开，并将其分别存储在两个变量中。以歌手名为键、该歌手名所有的歌曲名为值（列表类型）建立字典。

源程序：

```
1  import os
2  os.chdir("D:\\音乐")      #改变当前目录
3  mydict={}
4  lstFilenames=os.listdir()
5  for strFilename in lstFilenames:
6      strTemp=strFilename[:-4]
7      singer,song=strTemp.split("-")
8      if singer in mydict:
9          mydict[singer].append(song)
10     else:
11         mydict[singer]=[song]
12 i=0
13 for item in mydict.keys():
14     i=i+1
15     print(i,item)
16 n=int(input("请输入歌手的编号"))
17 singer=list(mydict.keys())[n-1]
18 for item in mydict[singer]:
19     print(item)
```

代码分析：

（1）第 2～4 行代码中，遍历文件夹“D:\音乐”，将文件名存入列表 lstFilenames 中。

（2）第 5～11 行代码中，遍历文件名列表 lstFilenames，将每个文件名中的歌手名与歌曲名分离出来，以歌手名为键建立字典，对应的值为一个一维列表，这个歌手的每个歌曲名即为此列表中的一个元素。

（3）第 12～15 行代码中，输出所有的歌手名（字典的键），并在每个歌手名的左边输出编号。

（4）第 16、17 行代码中，获取键盘输入的歌手编号，根据编号在字典的键中找到歌手名。

（5）第 18、19 行代码中，查询并输出该歌手名对应的所有歌曲名，即输出字典中以该歌手名为键时对应的值（列表类型）的每一个元素。

例 6.19 文件的复制与移动。

编写程序将 D 盘中的某个文件复制或移动到“E:\music”文件夹中。

分析：

在 Windows 操作系统中，通常用鼠标与键盘操作相结合的方式实现文件的复制与移动。本例演示如何编写程序实现一个文件的复制与移动。移动文件时，先判断源文件是否存在。如果源文件不存在，则输出错误提示。如果源文件存在，则判断目标文件夹是否存在：如果存在，则调用 shutil 模块的.move()方法完成文件的移动；如果不存在，则先创建文件夹，再进行移动操作。os 模块与 os.path 模块的方法可以实现文件夹的创建以及判断文件和文件夹是否存在。

源程序：

```
1  import os,shutil
2  #移动文件
3  def mymovefile(srcfile,dstfile):
4      if not os.path.isfile(srcfile):
5          print(f"{srcfile} 不存在！")
6      else:
7          fpath,fname=os.path.split(dstfile)          #分离文件名和路径
8          if not os.path.exists(fpath):
9              os.makedirs(fpath)                      #创建路径
10         shutil.move(srcfile,dstfile)                #移动文件
11         print(f"移动 {srcfile} -> {dstfile}")
12 #复制文件
13 def mycopyfile(srcfile,dstfile):
14     if not os.path.isfile(srcfile):
15         print(f"{} 不存在！",srcfile)
16     else:
17         fpath,fname=os.path.split(dstfile)          #分离文件名和路径
18         if not os.path.exists(fpath):
19             os.makedirs(fpath)                      #创建路径
20         shutil.copyfile(srcfile,dstfile)            #复制文件
21         print(f"复制 {srcfile} -> {dstfile}")
22 #主程序
23 srcfile="D:\\音乐\\薛之谦-动物世界.mp3"
24 dstfile="E:\\music\\薛之谦-动物世界.mp3"
25 mymovefile(srcfile,dstfile)
26 srcfile="D:\\音乐\\薛之谦-像风一样.mp3"
27 dstfile="E:\\music\\薛之谦-像风一样.mp3"
28 mycopyfile(srcfile,dstfile)
```

代码分析：

（1）运行程序之前，需要在“D:\音乐”下存放两个文件，即“薛之谦-动物世界.mp3”和“薛之谦-像风一样.mp3”。当然，也可以其他文件为例。此时，需要修改第 23～27 行代码中对应的文件名。

（2）本例中导入了两个模块：os 与 shutil。os 模块与 os.path 模块用于实现目录的搜索与创建等，shutil 模块具体实现文件的复制与移动。Python 的 shutil 模块功能比较丰富，主要实现高级的文件、文件夹、压缩包处理等功能。

6.6　JSON 文件

6.6.1　JSON 概述

JavaScript 对象简谱（JavaScript object notation，JSON）是一种轻量级的数据交换格式，采用完全独立于编程语言的文本格式来存储和表示数据。它的使用范围很广，在多种编程语

言中被用于前后端之间的数据传输、存储和交换数据。JSON 文件是文本文件，具有层级结构，易于阅读和编写。JSON 文件通常以.json 作为扩展名，如 data.json。

1. JSON 文件常见应用场景

配置文件：存储应用程序或系统的配置信息。
数据交换：在不同系统之间传递数据，如传递 Web 服务返回的数据。
数据存储：保存或导出数据，如日志文件、用户设置、游戏数据等。

2. JSON 文件的优势

简洁易读：JSON 的语法比较简洁，易于阅读和编写。
解析速度快：JSON 的解析速度通常比其他数据格式更快。
兼容性好：JSON 和 JavaScript 的兼容性非常好，因为它们共享着相同的语法和数据结构。

6.6.2 JSON 文件的格式

JSON 文件的数据由键值对组成，键和值之间使用冒号“:”分隔，键值对之间使用逗号“,”分隔。值可以是字符串、数字、布尔值、null、数组或对象等类型。

JSON 支持以下数据类型。
字符串（string）：使用双引号括起来的文本。
数字（number）：整数或浮点数。
布尔值（bool）：True 或 False。
数组（array）：有序的值的列表。
对象（object）：无序的键值对集合。
null：表示空值。
下面是一个完整的 JSON 数据示例。

```
{
  "name": "Zhou Hua",
  "age": 21,
  "isMale": true,
  "hobbies": ["drawing", "music", "traveling"],
  "address": {
    "city": "Wuhan",
    "postCode": "430070"
  },
  "email": null
}
```

6.6.3 JSON 文件的读写

Python 3.×中可以使用 json 模块来对 JSON 数据进行编码和解码，数据的编码和解码分别由 json.dump()函数和 json.load()函数实现。

1. 读 JSON 文件

例 6.20　读取 JSON 文件。

现有“address.json”文件，内容如下。

```
{"name":"Zhou Hua", "age":21, "home":"Wuhan"}
```

源程序：

```python
import json
open('address.json','r',encoding='utf-8') as f:
    stu = json.load(f)
    print(type(stu))
    print(stu["name"])
    print(stu["age"])
    print(stu["home"])
f.close()
```

程序结果：

```
<class 'dict'>
Zhou Hua
21
Wuhan
```

代码分析：

以只读方式打开“address.json”文件，使用 json.load()函数进行解码，完成解码后生成 Python 的字典对象。

2. 写 JSON 文件

例 6.21　写 JSON 文件。

创建一个字典，并将其写入“student.json”文件中。

```python
import json
dicts = {}
dicts["name"] = "Li Hua"
dicts["hobbies"] = ["football", "tennis", "swimming","badminton"]
open("student.json", "w", encoding="utf-8") as f:
    json.dump(dicts, f)
f.close()
```

程序结果：

生成一个“student.json”文件，文件内容如下。

```
{"name": "Li Hua", "hobbies": ["football", "tennis", "swimming", "badminton"]}
```

代码分析：

以写模式新建一个“student.json”文件，使用 json.dump()函数进行编码，将编码结果写入该文件中。

6.7 异常处理

6.7.1 异常概述

程序开发员在编写程序和运行程序的过程中，不可避免地会出现一些错误。Python 程序的错误通常可以分为 3 种类型：语法错误、逻辑错误和运行时错误。

1. 语法错误

Python 程序的语法错误是指其源代码中出现不符合 Python 规定的语法规则时出现的错误，如括号不匹配、系统函数名拼写错误等。这些错误导致 Python 编译器无法把 Python 源代码转换为字节码，故又称编译错误。当程序中包含语法错误时，编译器将提示语法错误的相关信息。通过分析编译器触发的错误信息，仔细分析相关位置的代码，可以定位并修改。这类错误最容易被发现，修改也最为简单，一般在初步调试程序时就会发现并被程序开发员及时改正，通常不必大费周折地在程序中专门为其编写异常处理代码。语法错误在 Python 中被归类为错误（error）。

例 6.22 Python 语法错误实例。

源程序：

```
1    import math
2    r=float(input("Please input r?\n")
3    area=math.pi*r*r
4    print(area)
```

代码分析：

第 2 行代码中括号不匹配，Python 编译器将定位错误在第 2 行代码上，并提示错误信息“SyntaxError: invalid syntax”。

2. 逻辑错误

若程序没有任何语法错误，运行时也没有任何错误提示，但程序运行的结果是错误的，则说明其发生了逻辑错误。例如，在编程中写错了一个变量名、将值错误地赋给了另一个变量、计算公式有误、变量的单位不统一等。逻辑错误在程序复杂时较难发现和排查。对于逻辑错误，Python 解释器无法识别，需要程序开发员根据结果来调试及判断。

例 6.23 Python 逻辑错误实例。

源程序：

```
import math
r=float(input("Please input r?\n"))
area=math.pi*r
print(f"{area:.2f}")
```

代码分析：

程序运行后，输入“2”，结果为 6.28，但实际结果应该为 12.57。这是因为圆的面积公式中少乘了一个 r。

3. 运行时错误

有些情况下，程序在语法上和逻辑上都没有错误，而在运行时有时正常，有时出错。这种情况很可能是程序存在运行时错误。运行时错误在其他事件发生时或某种条件下才会发生，有时甚至是不可避免的。例如，除数为 0、用户的非法输入导致表达式运算类型错误、下标越界、网络异常、类型错误、名称错误、字典键错误、磁盘空间不足或要打开并读取数据的文件不存在等。这类错误在 Python 中被归类为异常（exception），异常处理主要针对这种错误。Python 中的内置异常类型如表 6-6 所示。

表 6-6　Python 中的内置异常类型

异常	错误原因
AssertionError	当 assert 语句失败时触发
AttributeError	当属性赋值或引用失败时触发
EOFError	当 input()函数到达文件末尾时触发
FloatingPointError	当一个浮点数操作失败时触发
GeneratorExit	当调用一个生成器的 close()方法时触发
ImportError	当导入的模块不存在时触发
IndexError	当一个序列的索引超出范围，或索引不存在时触发
KeyError	当一个键在字典中不存在时触发
KeyboardInterrupt	当用户按 Ctrl+O 键时触发
MemoryError	当一个操作导致内存不足时触发
NameError	当一个变量在本地及全局空间都没找到时触发
NotImplementedError	由抽象方法触发
OSError	当系统操作导致系统相关错误时触发
ReferenceError	当弱引用尝试访问已经被垃圾回收的对象时触发
RuntimeError	当错误不属于其他任何类型时触发
SyntaxError	当语法解析错误时触发
IndentationError	当代码缩进不正确时触发
TabError	当缩进混合了不一致的制表符和空格时触发
SystemError	当一个内部错误发生时触发
SystemExit	由 sys.exit()触发
TypeError	当一个函数或操作接收了错误类型的对象时触发
UnboundLocalError	当访问一个函数或方法中的本地变量，但尚未初始化而没有值时触发
UnicodeError	当一个 Unicode 相关的编码或解码错误发生时触发
UnicodeEncodeError	编码过程中，当一个 Unicode 相关的错误发生时触发
UnicodeTranslateError	转换过程中，当一个 Unicode 相关的错误发生时触发
ValueError	当向一个函数传递参数，类型正确但值不正确时触发
ZeroDivisionError	当一个数字除以 0 时触发

例 6.24　Python 运行时错误实例。

源程序：

```
import math
r=float(input("Please input r?\n"))
area=math.pi*r*r
print(f"{area:.2f}")
```

代码分析：

程序运行后，如果输入数值，则可以得到正确的输出结果。如果输入“a”，则会出现错误提示信息“ValueError: could not convert string to float: "a"”。

当程序出现语法错误、逻辑错误或运行时错误时，通常会在运行窗口中显示一些非常专业的英文错误信息，告知错误的名称和发生的原因，以及发生错误的程序行。对于程序开发员来说，系统给出的这些专业化的错误信息是非常有用的。它可以帮助程序开发员快速定位错误的位置，分析错误的根本原因并改正错误。但是，对于程序使用者来说，这样的错误提示不仅对使用程序、解决问题没有任何帮助，还导致用户体验极为糟糕。因此，一名优秀的程序开发员通常要使用一种特殊的手段，在程序中设法捕获那些运行时可能发生的错误（异常），并使用易于最终用户理解的简单、通俗、面向应用功能的语言非常友好地告知用户发生了什么情况，从而有利于用户分析错误发生的原因并做出正确的决策，对异常进行相应的处理，防止程序崩溃，提高程序的健壮性。这种特殊的手段就是异常处理机制。

绝大多数程序设计语言向程序开发员提供了丰富的异常处理功能。Python采用结构化的异常处理机制捕获和处理异常。

6.7.2 使用try…except处理异常

try…except是异常处理结构中最常见、最基本的结构之一。该结构有以下两种语法格式。

语法格式1：

```
try:
    try 语句块
except:
    异常处理语句块
```

语法格式2：

```
try:
    try 语句块
except 异常类型 [as 异常对象]:
    异常处理语句块
```

说明：

（1）语法格式1适用于捕获所有异常并对所有异常做同样处理的情况，语法格式2适用于程序开发员对程序可能产生的异常非常明确，仅需对某种异常做出特别处理的情况。

（2）try语句块包含所有可能触发异常并且需要监控的语句块，该子句中的语句只要发生异常，就会自动将该异常抛出，并让其下方的except子句捕捉。except子句通过指定的异常名称，匹配捕捉和处理try子句所抛出的异常。所以，except子句中的语句块就是进行相应的异常处理的程序代码。

（3）try…except结构是复合语句，try和except所在行行末的冒号必不可少，并且try语句块和except语句块采用缩进书写规则。

（4）except 子句可以在异常类名称后面指定一个变量，用于捕获异常的参数或更详细的信息。“as 异常对象”语句可以省略。此处的异常对象是一个自定义的对象名（通常用 e 表示）。

（5）该结构的执行流程如下：执行 try 语句块，如果 try 中的语句块没有出现异常，则跳出异常处理结构继续向下执行异常处理结构后面的语句。如果出现异常并且被 except 子句捕获，则执行 except 子句中的异常处理语句；如果出现异常但没有被 except 子句捕获，则继续向外层触发；如果所有层都没有捕获并处理该异常，则程序终止并将该异常抛给最终用户。

例 6.25 try…except 实例 1。

源程序：

```
1  import math
2  try:
3      r=float(input("Please input r?\n"))
4      area=math.pi*r*r
5      print(area)
6  except:
7      print("发生异常!")
```

代码分析：

第 3～5 行代码是可能发生异常，需要捕获异常的语句块。如果该语句块在执行的过程中发生任何异常，则执行 except 子句的语句块，即第 6、7 行代码；如果没有发生异常，则不执行 except 子句。try…except 结构的控制流程与 if…else 结构类似。

例 6.26 try…except 实例 2。

源程序：

```
1  import math
2  try:
3      r=float(input("Please input r?\n"))
4      area=math.pi*r*r
5      print(area)
6  except ValueError:
7      print("请输入数字！")
```

代码分析：

第 3～5 行代码是可能发生异常并需要捕获异常的语句块。与例 6.25 不同的是，本例中的 except 语句中指定了要捕获的异常类型，执行流程如下：如果该语句块在执行的过程中触发 ValueError 类型的异常（如输入“a”），则执行 except 子句的语句块，即第 7 行代码；如果触发异常但触发的不是 ValueError 类型的异常，则不进行异常处理，系统的异常处理机制会做出默认处理——输出相关的英文出错信息；如果没有触发异常，则不执行 except 子句。

如果希望输出更详细的错误信息，则需要使用 as 语句。

例 6.27 try…except 实例 3。

源程序：

```
import math
try:
    r=float(input("Please input r?\n"))
    area=math.pi*r*r
    print(area)
except ValueError as e:
    print("请输入数字！",e)
```

代码分析：

如果输入“a”，则程序的运行结果为“请输入数字！ could not convert string to float: "a"”。通过 e 参数可以输出更具体的错误信息。当然，这种专业性强的英文错误提示信息不适用于最终的程序使用者。

如果需要捕获所有类型的异常，则可以使用 BaseException，即 Python 异常类的基类。其语法格式如下：

```
try:
    try 语句块
except BaseException as e:
    异常处理语句块
```

例 6.28 try…except 实例 4。

源程序：

```
try:
    x=int(input("请输入 x:"))
    y=int(input("请输入 y:"))
    z=x/y
except BaseException  as e:
    print("出现异常",e)
```

代码分析：

（1）当提示“请输入 x:”时，如果从键盘输入“a”，则触发 ValueError 异常并被捕获，屏幕输出结果：“出现异常 invalid literal for int() with base 10: "a"”。

（2）当提示“请输入 y:”时，如果从键盘输入“0”，则触发 ZeroDivisionError 异常并被捕获，屏幕输出结果：“出现异常 division by zero”。

以上结构可以捕获所有异常，尽管这样做很安全，但是一般并不建议这样做。对于异常处理结构，一般建议尽量显式捕获可能出现的异常，并且有针对性地编写代码进行处理。这是因为在实际应用开发中很难使用同一段代码处理所有类型的异常。

6.7.3 使用 try…except…except 处理异常

在程序开发中，同一段代码可能会触发多个异常，需要针对不同的异常类型进行相应的特殊处理。为了支持多个异常的捕获和处理，Python 提供了 try…except…except 的异常处理结构，类似于多分支结构。

语法格式：

```
try:
```

```
    try 语句块
except 异常类型 1 [as 异常对象]:
    异常处理语句块 1
except 异常类型 2 [as 异常对象]:
    异常处理语句块 2
except:
    其他异常处理语句块
```

例 6.29　try…except…except 实例。

源程序：

```
1  try:
2      x=int(input("请输入 x:"))
3      y=int(input("请输入 y:"))
4      z=x/y
5  except ZeroDivisionError as e:
6      print("除数为 0!",e)
7  except ValueError as e:
8      print("请输入数字！",e)
9  except:
10     print("发生异常!")
```

代码分析：

第 5～10 行代码为异常处理语句。如果 try 中的代码触发异常，则从上到下依次判断异常类型，一旦符合某个 except 子句中指定的异常类型，就会被该子句捕获并执行相应的异常处理代码，此时后续的 except 子句将不会再执行。也就是说，执行该 except 子句的异常处理代码后会跳出 try…except 结构，即执行第 10 行以后的代码。

6.7.4　使用 try…except…else 处理异常

另一种常用的异常处理结构是 try…except…else。带 else 子句的异常处理结构也是一种特殊形式的分支结构。因此，当程序中不仅需要对可能出现的异常进行特别处理，还要对没有出现任何异常的情况单独编写处理代码时，可以选择此结构。

语法格式：

```
try:
    try 语句块
except 异常类型 1 [as 异常对象]:
    异常处理语句块 1
except 异常类型 2 [as 异常对象]:
    异常处理语句块 2
except:
    其他异常处理语句块
else:
    没有出现异常时应该执行的语句块
```

在该结构中，如果 try 语句中的代码触发异常，并且被某个 except 语句捕获，则执行相应的异常处理代码，这种情况下不会执行 else 语句中的代码；如果 try 语句中的代码没有触发任何异常，则执行 else 语句中的代码。

例 6.30 try…except…else 实例 1。

源程序：

```
1 try:
2     fh = open("test.txt", "r+")
3     fh.write("中华民族伟大复兴!")
4 except IOError:
5     print("错误:没有找到文件或读取文件失败")
6 else:
7     print("内容写入文件成功")
8     fh.close()
```

代码分析：

如果当前文件夹下没有“test.txt”文件，则触发 IOError 异常。第 4 行代码用于捕获此异常并进行异常处理，即输出“错误：没有找到文件或读取文件失败”。如果没有触发异常，则执行 else 语句中的代码，输出“内容写入文件成功”并正常关闭文件及释放资源。

在实际应用中，为了确保程序一定能够获取正确的输入，往往采用 while 结构嵌套 try…except…else 结构实现。

例 6.31 try…except…else 实例 2。

源程序：

```
1  while True:
2      try:
3          x=int(input("请输入 x:"))
4          y=int(input("请输入 y:"))
5          z=x/y
6      except ZeroDivisionError as e:
7          print("除数为0!",e)
8      except ValueError as e:
9          print("无效输入，数据类型错误!", e)
10     except:
11         print("发生异常!")
12     else:
13         print("输入正确! ")
14         break
```

代码分析：

第 6～14 行代码为异常处理语句。如果 try 中的代码触发异常，则从上到下依次判断异常类型，一旦符合某个 except 子句中指定的异常类型，就会被该子句捕获并执行相应的异常处理代码，此时后面剩余的 except 子句将不会再执行。也就是说，执行该 except 子句的异常处理代码后就跳出 try…except…else 结构，即执行第 14 行以后的代码；如果没有触发任何异常，则执行第 12、13 行代码。

6.7.5 使用 try…except…finally 处理异常

最后一种常用的异常处理结构是 try…except…finally。在此结构中，无论是否发生异常，

finally 子句中的语句块都会执行，一般用来做一些清理工作，以释放 try 子句中申请的资源。

语法格式：

```
try:
    try 语句块
except 异常类型 1 [as 异常对象]:
    异常处理语句块 1
except 异常类型 2 [as 异常对象]:
    异常处理语句块 2
except:
    其他异常处理语句块
else:
    没有出现异常时应该执行的语句块
finally:
    无论有没有出现异常都会执行的语句块
```

例 6.32 try…except…finally 实例。

“numbers.txt”文件中是一组以空格为分隔符的正整数，以下程序的功能如下：从文件中读入每个数并计算其平方根。

源程序：

```
1   import math
2   try:
3       f = open("numbers.txt", "r")
4       lstNum=f.read().split()
5       for x in lstNum:
6           print(math.sqrt(int(x)))
7   except IOError:
8       print("错误:没有找到文件或读取文件失败!")
9   except ValueError:
10      print("错误:出现负数或字符")
11  else:
12      print("内容写入文件成功!")
13      f.close()
14  finally:
15      print("谢谢使用本系统!")
```

代码分析：

（1）如果当前文件夹下没有“numbers.txt”文件，则触发 IOError 异常，第 7 行代码用于捕获此异常及进行异常处理，输出“错误：没有找到文件或读取文件失败！”，并执行 finally 语句及其子语句块。

（2）如果“numbers.txt”文件中存在负数或字符，则触发 ValueError 异常，第 9 行代码用于捕获此异常及进行异常处理，输出“错误：出现负数或字符”，并执行 finally 语句及其子语句块。

（3）如果没有触发异常，则执行 else 子句，输出“内容写入文件成功！”并正常关闭文件及释放资源，同样会执行 finally 语句及其子语句块。

由此可知，编程不是一蹴而就的，编程的过程中很大一部分工作是测试、找出缺陷、修改、再测试，循环往复，不断升级，不断提高。在实际开发过程中，异常处理也是程序中不可缺少的一部分，使用异常处理机制可以让程序具有更好的健壮性。

通常而言，自用的一些小工具可以少使用一些异常处理机制，以节约编程时间；而提供给其他用户使用的程序必须具备足够的健壮性。在编写与网络相关的应用时，必须考虑由于网络状态的随机性和不稳定性引发出的很多异常。因此，即使是自用的小工具，也必须使用异常处理机制。

本 章 小 结

本章主要介绍了 Python 中文件的读写操作和异常处理机制。其中，文件的读写操作部分结合实例详细介绍了文本文件的读写方法及其应用、二进制文件的读写方法及其应用，以及 JSON 文件的读写方法及其应用；异常处理机制部分主要介绍了 try…except、try…except…except、try…except…else、try…except…finally 这 4 种异常处理结构及其执行流程。

实 践 篇

第 7 章　数据处理与可视化

学习目标

（1）掌握 pandas 库的应用方法。
（2）掌握 numpy 库的应用方法。
（3）掌握 matplotlib 库的应用方法。
（4）掌握 Python 中科学计算的综合运用方法。

一般的计算工具难以满足现代科学、工程等处理复杂数据的需求，科学计算则利用计算机来解决大量较为复杂的数学计算问题。

Python 提供了各种扩展计算库来帮助程序开发员解决复杂数据的计算问题。本章将介绍 pandas（数据处理和数据分析）库、numpy（数学计算基础）库、matplotlib（绘图）库的相关知识。

7.1　pandas 库

7.1.1　pandas 库概述

pandas 库是一个用于数据操作和分析的强大的开源 Python 库。它提供了高效的数据结构和操作工具，特别适用于关系型或标记数据。

1. pandas 库的安装

（1）运行“cmd”命令，打开命令窗口。
（2）使用“pip”命令进行 pandas 库的安装，即在命令窗口中输入“pip install pandas”。

2. pandas 提供的数据结构

pandas 库提供了两个核心的数据结构：Series 和 DataFrame。这两个数据结构是用来处理和分析数据的强大工具。

（1）Series 是一维标签数组，可以保存任何数据类型（整数、字符串、浮点数等）。它类似于 Python 的字典，因为它有一个索引，可以通过标签来访问数据。Series 的创建非常简单，可以通过列表、字典、标量值等来实现。

例 7.1　通过列表创建 Series，并访问其中的元素。

源程序：

```
import pandas as pd
#创建一个 Series
ser = pd.Series([18, 20, 19, 18], index=['Mon', 'Tues', 'Wed', 'Thur'])
```

```
#通过位置索引访问元素
print(ser[0])
#通过标签索引访问元素
print(ser['Tues'])
#通过标签范围切片访问元素
print(ser['Tues':'Thur'])
#通过布尔条件访问元素
print(ser[ser > 20])
```

程序结果：

```
18
20
Tues    20
Wed     19
Thur    18
dtype: int64
Series([], dtype: int64)
```

（2）DataFrame 是一个二维表数据结构，类似于 Excel 表或 SQL 数据库表。它由多个 Series 组成，每个 Series 代表一列。DataFrame 可以通过多种方式创建，包括字典列表、字典的字典、二维数组、Series 的字典等。DataFrame 提供了丰富的功能来对数据进行操作、筛选和分析。

例 7.2 通过字典创建 DataFrame，并访问其中的元素。

源程序：

```
1   import pandas as pd
2   #创建一个 DataFrame
3   df = pd.DataFrame({
4       'name': ['Alice', 'Bob', 'Charlie'],
5       'age': [25, 30, 35],
6       'city': ['New York', 'Los Angeles', 'Chicago']
7   })
8   #通过列名访问单列数据，返回的是一个 Series
9   print(df['name'])  #输出 'name' 列
10  #通过行标签和列标签访问特定的单元格
11  print(df.loc[1, 'name'])  #输出 Bob
12  #通过位置索引访问元素
13  print(df.iloc[1, 0])  #输出 Bob（第 1 行，第 0 列）
14  #切片访问行
15  print(df.iloc[0:2])  #输出第 0 行和第 1 行的元素
16  #切片访问列
17  print(df.iloc[:, 1:3])  #输出第 1 列和第 2 列的元素
18  #通过布尔条件访问元素
19  print(df[df['age'] > 30])  #输出“年龄大于 30”的行
20  #通过传递一个列表来同时访问多个列
21  print(df[['name', 'city']])  #输出 'name' 和 'city' 两列
```

代码分析：

第 9～21 行代码展示了如何从 DataFrame 中按不同方式访问数据。

7.1.2 使用 pandas 库进行数据处理与数据分析

pandas 库中提供了多种数据分析函数和方法。

1. 数据选择和数据过滤

数据选择指的是从一个数据集（如 pandas 库的 DataFrame 或 Series）中选取特定数据。选择的标准可以是基于行、列、标签、索引位置等。数据过滤是指基于某些条件（如数值范围、类别等）从数据中筛选出符合条件的子集数据。

例 7.3 数据过滤的使用。

源程序：

```
import pandas as pd
#创建一个示例 DataFrame
data = {
    '姓名': ['Alice', 'Bob', 'Charlie', 'David', 'Eva'],
    '年龄': [25, 30, 35, 40, 45],
    '工资': [5000, 6000, 7000, 8000, 9000],
    '部门': ['HR', 'Engineering', 'Engineering', 'HR', 'Marketing']
}
df = pd.DataFrame(data)
#选择“年龄大于 30”的员工
print(df[df['年龄'] > 30])
#选择“工资大于 6000 且部门为 Engineering”的员工
Print(df[(df['工资'] > 6000) & (df['部门'] == 'Engineering')])
#选择“部门”列中属于“HR”或“Marketing”部门的员工
Print(df[df['部门'].isin(['HR', 'Marketing'])])
#选择“年龄”列中唯一的值
Print(df['年龄'].unique())
```

2. 数据变换

数据变换是数据预处理的重要部分，尤其是在处理分类数据时。常见的数据变换方法包括独热编码（one-hot encoding）、标签编码（label encoding）、频率编码（frequency encoding）、二值化（binarization）以及标准化和归一化，它们可以帮助用户将分类变量转换为机器学习模型可以理解的数值形式。

1）独热编码

独热编码是一种将分类变量转换为二进制矩阵的方式，每个类别值对应一个新的列，表示该类别是否存在。其特点是将每个类别的变量转换为一组 0 和 1。

例 7.4 使用 pd.get_dummies()进行独热编码。

源程序：

```
import pandas as pd
df = pd.DataFrame({
    'color': ['red', 'blue', 'green', 'blue', 'red']
})
df_one_hot = pd.get_dummies(df, columns=['color'])
print(df_one_hot)
```

程序结果：

```
color_blue  color_green color_red
    0           0           1
    1           0           0
    0           1           0
    1           0           0
    0           0           1
```

代码分析：

每个类别（如 red、blue、green）都对应一个新的列，表示该行是否属于该类别。其中，1 表示该行属于该类别，0 表示该行不属于该类别。

2）标签编码

标签编码将每个类别映射为一个整数值，适用于类别之间具有顺序关系的情况。例如，将"小""中""大"映射为 1、2、3。

例 7.5 使用 map()函数进行标签编码。

源程序：

```
import pandas as pd
df = pd.DataFrame({
    'size': ['small', 'medium', 'large', 'medium', 'small']
})
df['size_encoded'] = df['size'].map({'small': 0, 'medium': 1,
'large': 2})
print(df)
```

程序结果：

```
size     size_encoded
small         0
medium        1
large         2
medium        1
small         0
```

3）频率编码

频率编码是根据每个类别在数据中出现的频率来为类别分配一个值。频率越高的类别对应的值越大，常用于一些无序的类别数据。

例 7.6 使用 value_counts 函数和 map()函数进行频率编码。

源程序：

```
import pandas as pd
df = pd.DataFrame({
    'size': ['small', 'medium', 'large', 'medium', 'small']
})
#计算每个类别出现的频率
freq_encoding = df['size'].value_counts(normalize=True).to_dict()
#使用 map()函数进行编码
df['size_encoded'] = df['size'].map(freq_encoding)
print(df)
```

程序结果：

```
size    size_encoded
small       0.4
medium      0.4
large       0.2
medium      0.4
small       0.4
```

4）二值化

二值化是将连续变量转换为二元（0 或 1）变量，通常用于将某个阈值以上的数值设置为 1，将该阈值以下的数值设置为 0。

例 7.7　使用 apply()方法手动二值化。

源程序：

```
import pandas as pd
#创建一个 DataFrame
df = pd.DataFrame({
    'value': [10, 20, 30, 40, 50]
})
#设置阈值
threshold = 30
#使用条件表达式进行二值化
df['value_bin'] = df['value'].apply(lambda x: 1 if x >= threshold else 0)
print(df)
```

程序结果：

```
value    value_bin
10           0
20           0
30           1
40           1
50           1
```

5）标准化和归一化

标准化和归一化是对数值型数据进行变换，使其具有统一的尺度，这对于许多机器学习算法非常重要。

标准化：将数据转换成均值为 0、标准差为 1 的正态分布。

归一化：将数据缩放到一个特定的范围（通常是 0～1）。

例 7.8　使用 mean()、std()方法进行标准化和归一化。

源程序：

```
import pandas as pd
#创建一个 DataFrame
df = pd.DataFrame({
    'feature1': [10, 20, 30, 40, 50],
    'feature2': [100, 200, 300, 400, 500]
})
```

```
#计算均值和标准差
mean = df.mean()
std = df.std()
#标准化
df_standardized = (df - mean) / std
print('标准化',df_standardized)
#归一化
df_normalized = (df - df.min()) / (df.max() - df.min())
print('归一化',df_normalized)
```

程序结果：

```
标准化
feature1      feature2
-1.264911     -1.264911
-0.632456     -0.632456
0.000000      0.000000
0.632456      0.632456
1.264911      1.264911
归一化
feature1      feature2
0.00          0.00
0.25          0.25
0.50          0.50
0.75          0.75
1.00          1.00
```

3. 数据分组和数据聚合

在数据分析中，数据分组（grouping）和数据聚合（aggregation）是常见的操作，常用于对数据进行分类汇总，帮助用户提取统计信息。pandas 库提供了非常强大的分组和聚合功能，能够根据某些列对数据进行分组，并应用聚合函数进行汇总。

1）数据分组

pandas 库的 groupby()方法用于将数据分组，它允许用户根据一个或多个列对数据进行分组，返回一个 GroupBy 对象，并对每个组应用聚合函数或进行其他操作。

2）数据聚合

在数据分组后，通常会使用聚合函数来对每个组的数据进行处理。常见的聚合函数如下。

sum(): 求和。

mean(): 求均值。

count(): 计算非空值的数量。

min(): 计算最小值。

max(): 计算最大值。

std(): 计算标准差。

median(): 计算中位数。

apply(): 可以使用自定义函数进行聚合。

例 7.9 数据分组和数据聚合的使用。

源程序：

```
import pandas as pd
#创建一个 DataFrame
df = pd.DataFrame({
    'Department': ['HR', 'IT', 'IT', 'HR', 'IT', 'HR'],
    'Employee': ['Alice', 'Bob', 'Charlie', 'David', 'Eve', 'Frank'],
    'Salary': [50000, 60000, 70000, 55000, 75000, 52000],
    'Age': [25, 30, 35, 40, 45, 50]
})
#按 Department 列分组，并计算每个组的平均 Salary
grouped = df.groupby('Department')['Salary'].mean()
print('mean',grouped )
#按 Department 分组，并对'Salary'和'Age'列应用 mean 和 sum
grouped = df.groupby('Department').agg({
    'Salary': ['mean', 'sum'],
    'Age': ['mean', 'sum']
})
print('mean.sum',grouped )
#使用 apply() 对每个组应用自定义函数
def range_func(group):
    return group['Salary'].max() - group['Salary'].min()
grouped = df.groupby('Department').apply(range_func)
print('apply',grouped )
#按 Department 分组，并对'Salary'列计算多个统计量
grouped=df.groupby('Department')['Salary'].agg(['max','min', 'mean'])
print('agg',grouped )
#筛选薪资总和大于 150000 的部门
grouped=df.groupby('Department').filter(lambda x: x['Salary'].sum() >
150000)
print('filter',grouped )
#对每个组计算薪资与本组均值的差异
df['Salary_diff']=
df.groupby('Department')['Salary'].transform(lambda x: x - x.mean())
print('transform',df )
```

程序结果：

```
mean Department
HR    52333.333333
IT    68333.333333
Name: Salary, dtype: float64
mean.sum                    Salary               Age
                       mean    sum       mean  sum
Department
HR           52333.333333  157000  38.333333  115
IT           68333.333333  205000  36.666667  110
apply Department
HR     5000
IT    15000
```

```
dtype: int64
agg              max   min            mean
Department
HR          55000  50000  52333.333333
IT          75000  60000  68333.333333
filter  Department Employee  Salary  Age
0          HR    Alice  50000    25
1          IT      Bob  60000    30
2          IT  Charlie  70000    35
3          HR    David  55000    40
4          IT      Eve  75000    45
5          HR    Frank  52000    50
transform  Department Employee  Salary  Age  Salary_diff
0          HR    Alice  50000    25 -2333.333333
1          IT      Bob  60000    30 -8333.333333
2          IT  Charlie  70000    35  1666.666667
3          HR    David  55000    40  2666.666667
4          IT      Eve  75000    45  6666.666667
5          HR    Frank  52000    50  -333.333333
```

4. 数据合并

在数据分析中，数据合并（merge）是一种常见的操作，通常用于将多个 DataFrame 基于某些公共的列或索引合并在一起。

（1）merge()：基于某些列进行合并。

merge()是 pandas 库中常用的合并方法，它允许用户根据一个或多个公共列将多个 DataFrame 合并在一起。

（2）合并类型。

inner（默认）：仅返回两个 DataFrame 中都存在的行。

left：返回左侧 DataFrame 中的所有行，以及右侧 DataFrame 中匹配的行。如果右侧 DataFrame 中没有匹配，则填充 NaN。

right：返回右侧 DataFrame 中的所有行，以及左侧 DataFrame 中匹配的行。如果左侧 DataFrame 中没有匹配，则填充 NaN。

outer：返回两个 DataFrame 中的所有行，缺失的部分填充 NaN。

例 7.10 数据合并的使用。

源程序：

```
import pandas as pd
#创建两个 DataFrame
df1 = pd.DataFrame({
    'EmployeeID': [1, 2, 3, 4],
    'Name': ['Alice', 'Bob', 'Charlie', 'David'],
    'Department': ['HR', 'IT', 'IT', 'HR']
})
df2 = pd.DataFrame({
    'EmployeeID': [1, 2, 5],
    'Salary': [50000, 60000, 70000]
```

```
})
#基于'EmployeeID'列进行合并，默认使用内连接
merged_df = pd.merge(df1, df2, on='EmployeeID')
print('merge', merged_df)
#根据多个列（'Department'和'EmployeeID'）进行合并
merged_df = pd.merge(df1, df2, on=['Department', 'EmployeeID'])
print('merge_mutil', merged_df)
#按行拼接多个 DataFrame
df_concat = pd.concat([df1, df2], ignore_index=True)
print('concat',df_concat)
```

程序结果：

```
merge
EmployeeID    Name     Department          Salary
1             Alice    HR                  50000
2             Bob      IT                  60000
merge_mutil
Department    EmployeeID      Name         Salary
HR            1               Alice        50000
IT            2               Bob          60000
HR            4               David        55000
Concat
Department    EmployeeID      Name         Salary
HR            1               Alice        NaN
IT            2               Bob          NaN
IT            3               Charlie      NaN
HR            4               David        NaN
HR            1               NaN          50000
IT            2               NaN          60000
IT            5               NaN          70000
HR            4               NaN          55000
```

5. 数据离散化

数据离散化（binning）是将连续的数值数据转换为有限个离散的类别数据的过程。数据离散化的用途如下。

（1）将连续数据转换为分类数据：有时需要将连续的数值数据转换为类别数据（如“高”“中”“低”），以便更容易分析或在模型中使用。

（2）简化分析：将复杂的连续数据简化为几个区间，以帮助用户进行更简洁的统计分析或可视化。

（3）处理不均匀的数据分布：使用 qcut()函数可以将数据分为均匀的分位数，有助于处理不均匀分布的数据。

例 7.11 数据离散化的使用。

源程序：

```
import pandas as pd
#创建一个成绩数据的 Series
scores = [55, 88, 92, 74, 61, 85, 72, 59, 95, 77]
#使用 cut()函数将成绩离散化为 4 个区间
bins = [0, 60, 70, 80, 100]
labels = ['F', 'C', 'B', 'A']
categories = pd.cut(scores, bins, labels=labels)
print(categories)
#使用 qcut()函数将成绩离散化为 4 个分位数
categories = pd.qcut(scores, q=4, labels=['Q1', 'Q2', 'Q3', 'Q4'])
print(categories)
```

程序结果：

```
[C, A, A, B, C, A, B, C, A, B]
Categories (4, object): [F < C < B < A]
[Q2, Q4, Q4, Q3, Q2, Q4, Q3, Q2, Q4, Q3]
Categories (4, object): [Q1 < Q2 < Q3 < Q4]
```

代码分析：

在本例中，pd.cut()函数用于将成绩数据按照给定的区间[0, 60], (60, 70], (70, 80], (80, 100]离散化，并为每个区间指定了标签：F、C、B、A；pd.qcut()函数用于将数据分成 4 个分位数，Q1 是第一个分位数的分隔点，对应数据分布的 25%位置。若将数据分为 4 个箱（q=4），Q1 是第一个箱的右边界，将数据中前 25%的值划分到该箱；Q2 是第二个分位数的分隔点，对应数据分布的 50%位置（即中位数），此时，第二个箱的范围是（25%，50%）。

7.1.3 使用 pandas 库进行数据治理

在数据分析和数据处理的过程中，数据并不总是以正确的格式出现，它可能是错误的、缺失的。pandas 库经常被用于数据治理，以确保数据的质量、完整性、一致性和安全性。以下是 pandas 库在数据治理中提供的方法，通过这些方法，可以显著提升数据的质量和分析的准确性。

1. 缺失值处理

缺失值处理是数据治理中的重要环节，可以使用删除、填充等方法来处理缺失值。

2. 重复数据

重复数据会影响数据分析的准确性，通常需要删除重复的行。

3. 异常值

异常值可能是数据录入错误或实际的极端值，需要辨别和处理。

4. 数据类型不一致

确保数据类型一致性是数据治理中不可忽视的一环。例如，将字符串表示的数字转换为数值类型。

5. 数据标准化

数据标准化可以提升数据一致性，方便后续分析。

例 7.12　对示例数据进行数据清洗，提升数据的质量。

源程序：

```
import pandas as pd
#示例数据
data = {
    'order_id': ['1001', '1002', '1003', '1004', '1005', '1006'],
    'customer_name': ['Alice', 'Bob', 'Charlie', 'David', None, 'Eve'],
    'order_amount': [250.0, 150.0, None, 300.0, 450.0, 500.0],
    'payment_status': ['Paid', 'Unpaid', 'Paid', 'Unpaid', 'Paid', None],
    'order_date': ['2025-01-01', '2025-01-02', '2025-01-03', '2025-01-04',
'2025-01-05', '2025-01-06'],
    'customer_age': [25, 30, 29, 35, None, 40],
    'discount': [None, 0.1, 0.05, 0.2, 0.15, 0.1]
}
#创建 DataFrame
df = pd.DataFrame(data)
df=df.dropna()
print(df)
df = pd.DataFrame(data)
print("原始数据：")
print(df)
#填充缺失值
df['customer_name'] = df['customer_name'].fillna('Unknown')
df['order_amount'] = df['order_amount'].fillna(df['order_amount'].
mean())
df['payment_status'] = df['payment_status'].fillna('Unknown')
df['customer_age'] = df['customer_age'].fillna(df['customer_age'].
mean())
df['discount'] = df['discount'].fillna(df['discount'].mean())
print("\n 处理缺失值后的数据：")
print(df)
#添加一个重复行以进行示例
df = df.append(df.iloc[0], ignore_index=True)
#删除重复的行
df.drop_duplicates(inplace=True)
print("\n 删除重复行后的数据：")
print(df)
#检测并删除异常值[order_amount（即订单金额）和 customer_age（即客户年龄）]
df = df[(df['order_amount'] <= 1000) & (df['customer_age'] <= 100)]
print("\n 删除异常值后的数据：")
print(df)
#检查数据类型
print("\n 原始数据类型：")
```

```
41 print(df.dtypes)
42 #转换数据类型
43 df['order_id'] = df['order_id'].astype(str)
44 df['customer_age'] = df['customer_age'].astype(float)
45 print("\n 转换数据类型后的数据类型：")
46 print(df.dtypes)
47 #对 order_amount（即订单金额）进行标准化
48 df['order_amount_normalized']=(df['order_amount']-df['order_amount'].
49 mean()) / df['order_amount'].std()
50 print("\n 标准化后的数据：")
51 print(df[['order_id', 'order_amount', 'order_amount_normalized']])
```

代码分析：

第 14 行代码中，dropna()函数用于删除缺失值所在行或列的函数，即删除包含缺失值的行。

第 20 行代码中，fillna()函数用于填充缺失值。

第 21、22 行代码中，df['order_amount'].fillna(df['order_amount'].mean())表示缺失类别是数值型，用 mean()函数计算平均值并进行填充。

第 32 行代码中，df.drop_duplicates(inplace=True)用来删除重复的数据。

7.2 numpy 库

7.2.1 numpy 库概述

numpy 库是一个存储和处理多维数组、矩阵等的库，它提供了许多关于数组运算的数学函数供用户直接调用。

1. numpy 库的安装

（1）运行“cmd”命令，打开命令窗口。

（2）使用“pip”命令进行 numpy 库的安装，即在命令窗口中输入“pip install numpy”。

2. numpy 库提供的数据类型

numpy 库提供的数据类型包括整型、浮点型、复数型、布尔型等。表 7-1 列出了 numpy 库提供的常用的数据类型。

表 7-1 numpy 库提供的常用的数据类型

数据类型		描述
整型	整数 int	int32 或 int64
	整数 int8	取值为-128～127
	整数 int16	取值为-32768～32767
	整数 int32	取值为-2^{31}～$2^{31}-1$
	整数 int64	取值为-2^{63}～$2^{63}-1$
	无符号整数 uint8	取值为 0～255
	无符号整数 uint16	取值为 0～65535

续表

数据类型		描述
整型	无符号整数 uint32	取值为 0～$2^{32}-1$
	无符号整数 uint64	取值为 0～$2^{64}-1$
浮点型	半精度浮点数 float16	1 位符号位，5 位指数，10 位尾数
	单精度浮点数 float32	1 位符号位，8 位指数，23 位尾数
	双精度浮点数 float64 或 float	1 位符号位，11 位指数，52 位尾数
复数型	复数 complex64	由两个 32 位浮点表示实部和虚部
	复数 complex128 或 complex	由两个 64 位浮点表示实部和虚部
布尔型	布尔值 bool	值为 True 或 False

除表 7-1 介绍的数据类型外，如果用户需要查看 numpy 库提供的其他数据类型，则可以在 IDLE 中执行以下两行语句进行查询：

```
from numpy import *
sctypeDict.keys()
```

图 7-1 所示为查询 numpy 库支持的数据类型。

```
>>> from numpy import *
>>> sctypeDict.keys()
dict_keys(['?', 0, 'byte', 'b', 1, 'ubyte', 'B', 2, 'short', 'h', 3, 'ushort', '
H', 4, 'i', 5, 'uint', 'I', 6, 'intp', 'p', 'uintp', 'P', 'long', 'l', 7, 'L', 8
, 'longlong', 'q', 9, 'ulonglong', 'Q', 10, 'half', 'e', 23, 'f', 11, 'double',
'd', 12, 'longdouble', 'g', 13, 'cfloat', 'F', 14, 'cdouble', 'D', 15, 'clongdou
ble', 'G', 16, 'O', 17, 'S', 18, 'unicode', 'U', 19, 'void', 'V', 20, 'M', 21, '
m', 22, 'bool8', 'Bool', 'b1', 'int32', 'Int32', 'i4', 'uint32', 'Uint32', 'u4',
 'float16', 'Float16', 'f2', 'float32', 'Float32', 'f4', 'float64', 'Float64', '
f8', 'complex64', 'Complex32', 'c8', 'complex128', 'Complex64', 'c16', 'object0'
, 'Object0', 'bytes0', 'Bytes0', 'str0', 'Str0', 'void0', 'Void0', 'datetime64',
 'Datetime64', 'M8', 'timedelta64', 'Timedelta64', 'm8', 'UInt32', 'int64', 'Int
64', 'i8', 'uint64', 'UInt64', 'u8', 'int16', 'Int16', 'i2', 'uint16', 'UInt16',
 'u2', 'int8', 'Int8', 'i1', 'uint8', 'UInt8', 'u1', 'complex_', 'int0', 'uint0'
, 'single', 'csingle', 'singlecomplex', 'float_', 'intc', 'uintc', 'int_', 'long
float', 'clongfloat', 'longcomplex', 'bool_', 'bytes_', 'string_', 'unicode_', '
object_', 'str_', 'int', 'float', 'complex', 'bool', 'object', 'str', 'bytes', '
a'])
>>>
```

图 7-1　查询 numpy 库支持的数据类型

3. ndarry 对象

与 Python 标准类中的一维数组 list 相比，ndarry 对象有 N 个维度，具有占用内存空间小、运行速度快等特点。另外，ndarry 数组中必须存放相同类型的元素，且每个元素在内存中都具有相同的存储大小。

ndarry 的属性具体如下。

.T：转置矩阵。

.ndim：数组维数。

.shape：数组的维度，属性是行数和列数。

.size：数组元素的总数。

.dtype：数组元素的类型。

.itemsize：数组中每个元素的字节大小。

7.2.2 numpy 库的应用

1. 创建数组

在创建数组前，必须添加引入 numpy 库的语句。

```
#引入 numpy 库，别名为 np
import numpy as np
```

1）array（创建数组）

语法格式：

```
array(object,dtype=None,copy=True,order='K',subok=False,ndmin=0)
```

例 7.13 使用 array 创建 1～9 中的整数数组。

源程序：

```
import numpy as np
arr_1=np.array([1,2,3,4,5,6,7,8,9])
print(arr_1)
```

程序结果：

```
[1 2 3 4 5 6 7 8 9]
```

2）arange（创建数组）

语法格式：

```
arange([start,] stop[,step,], dtype=None)
```

其中，各参数的说明如下。

start：起始值。

stop：终止值。

step：步长。

dtype：数组类型。

例 7.14 使用 arange 创建一个 1～10 中的奇数数组。

源程序：

```
import numpy as np
arr_2=np.arange(1,10,2)
print(arr_2)
```

程序结果：

```
[1 3 5 7 9]
```

3）zeros（创建全 0 数组）、ones（创建全 1 数组）

语法格式：

```
zeros(shape,dtype=float,order='C')
ones(shape,dtype=float,order='C')
```

例 7.15　使用 zeros 创建一个 2 行 6 列全 0 的数组，使用 ones 创建一个 2 行 6 列全 1 的数组。

源程序：

```
import numpy as np
arr_3=np.zeros((2,6))
print(arr_3)
arr_4=np.ones((2,6))
print(arr_4)
```

程序结果：

```
[[0. 0. 0. 0. 0. 0.]
[0. 0. 0. 0. 0. 0.]]
[[1. 1. 1. 1. 1. 1.]
[1. 1. 1. 1. 1. 1.]]
```

4）eye（创建对角线全为 1 的数组）

语法格式：

```
eye(N,M=None,k=0,dtype=<class 'float'>,order='C')
```

例 7.16　使用 eye 创建一个 4 行 4 列的对角线全为 1 的数组。

源程序：

```
1  import numpy as np
2  ddr_6=ny.eye(4,4)
3  print(addr_6)
```

程序结果：

```
[[1. 0. 0. 0.]
[0. 1. 0. 0.]
[0. 0. 1. 0.]
[0. 0. 0. 1.]]
```

代码说明：

第 2 行代码中，N=4，表示行数为 4，M=4 表示列数为 4，k 未设置，取默认值 0，表示上对角线；order 未设置，取默认值 C，表示按行排序。

2. 操作数组

1）切片

与 Python 中列表的切片操作相似，数组切片操作可以使用 slice()函数，也可以通过“:”分隔切片参数进行切片操作，其起始位置是 0～n 的索引。

例 7.17　二维数组切片实例。

源程序：

```
import numpy as np
addr_1 = np.array([[1,2,3],[4,5,6],[7,8,9]])
addr_2=slice(1,2)
```

```
print('addr_1:\n',addr_1[addr_2])
print('addr_1:\n',addr_1[1:])
```

程序结果：

```
addr_1:
 [[4 5 6]]
addr_1:
 [[4 5 6]
 [7 8 9]]
```

2）字符串

numpy 库处理类型为字符型的数组时，可以使用 Python 内置库中的标准字符串函数。

语法格式：

```
numpy.char.function()
```

例 7.18 利用字符串函数 split()处理数组。

源程序：

```
import numpy as np
print(np.char.split('www.python.org',sep='.'))
```

程序结果：

```
['www', 'python', 'org']
```

3）运算

（1）数学运算。除了简单算术运算符+、-、*、/、**、%等和比较运算符>、<、==、>=、<=、!=等（比较运算符返回布尔数组），numpy 库还提供了大量的运算函数，如三角函数、复数函数等。

表 7-2 列出了简单算术运算在 numpy 库中对应的函数。

表 7-2 简单算术运算在 numpy 库中对应的函数

简单算术运算	对应的函数	描述
加	add()	数组加法运算
减	subtract()	数组减法运算
乘	multiply()	数组乘法运算
除	divide()	数组除法运算
倒数	reciprocal()	数组取倒数运算
幂	power()	以数组中的元素为底，power()函数中的参数为幂的运算
取余	mod()	数组间对应元素相除，取余

例 7.19 简单算术运算的使用。

源程序：

```
import numpy as np
x1=np.arange(1,13).reshape(2,6)
```

```
print('x1:\n',x1)
print('x1+2:\n',x1+2)
print('x1-2:\n',x1-2)
print('x1*2:\n',x1*2)
print('x1/2:\n',x1/2)
```

程序结果：

```
x1:
 [[ 1  2  3  4  5  6]
 [ 7  8  9 10 11 12]]
x1+2:
 [[ 3  4  5  6  7  8]
 [ 9 10 11 12 13 14]]
x1-2:
 [[-1  0  1  2  3  4]
 [ 5  6  7  8  9 10]]
x1*2:
 [[ 2  4  6  8 10 12]
 [14 16 18 20 22 24]]
x1/2:
 [[0.5 1.  1.5 2.  2.5 3. ]
 [3.5 4.  4.5 5.  5.5 6. ]]
```

（2）统计。表 7-3 列出了 numpy 库中常用的统计函数。

表 7-3　numpy 库中常用的统计函数

函数	描述
max()	求最大值
argmax()	求最大值的下标
amax()	沿指定轴的最大值
min()	求最小值
argmin()	求最小值的下标
amin()	沿指定轴的最小值
ptp()	数组中元素最大值与最小值的差（即最大值-最小值）
sum()	计算元素之和
cumsum()	每个元素与它前一个元素累加之和，返回一个数组
prod()	计算元素之积
cunprod()	每个元素与它前一个元素累加之积，返回一个数组
std()	计算元素标准差
var()	计算元素的方差
mean()	计算元素的平均值
average()	依据另一个数组中各自的权值计算数组元素的加权平均值
median()	计算元素的中位数
any()	判断是否存在为真的元素
all()	判断是否所有元素都为真

例 7.20 统计函数的应用。

源程序：

```
import numpy as np
x1=np.arange(0,12)
print('x1:',x1)
print('x1 中的最大值:',np.max(x1))
print('x1 中最大值下标:',np.argmax(x1))
print('x1 中是否存在为真的元素:',np.any(x1))
print('x1 中是否所有元素都为真:',np.all(x1))
print('调用 average(x1):',np.average(x1))
x2=np.arange(3,15)
print('调用 average(x1,weights=x2):',np.average(x1,weights=x2))
```

程序结果：

```
x1: [ 0  1  2  3  4  5  6  7  8  9 10 11]
x1 中的最大值: 11
x1 中最大值下标: 11
x1 中是否存在为真的元素: True
x1 中是否所有元素都为真: False
调用 average(x1): 5.5
调用 average(x1,weights=x2): 6.901960784313726
```

（3）排序和筛选。numpy 库提供了许多排序和筛选函数。表 7-4 中列出了 numpy 库中常用的排序和筛选函数。

表 7-4 numpy 库中常用的排序和筛选函数

函数	描述
sort(a,axis=1,kind='quicksort',order=None)	返回排序后的数组
argsort(a,axis=−1,kind='quicksort',order=None)	返回对数组排序的索引值
lexsort()	将数组根据表格的形式按行或列排序，返回排序后的数组
msort(a)	数组按第一个轴排序，返回排序后的数组
sort_complex(a)	按先实部再虚部的顺序对复数进行排序
partition(a,kth,axis=−1,kind='introselect',order=None)	按指定的值进行分区排序
argpartition(a,kth,axis=−1,kind='introselect',order=None)	按指定算法沿着参数轴对数组进行分区
where()	按满足给定条件的元素索引
extract(condition,arr)	按给定条件找出数组中的元素，返回满足条件的元素

注：① a 为数组。

② axis 表示沿着哪个轴排序，没有指定时，数组沿着最后的轴排序。

③ kind 为排序方式。sort()和 argsort()函数中的 kind 参数默认为 quicksort，可从 quicksort（快速）、mergesort（混排）、heapsort（堆排）等算法中选择；partition()和 argpartition()函数中的 kind 参数默认为 introselect。

④ order 表示若数组中包含字段，值为要排序的字段。

例 7.21 某羊场上半年销售数据如表 7-5 所示。请根据表 7-5 中的数据统计月销量、上半年销量最好的羊栏，并绘制羊只销售折线图。

表 7-5　某羊场上半年销售数据

栏号	销售量/只					
	1 月	2 月	3 月	4 月	5 月	6 月
1	8	6	5	2	2	4
2	7	8	3	1	2	1
3	9	7	7	3	1	3
4	6	5	4	2	3	5
5	8	4	4	2	1	2
6	5	7	6	4	2	1

源程序：

```
import numpy as np
import matplotlib.pyplot as plt
#将表 7-5 中的数据存入数组
arr_1 = np.array([[8, 6, 5, 2, 2, 4],
                  [7, 8, 3, 1, 2, 1],
                  [9, 7, 7, 3, 1, 3],
                  [6, 5, 4, 2, 3, 5],
                  [8, 4, 4, 2, 1, 2],
                  [5, 7, 6, 4, 2, 1]])
#计算数组中每组数据对应位置的最大值，并依次将其存入 arr_2 数组中
arr_2 = np.argmax(arr_1, axis=0)
#计算数组中每组数据对应位置的最大值下标，并依次将其存入 arr_3 数组中
arr_3 = np.amax(arr_1, axis=0)
#对数组中的每组数据进行求和计算，并将其存入 arr_4 数组中
arr_4 =np.array([np.sum(arr_1[0]),np.sum(arr_1[1]), np.sum(arr_1[2]),
                  np.sum(arr_1[3]), np.sum(arr_1[4]), np.sum(arr_1[5])])
#设置月份的名称
months = ["1 月", "2 月", "3 月", "4 月", "5 月", "6 月"]
#设置月份的颜色
colors = ["blue", "red", "green", "orange", "brown", "purple"]
#绘制羊只销售折线图
plt.figure(figsize=(10, 6))
#绘制每个月份的折线
for x in range(6):
    plt.plot(np.arange(6), arr_1[:, x] * 20, marker='o', label=months[x],
color=colors[x])
#设置图表的标题和标签
plt.title('羊只销售折线', fontsize=14)
plt.xlabel('栏号', fontsize=12)
plt.ylabel('销售数量（放大 20 倍）', fontsize=12)
#添加栏位标签
plt.xticks(np.arange(6), [f"{i+1}号栏" for i in range(6)])
#添加图例
plt.legend(title="月份")
```

```
#显示图表
plt.grid(True)
plt.show()
```

羊只销售折线图如图 7-2 所示。

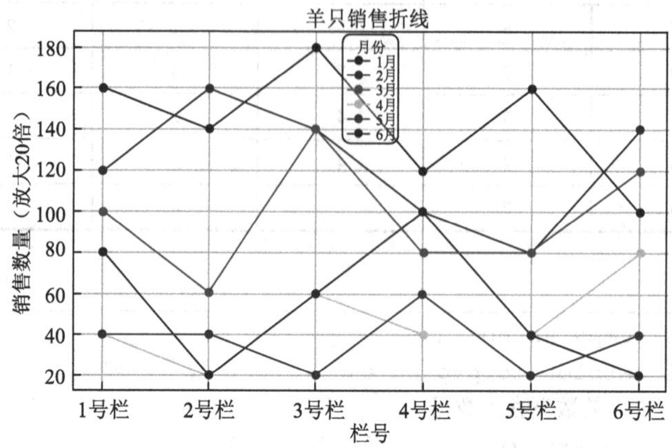

图 7-2　羊只销售折线图

7.3　matplotlib 库

7.3.1　matplotlib 库概述

matplotlib 库是 Python 中的一个二维绘图库，它以各种硬复制格式和跨平台的交互环境生成出版物质量图。它旨在使简单的事情变得更容易，使难以实现的事情成为可能，用户只需几行代码就可以生成柱状图、功率谱、条形图、误差图、散点图等。

matplotlib 库的安装过程如下：

（1）运行“cmd”命令，打开命令窗口。

（2）使用“pip”命令进行 matplotlib 库的安装，即在命令窗口中输入“pip install matplotlib”。

7.3.2　matplotlib 库的应用

matplotlib 库中的所有内容都是按层次组织的，层次结构顶部是 matplotlib.pyplot 模块提供的 matplotlib 状态机环境，在这个级别上可以用简单的函数将线、图像、文本等绘图元素添加到当前轴上。组成 matplotlib 库基本图表的元素包括含刻度的 x、y 轴坐标系，绘图区域，标签等。

pyplot 是命令样式函数的集合，其可以使 matplotlib 库像 MATLAB 一样工作。每个 pyplot 函数都可以对图形进行更改，如创建图形、在图形中创建绘图区域、在绘图区域绘制一些线、用标签装饰绘图等。

在使用 pyplot 前，应在 IDLE 中输入引用语句：

```
import matplotlib.pyplot as plt
```

pyplot 中有许多函数供用户直接使用，在 IDLE 中，可以直接在图 7-3 所示的函数下拉列表框中选择相应函数。

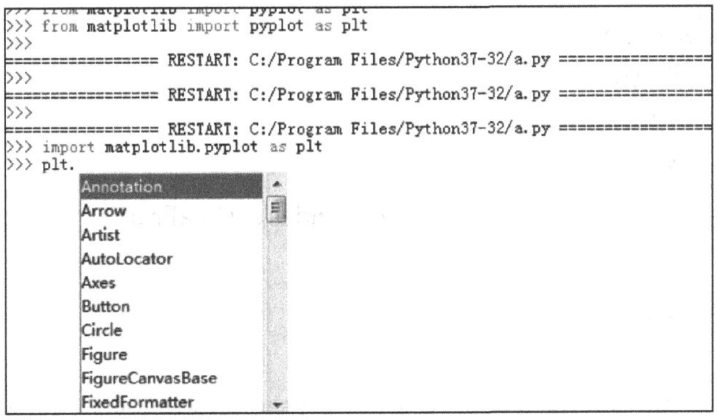

图 7-3　pyplot 中的函数下拉列表框

1. 常用函数

matplotlib.pyplot 中的函数有很多，表 7-6 介绍了常用的基本绘图函数。

表 7-6　常用的基本绘图函数

函数	描述
annotate(s, xy, *args, **kwargs)	以文本 s 注释点 xy
axis(*args, **kwargs)	获取或设置某些轴属性的方法
bar(x, height[, width, bottom, align, data])	绘制条形图
barh(y, width[, height, left, align])	绘制水平条形图
figure([num, figsize, dpi, facecolor, …])	创建新图形
hist(x[, bins, range, density, weights, …])	绘制柱状图
legend(*args, **kwargs)	在轴上放置图例
pie(x[, explode, labels, colors, autopct, …])	绘制饼图
plot(*args[, scalex, scaley, data])	绘制 y 和 x 作为直线/标记
scatter(x, y[, s, c, marker, cmap, norm, …])	标记大小/颜色不同的 y 与 x 散点图
show(*args, **kw)	显示数字
stackplot(x, *args[, labels, colors, …])	绘制堆积面积图
subplots([nrows, ncols, sharex, sharey, …])	创建一个图形和一组子图
text(x, y, s[, fontdict, withdash])	将文本添加到轴上
title(label[, fontdict, loc, pad])	为轴设置标题
xlabel(xlabel[, fontdict, labelpad])	设置 x 轴的标签
xticks([ticks, labels])	获取或设置 x 轴的当前刻度位置和标签
ylabel(ylabel[, fontdict, labelpad])	设置 y 轴的标签

2. 绘制图形

1）条形图

绘制条形图的函数为 bar()。

语法格式：

```
bar(x, height[, width, bottom, align, data])
```

其中，各参数的说明如下。

x：比例尺序列。

height：标量或标量序列。

width：宽度，可选项。

bottom：底部，可选项。

align：对齐，可选项。

data：用于指定包含绘图数据的对象，如Pandas、DataFrame、字典等。

2）饼图

绘制饼图的函数为pie()。

语法格式：

```
pie(x,explode=None,labels=None,colors=None,autopct=None,pctdistance=0.6,
shadow=False,labeldistance=1.1,startangle=None,radius=None,counterclock=
True,wedgeprops=None,textprops=None,center=(0,0),frame=False,rotatelabels=
False,*,data=None)
```

其中，各参数的说明如下。

x：阵列，楔形尺寸。

explode：数组，可选项；如果赋值，则是一个len(x)数组，用于指定偏移每个楔体的半径分数。

labels：列表，可选项。

colors：可选项。

autopct：可选项。

pctdistance：浮点数，可选项，默认值为0.6。

shadow：布尔值，可选项，默认值为False。

labeldistance：浮点数，可选项，默认值为1.1，表示饼图的直径。

startangle：浮点数，可选项，从x轴逆时针旋转饼图的起点角度。

radius：浮点数，可选项，表示饼图的半径，如果半径为无，则其将被设置为1。

counterclock：布尔值，可选项，默认值为True，用于指定分数方向为顺时针或逆时针。

wedgeprops：字典，可选项，用于传递绘制作饼图的楔形对象的参数字典。

textprops：字典，可选项。

center：可选项，默认值为(0,0)，表示图表的中心位置。

frame：布尔值，可选项，默认值为False，如果为True，则以图表绘制轴框架。

rotatelabels：布尔值，可选项，默认值为False，如果为True，则将每个标签旋转到相应切片的角度。

data：用于指定包含绘图数据的对象，如Pandas、DataFrame、字典等。

3）散点图

绘制散点图的函数为scatter()。

语法格式：

```
scatter(x, y, s=None, c=None, marker=None, cmap=None, norm=None,
vmin=None, vmax=None, alpha=None, linewidths=None, verts=None,
edgecolors=None, *, plotnonfinite=False, data=None, **kwargs)
```

其中，各参数的说明如下。

x、y：形如shape[n,]的数组。

s：标量或形如shape[n,]的数组，可选项，默认值为20。

c：颜色/顺序，可选项。

marker：标记样式，可选项。

cmap：colormap 实例，可选项。

norm：规范化，可选项。

vmin、vmax：标量，可选项。

alpha：标量，可选项，混合值介于 0（透明）和 1（不透明）之间。

linewidths：标记边缘的线条宽度，标量或类似数组，可选项。

verts：用户自定义的标记样式，一般较少使用。

edgecolors：标记的边缘颜色，无颜色或颜色序列，可选项。

plotnonfinite：布尔值，可选项，默认值为 False。

data：如果提供了该参数，则可以使用字符串指定 x、y 等参数，这些字符串是 data 对象的键。

** kwargs：支持其他 matplotlib 库的通用参数，如 label（用于图例）、zorder（控制绘制顺序）。

7.4 综合实例

7.4.1 天气预报图

例 7.22 在农业生产中，天气对种植影响较大。本例根据 Excel 表（文件名为“weather.xls”）中的 4 个城市 7 天的天气预报数据（见图 7-4，字段中图标用于存储“天气图片”文件的实际路径），绘制出天气预报图，以对农业生产起到指导作用。

城市	日期	天气	图标一	图标二	空气质量	高温	低温	风向	风力
北京	6月15日	多云转雷阵雨	f:/python/duoyun.gif	f:/python/rzy.gif	优	32	19	东南风	3-4级
北京	6月16日	雷阵雨转多云	f:/python/rzy.gif	f:/python/duoyun.gif	良	25	18	东南风	3级
北京	6月17日	多云	f:/python/duoyun.gif	f:/python/duoyun.gif	中	29	20	东南风	3级
北京	6月18日	阴转多云	f:/python/ying.gif	f:/python/duoyun.gif	良	30	19	东南风	3-4级
北京	6月19日	多云转晴	f:/python/duoyun.gif	f:/python/qing.gif	中	32	20	南风	3级
北京	6月20日	晴转多云	f:/python/qing.gif	f:/python/duoyun.gif	中	33	20	西南风	3级
北京	6月21日	多云	f:/python/duoyun.gif	f:/python/duoyun.gif	中	34	20	东南风	3级
上海	6月15日	晴转多云	f:/python/qing.gif	f:/python/duoyun.gif	中	32	23	东南风	3级
上海	6月16日	多云	f:/python/duoyun.gif	f:/python/duoyun.gif	中	32	24	东南风	3级
上海	6月17日	多云转小雨	f:/python/duoyun.gif	f:/python/xiaoyu.gif	中	28	23	东南风	3级
上海	6月18日	大雨转中雨	f:/python/dayu.gif	f:/python/zhongyu.gif	良	26	22	南风	4-5级
上海	6月19日	小雨转多云	f:/python/xiaoyu.gif	f:/python/duoyun.gif	良	26	23	东北风	3级
上海	6月20日	多云	f:/python/duoyun.gif	f:/python/duoyun.gif	良	28	22	东风	3-4级
上海	6月21日	多云	f:/python/duoyun.gif	f:/python/duoyun.gif	良	29	23	东风	4-5级
广州	6月15日	多云转雷阵雨	f:/python/duoyun.gif	f:/python/rzy.gif	良	34	24	无持续向风	3级
广州	6月16日	中雨	f:/python/zhongyu.gif	f:/python/zhongyu.gif	良	31	25	东风	3-4级
广州	6月17日	雷阵雨	f:/python/rzy.gif	f:/python/rzy.gif	良	31	26	无持续向风	3级
广州	6月18日	晴转多云	f:/python/qing.gif	f:/python/duoyun.gif	良	34	27	无持续向风	3级
广州	6月19日	多云转雷阵雨	f:/python/duoyun.gif	f:/python/rzy.gif	中	34	27	无持续向风	3级
广州	6月20日	雷阵雨	f:/python/rzy.gif	f:/python/rzy.gif	良	32	27	无持续向风	3级
广州	6月21日	雷阵雨	f:/python/rzy.gif	f:/python/rzy.gif	良	30	25	无持续向风	3级
深圳	6月15日	多云转雷阵雨	f:/python/duoyun.gif	f:/python/rzy.gif	中	32	25	无持续向风	3级
深圳	6月16日	雷阵雨转中雨	f:/python/rzy.gif	f:/python/zhongyu.gif	良	31	26	无持续向风	3-4级
深圳	6月17日	雷阵雨	f:/python/rzy.gif	f:/python/rzy.gif	良	31	26	无持续向风	3级
深圳	6月18日	雷阵雨转阵雨	f:/python/rzy.gif	f:/python/zhenyu.gif	良	31	27	无持续向风	3级
深圳	6月19日	阵雨转雷阵雨	f:/python/zhenyu.gif	f:/python/rzy.gif	良	32	27	无持续向风	3级
深圳	6月20日	雷阵雨	f:/python/rzy.gif	f:/python/rzy.gif	良	32	27	无持续向风	3级
深圳	6月21日	雷阵雨	f:/python/rzy.gif	f:/python/rzy.gif	良	30	25	无持续向风	3级

图 7-4　Excel 表中的数据

分析：

天气预报主要通过气温、湿度、风向和风速等数据来确定未来天气变化。随着现代化高科技的发展，利用卫星摄取的云图照片进行分析可以大大提高天气预报的准确率。根据本例要求，可以使用numpy和matplotlib库来设计，具体思路如下。

（1）安装所需的xlrd库，用来读取Excel表中的数据。

（2）将表格中的数据按城市分类并存储到多维数组tables中。

（3）使用matplotlib库创建一个带4个子图的图形。每个子图显示一座城市天气预报的相关数据。

（4）读取数组中的日期、天气、图标、空气质量、高温、低温、风向、风力等数据，并将它们添加到各子图中。

源程序：

```
import numpy as np
import matplotlib
import matplotlib.pyplot as plt
import matplotlib.image as mpimg
import xlrd
#设置中文字体，若不设置此项，则中文无法正确显示
matplotlib.rcParams['font.family']='STSong'
matplotlib.rcParams['font.size']=8
#定义表头存储数组
header_line=[]
#定义城市数组
read_tables1=[]
read_tables2=[]
read_tables3=[]
read_tables4=[]
#多维数组，引用数据时使用tables[x][y][z]
tables=[]
#读取Excel表“weather.xls”中的数据并将数据保存到read_tables数组中
def loadexcel():
    #打开“weather.xls”文件
    workbook=xlrd.open_workbook(r'f:/python/weather.xls')
    #读第一个工作表中的数据
    sheet=workbook.sheet_by_index(0)
    #将表头数据存储到header_line数组中
    header_line.append([sheet.cell_value(0,0),sheet.cell_value(0,1),
    sheet.cell_value(0,2), sheet.cell_value(0,3),sheet.cell_value
    (0,4),sheet.cell_value(0,5), sheet.cell_value(0,6),
    sheet.cell_value(0,7),sheet.cell_value(0,8),
    sheet.cell_value(0,9)])
    #从第一行读数据，循环到最后一行
    row=1
    while row<sheet.nrows:
        #将当前行数据存入数组arr_1中
        arr_1=[sheet.cell_value(row,0),sheet.cell_value(row,1),
        sheet.cell_value(row,2), sheet.cell_value(row,3),
```

```
            sheet.cell_value(row,4),sheet.cell_value(row,5),
            sheet.cell_value(row,6),sheet.cell_value(row,7),
            sheet.cell_value(row,8),sheet.cell_value(row,9)]
        #将数组 arr_1 中的数据添加到数组 read_tables 中
        if row<=7:
            read_tables1.append(arr_1)
        elif 7<row<=14:
            read_tables2.append(arr_1)
        elif 14<row<=21:
            read_tables3.append(arr_1)
        elif 21<row:
            read_tables4.append(arr_1)
        row+=1
#读取 Excel 文件中的数据到数组 tables 中
loadexcel();
#添加各城市数组到 tables 中，生成多维数组
tables.append(read_tables1)
tables.append(read_tables2)
tables.append(read_tables3)
tables.append(read_tables4)
#定义数组 y
y1=[]
#自定义函数 fun1，读取数组 tables 中的数据，返回数组 y1
def fun1(i,j):
        y1=[int(tables[i][0][j]),int(tables[i][1][j]),
            int(tables[i][2][j]),int(tables[i][3][j]),
            int(tables[i][4][j]),int(tables[i][5][j]),
            int(tables[i][6][j])]
        return y1
#自定义函数 add_label，给图表加入温度数据的标签
def add_label(i):
    for a,b in zip(x,y):
        if i==1:
            ax1.annotate('%s'%b+'℃',xy=(a,b),xytext=(0,0),
                 textcoords='offset points')
        elif i==2:
            ax2.annotate('%s'%b+'℃',xy=(a,b),xytext=(0,0),
                 textcoords='offset points')
        elif i==3:
            ax3.annotate('%s'%b+'℃',xy=(a,b),xytext=(0,0),
                 textcoords='offset points')
        elif i==4:
            ax4.annotate('%s'%b+'℃',xy=(a,b),xytext=(0,0),
                 textcoords='offset points')
#创建新图形，并定义其尺寸
fig=plt.figure(figsize=(15,6))
#创建 4 个子图形
ax1=plt.subplot(221)
ax2=plt.subplot(222)
```

```
ax3=plt.subplot(223)
ax4=plt.subplot(224)
x=np.arange(1,8)
x1=np.arange(1,8)
#创建变量
createvar=locals()
#定义 4 个子图的数轴、刻度、标签等
for idx in range(1,5):
    createvar['ax'+str(idx)].set_xlim([0,7])
    createvar['ax'+str(idx)].set_xticks([0,1,2,3,4,5,6,7,8])
    createvar['ax'+str(idx)].set_ylim([0,7])
    createvar['ax'+str(idx)].set_yticks([0,10,20,30,40])
    createvar['ax'+str(idx)].set_xlabel('日期')
    createvar['ax'+str(idx)].set_ylabel('温度')
    createvar['ax'+str(idx)].plot(x1,fun1(idx-1,6))
    createvar['ax'+str(idx)].plot(x1,fun1(idx-1,7))
    createvar['ax'+str(idx)].set_title(tables[idx-1][0][0],
    loc='left')
    #调用函数 fun1，直接获取“高温”数据
    y=fun1(idx-1,6)
    #调用函数 add_label，显示为高温数据标签
    add_label(idx)
    #调用函数 fun1，直接获取“低温”数据
    y=fun1(idx-1,7)
    #调用函数 add_label，显示为低温数据标签
    add_label(idx)
i=0
#为 4 个子图加入风向和风力数据
while i<7:
    for j in range(0,4):
        createvar['ax'+str(j+1)].annotate(tables[j][i][9],xy=(i,8),
        xytext=(i+1-0.01,1))
        createvar['ax'+str(j+1)].annotate(tables[j][i][8],xy=(i,8),
        xytext=(i+1-0.01,3))
        createvar['ax'+str(j+1)].annotate(tables[j][i][2],xy=(i,2),
        xytext=(i+1-0.01,10))
        createvar['ax'+str(j+1)].annotate(tables[j][i][1],xy=(i,8),
        xytext=(i+1-0.01,14))
    i+=1
#自定义函数，读取数组中天气所对应的图片
def load_gif(x_i,y_i,a,b,l):
    j=k=0
    for idx in range(a,b):
        #图标定义 x、y 坐标的位置
        if idx==12:
            x_i=0.575
        if idx==19:
            x_i=0.15
            y_i=0.16
```

```
        if idx==26:
            x_i=0.59
        if idx==40:
            x_i=0.59
        if idx==47:
            x_i=0.165
            y_i=0.16
        if idx==54:
            x_i=0.575
        #创建子图
        createvar['ax'+str(idx)]=fig.add_axes([x_i,y_i,0.025,0.025])
        #设定子图中 x 轴的刻度和标签为空
        createvar['ax'+str(idx)].set_xticks([])
        #设定子图中 y 轴的刻度和标签为空
        createvar['ax'+str(idx)].set_yticks([])
        if j==7:
            k+=1
            j=0
            createvar['ax'+str(idx)].imshow(mpimg.imread
             (tables[k][j][l]))
        else:
            createvar['ax'+str(idx)].imshow(mpimg.imread
             (tables[k][j][l]))
        x_i+=0.045
        j+=1
#调用 load_gif 函数，显示图标一的图片数据
load_gif(0.15,0.575,5,33,3)
#调用 load_gif 函数，显示图标二的图片数据
load_gif(0.165,0.575,33,61,4)
plt.show()
```

天气预报结果如图 7-5 所示。

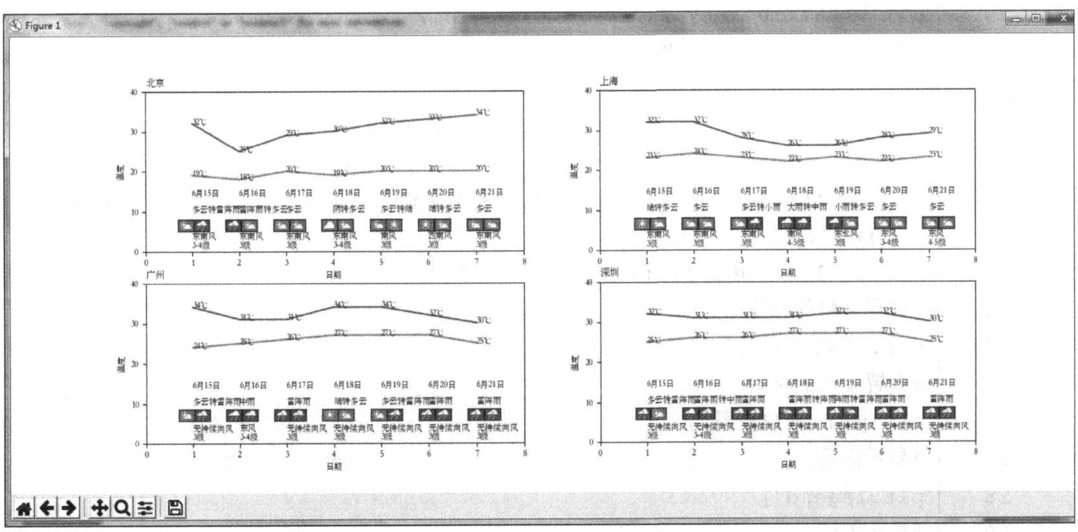

图 7-5　天气预报结果

例 7.23 根据某羊场上半年存栏量（见表 7-7），绘制条形图。

表 7-7 某羊场上半年存栏量

月份	存栏量/只	
	公羊	母羊
1 月	132	189
2 月	146	208
3 月	135	170
4 月	155	190
5 月	167	210
6 月	187	240

源程序：

```
import numpy as np
#导入 matplotlib 库
import matplotlib
import matplotlib.pyplot as plt
#设置中文字体
matplotlib.rcParams['font.family']='SimHei'
matplotlib.rcParams['font.size']=15
#定义数组
x1=np.arange(1,7)
str1=['1 月','2 月','3 月','4 月','5 月','6 月']
y1=[132, 146, 135, 155, 167, 187]
y2=[189, 208, 170, 190, 210, 240]
#加入条形图
plt.bar(x1, y1, 0.3,label='公羊',tick_label=str1)
plt.bar(x1+0.3, y2, 0.3,label='母羊')
#为条形图加上 y 轴的数值
for a, b in zip(x1, y1):
   plt.text(a, b+0.03, '%.0f'%b, ha='center', va='bottom', fontsize=10)
for a, b in zip(x1, y2):
   plt.text(a+0.3, b, '%.0f'%b, ha='center', va='bottom', fontsize=10)
#设置图表标题
plt.title('羊场上半年存栏量/只')
#设置 x 轴的标签
plt.xlabel('月份')
#设置 y 轴的标签
plt.ylabel('数量')
#显示标签
plt.legend()
#显示图标
plt.show()
```

创建条形图的结果如图 7-6 所示。

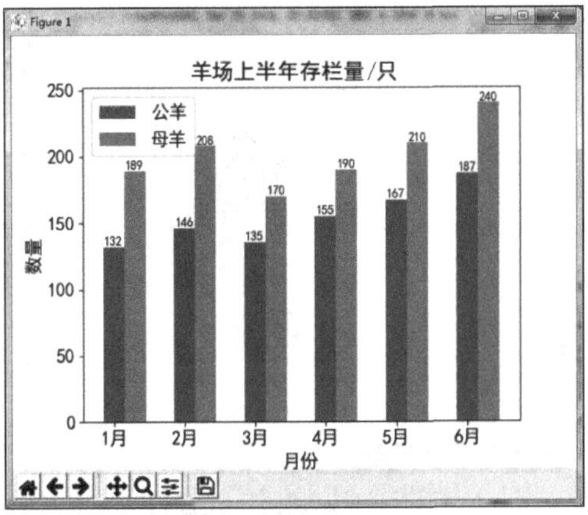

图 7-6 创建条形图的结果

例 7.24 某羊场羊只年龄比例如表 7-8 所示，请绘制羊只年龄结构图。

表 7-8 某羊场羊只年龄比例

年龄段	0~1 岁	1~2 岁	2~3 岁	3~4 岁	4~5 岁	5 岁以上
比例/%	10	16	22	20	24	8

源程序：

```
import numpy as np
#导入 matplotlib 库
import matplotlib
import matplotlib.pyplot as plt
#设置中文字体
matplotlib.rcParams['font.family']='SimHei'
matplotlib.rcParams['font.size']=15
#设置标签
label='0-1 岁', '1-2 岁', '2-3 岁', '3-4 岁', '4-5 岁','5 岁以上'
#设置数组数据
size=[10,16,22,20,24,8]  #占比，和为 100
#设置每个区域的颜色
color=['LightSalmon','LightSkyBlue','LightYellow','CornflowerBlue','MediumVioletRed','DarkViolet']
#设置 1 岁羊只的扇形的间距为 0.1
explode=(0.1,0,0,0,0,0)
#使用 pie()函数
plt.pie(size,labels=label,explode=explode,colors=color,autopct='%1.1f%%', shadow=True,startangle=90)
plt.title('羊只年龄结构图')
plt.legend(loc=5,fontsize=8,bbox_to_anchor=(1.2,0.9),borderaxespad=0.1)
#显示饼图
plt.show()
```

创建饼图的结果如图 7-7 所示。

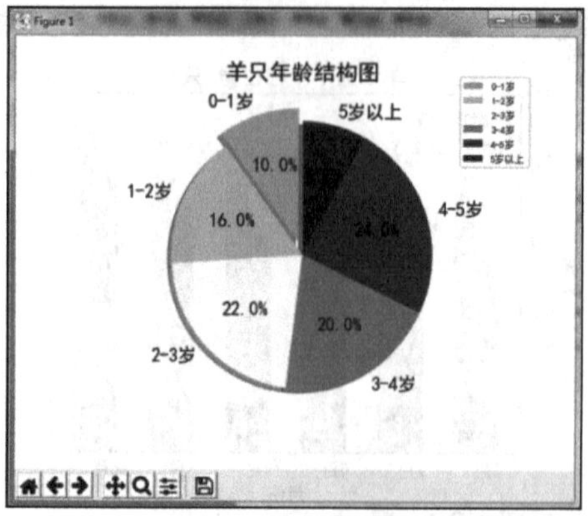

图 7-7　创建饼图的结果

例 7.25　根据表 7-5 中的数据，绘制羊场上半年羊只销售情况散点图。

源程序：

```
import matplotlib
import numpy as np
import matplotlib.pyplot as plt
#设置中文字体
matplotlib.rcParams['font.family']='SimHei'
matplotlib.rcParams['font.size']=10
#将表 7-5 中的数据存入数组
arr_1=np.array([8,6,5,2,2,4])
arr_2=np.array([7,8,3,1,2,1])
arr_3=np.array([9,7,7,3,1,3])
arr_4=np.array([6,5,4,2,3,5])
arr_5=np.array([8,4,4,2,1,2])
arr_6=np.array([5,7,6,4,2,1])
arr=np.array(['1 月', '2 月','3 月','4 月','5 月','6 月'])
arr_l=np.array(['1 号栏','2 号栏','3 号栏','4 号栏','5 号栏','6 号栏'])
#设置画布尺寸
plt.figure(figsize=(8,4))
#设置标题
plt.title('上半年羊只销售情况',fontsize=15)
#设置 x 轴、y 轴的标签
plt.xlabel('月份',fontsize=14)
plt.ylabel('销量/只',fontsize=14)
#按数组数据绘制散点图
plt.scatter(arr,arr_1,s=50,alpha=0.8,marker='*')
plt.scatter(arr,arr_2,s=50,alpha=0.8,marker='^')
plt.scatter(arr,arr_3,s=50,alpha=0.8,marker='o')
plt.scatter(arr,arr_4,s=50,alpha=0.8,marker='p')
plt.scatter(arr,arr_5,s=50,alpha=0.8,marker='^')
plt.scatter(arr,arr_6,s=50,alpha=0.8,marker='8')
#给每个散点数加标签
```

```
for i in range(len(arr)):
    plt.annotate(arr_1[i], xy=(i, arr_1[i]), xytext=(i+0.05,arr_1[i]+0.05))
    plt.annotate(arr_2[i], xy=(i, arr_2[i]), xytext=(i+0.05,arr_2[i]+0.05))
    plt.annotate(arr_3[i], xy=(i, arr_3[i]), xytext=(i+0.05,arr_3[i]+0.05))
    plt.annotate(arr_4[i], xy=(i, arr_4[i]), xytext=(i+0.05,arr_4[i]+0.05))
    plt.annotate(arr_5[i], xy=(i, arr_5[i]), xytext=(i+0.05,arr_5[i]+0.05))
    plt.annotate(arr_6[i], xy=(i, arr_6[i]), xytext=(i+0.05,arr_6[i]+0.05))
plt.legend(arr_l)
#显示散点图
plt.show()
```

创建羊场上半年羊只销售情况散点图的结果如图 7-8 所示。

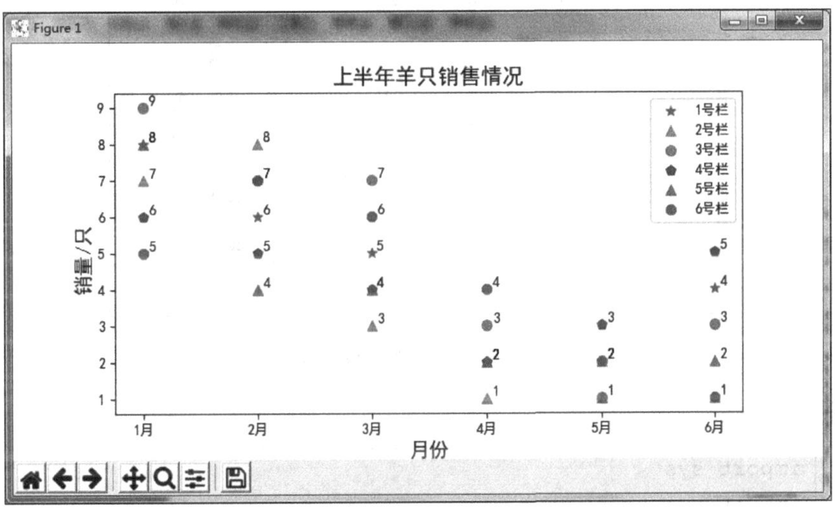

图 7-8 创建羊场上半年羊只销售情况散点图的结果

7.4.2 羊只平均日增重

例 7.26 图 7-9 所示的 Excel 表中列出了羊只在各月龄的体重（单位为 kg）。

（1）请依据图 7-9 中的数据，计算羊只平均日增重，并绘制条形图。

（2）在羊只早期生长曲线的拟合试验中，0.5 月龄体重为（6.25±1.219）kg，1 月龄体重为（9.4±1.887）kg，1.5 月龄体重为（13.22±2.247）kg，2 月龄体重为（15.58±2.868）kg，2.5 月龄体重为（19.27±3.034）kg。请依据上述条件，计算每栏各阶段月龄羊只体重达标数，并绘制表格。

分析：

羊只日增重是指羊每日体重增加的重量。羊场饲养员会在特定月龄内完成对羊只体重监测、计算平均日增重等任务，以便了解羊只生长状况。通过月龄体重数据也可判断羊只体重是否达标。羊只平均日增重=（结测体重-始测体重）/测定天数；羊只在某阶段月龄体重大于标准体重时，判定羊只体重达标。

（1）读取图 7-9 中的数据到数组 sheeps 中。除原始表中体重的相关数据外，依次加入'0.5-1 月龄''1-1.5 月龄''1.5-2 月龄''2-2.5 月龄'4 列数据，如 0.5-1 月龄=（1 月龄-0.5 月龄）/15（半月按 15 天计算）。

（2）使用 matplotlib 库创建子图条形图。计算公式：羊只总平均日增重/羊只数量。

（3）使用 matplotlib 库创建子图表格。依据上述条件，按栏分类，统计各阶段月龄达标的羊只数量。例如，0.5 月龄体重为 6.35 时，结果应为达标。

羊栏	羊编号	性别	月龄0.5	月龄1	月龄1.5	月龄2	月龄2.5
1	Y001	公	6.15	9.51	14.42	16.57	20.23
1	Y002	公	6.37	9.51	12.52	16.73	23.00
1	Y003	公	6.18	9.45	13.98	16.58	22.01
1	Y004	公	6.22	9.33	12.81	17.81	22.08
1	Y005	公	6.33	9.44	14.37	16.20	21.02
1	Y006	公	6.50	9.24	15.09	17.32	21.58
1	Y007	公	6.18	9.59	13.25	17.28	21.56
1	Y008	公	6.17	9.34	11.11	16.37	20.23
1	Y009	公	6.34	9.46	13.14	16.76	19.30
2	Y010	母	6.15	9.39	13.41	16.85	19.54
2	Y011	母	6.32	9.30	14.21	16.49	20.24
2	Y012	母	6.18	9.43	11.70	16.59	20.26
2	Y013	母	6.23	9.56	14.79	16.81	20.36
2	Y014	母	6.25	9.31	14.74	16.52	19.58
2	Y015	母	6.14	9.54	15.23	16.89	19.38
2	Y016	母	6.26	9.36	12.88	15.45	19.64
2	Y017	母	6.34	9.21	14.44	16.72	19.99
2	Y018	母	6.26	9.53	11.00	16.84	20.17
3	Y019	母	6.27	9.33	14.79	16.60	21.06
3	Y020	母	6.18	9.40	12.52	16.10	20.12
3	Y021	母	6.32	9.57	13.56	16.20	21.60
3	Y022	母	6.24	9.29	14.74	16.33	20.20
3	Y023	母	6.33	9.51	12.24	16.60	21.23
3	Y024	母	6.14	9.47	15.40	15.40	21.58
3	Y025	母	6.29	9.45	12.62	16.68	21.38
3	Y026	母	6.22	9.48	13.50	16.61	19.13
3	Y027	母	6.19	9.33	12.58	17.49	21.30
4	Y028	公	6.25	9.48	11.96	16.58	19.41
4	Y029	公	6.35	9.38	14.15	16.61	19.30
4	Y030	公	6.21	9.28	13.46	16.74	19.23
4	Y031	公	6.13	9.34	14.76	16.89	19.24
4	Y032	公	6.30	9.35	15.02	17.01	20.00
4	Y033	公	6.15	9.41	15.36	17.03	21.05
4	Y034	公	6.21	9.41	13.36	16.56	20.22
4	Y035	公	6.40	9.99	13.38	16.58	21.33
4	Y036	公	6.32	9.60	13.48	16.90	21.46
4	Y037	公	6.29	9.24	13.80	17.42	21.69

图 7-9　羊只在各月龄的体重

源程序：

```
import sys
import numpy as np
#导入matplotlib库
import matplotlib
import matplotlib.pyplot as plt
#导入xlrd库
import xlrd
#定义表头存储数组
header_line=[]
sheeps=[]
#读取图 7-9（其文件名为“sheep.xls”）中的数据并将其保存到 sheeps 数组中
def loadexcel():
    #打开文件
    workbook = xlrd.open_workbook(r'sheep.xls')
    #读第一个工作表
    sheet = workbook.sheet_by_index(0)
```

```
header_line.append([sheet.cell_value(0,0),sheet.cell_value(0,1),
                    sheet.cell_value(0,2),sheet.cell_value(0,3),
                    sheet.cell_value(0,4),sheet.cell_value(0,5),
                    sheet.cell_value(0,6),sheet.cell_value(0,7),
                    '0.5-1月龄','1-1.5月龄','1.5-2月龄','2-2.5月龄'])
    #从第一行读数据，循环到最后一行
    row=1
    while row<sheet.nrows:
    #将当前行数据存入数组arr_1中，计算每只羊每个阶段的平均日增重，每个阶段为15日
        ADG1=format((sheet.cell_value(row,4)-sheet.cell_value(row,3))/15,'.2f')
        ADG2=format((sheet.cell_value(row,5)-sheet.cell_value(row,4))/15,'.2f')
        ADG3=format((sheet.cell_value(row,6)-sheet.cell_value(row,5))/15,'.2f')
        ADG4=format((sheet.cell_value(row,7)-sheet.cell_value(row,6))/15,'.2f')
        arr_1=[sheet.cell_value(row,0),sheet.cell_value(row,1),
              sheet.cell_value(row,2),sheet.cell_value(row,3),
              sheet.cell_value(row,4),sheet.cell_value(row,5),
              sheet.cell_value(row,6),sheet.cell_value(row,7),
              ADG1,ADG2,ADG3,ADG4]
        #将数组arr_1中的数据添加到数组中
        sheeps.append(arr_1)
        row+=1
#读取表中数据到数组sheeps中
loadexcel();
#计算羊只日增重之和
sadg1=0;sadg2=0;sadg3=0;sadg4=0;sadg5=0;sadg6=0;sadg7=0;sadg8=0;n=0;m=0
for idx in range(0,len(sheeps)):
    if sheeps[idx][2]=='公':
        sadg1=sadg1+float(sheeps[idx][8])
        sadg2=sadg2+float(sheeps[idx][9])
        sadg3=sadg3+float(sheeps[idx][10])
        sadg4=sadg4+float(sheeps[idx][11])
        n+=1
    if sheeps[idx][2]=='母':
        sadg5=sadg5+float(sheeps[idx][8])
        sadg6=sadg6+float(sheeps[idx][9])
        sadg7=sadg7+float(sheeps[idx][10])
        sadg8=sadg8+float(sheeps[idx][11])
        m+=1
#设置中文字体
matplotlib.rcParams['font.family']='SimHei'
matplotlib.rcParams['font.size']=13
str1=[header_line[0][8],header_line[0][9],header_line[0][10],
```

```
    header_line[0][11]]
#计算羊只平均日增重
y1=[float(format(sadg1/n,'.2f')), float(format(sadg2/n,'.2f')),
   float(format(sadg3/n,'.2f')), float(format(sadg4/n,'.2f'))]
y2=[float(format(sadg5/m,'.2f')), float(format(sadg6/m,'.2f')),
   float(format(sadg7/m,'.2f')), float(format(sadg8/m,'.2f'))]
#创建图形，并定义其尺寸
fig=plt.figure(figsize=(10,7))
#子图形布局为 2 行 1 列
plt1=plt.subplot(211)
#加入条形图
plt1.bar(np.arange(len(str1)),list(y1),0.3,tick_label=y1,label='公羊')
plt1.bar(np.arange(len(str1))+0.3,list(y2),0.3,label='母羊')
plt.xticks(np.arange(len(str1)),list(str1))
#为条形图加上 y 轴的数值
for a, b in enumerate(y1):
   plt1.text(a,b+0.005,'%.2f'%b+'kg',ha='center', va='bottom', fontsize=10,
color='blue')
for a, b in enumerate(y2):
   plt1.text(a+0.3,b+0.005,'%.2f'%b+'kg',ha='center', va='bottom',
fontsize=10,color='orange')
#加入两条折线
plt1.plot(str1,y1,color='blue',marker='^',linestyle='--')
plt1.plot(str1,y2,color='orange',marker='^',linestyle='-.')
#设置图表标题
plt.title('羊只日均增重')
#设置 x 轴的标签
plt.xlabel('月龄')
#设置 y 轴的标签
plt.ylabel('重量/kg')
#显示标签
plt1.legend()
#子图形 plt2
plt2=plt.subplot(212)
Rows=[]
'''计算各阶段月龄达标羊只个数。达标条件：0.5 月龄时羊只体重≥6.25kg，1 月龄时
羊只体重≥9.4kg，1.5 月龄时羊只体重≥13.22kg，2 月龄时羊只体重≥15.58kg，2.5
月龄时羊只体重≥19.27kg'''
def table_rows(a):
   total=0;rows1=0;rows2=0;rows3=0;rows4=0;rows5=0;rows6=0
   for idx in range(0,len(sheeps)):
      if sheeps[idx][0]==a:
         total+=1
         if sheeps[idx][3]>=6.25:
            rows1+=1
         if sheeps[idx][4]>=9.4:
            rows2+=1
```

```
            if sheeps[idx][5]>=13.22:
                rows3+=1
            if sheeps[idx][6]>=15.58:
                rows4+=1
            if sheeps[idx][7]>=19.27:
                rows5+=1
    tmp=[a,total,rows1,rows2,rows3,rows4,rows5]
    Rows.append(tmp)
#调用函数，参数为栏号
table_rows(1)
table_rows(2)
table_rows(3)
table_rows(4)
#设置表标题
rowLabels=('栏号','羊总数','月龄 0.5 达标数','月龄 1 达标数','月龄 1.5 达标数','月龄 2 达标数','月龄 2.5 达标数')
#表格数据、格式等参数设定
table=plt2.table(cellText=Rows,colLabels=rowLabels,cellLoc='center',
bbox=[0,0.3,1,0.5],colWidths=[0.05,0.05,0.1,0.1,0.1,0.1,0.1])
#关闭坐标轴
plt2.axis('off')
#显示图标
plt.show()
```

程序运行结果如图 7-10 所示。

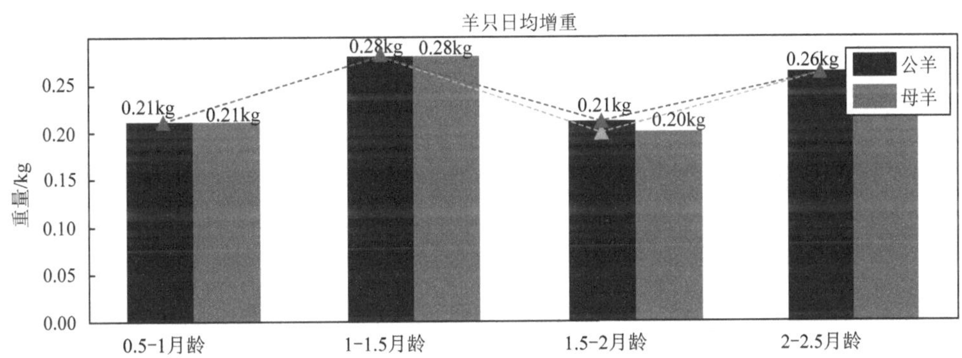

（a）条形图

栏号	羊总数	月龄 0.5 达标数	月龄 1 达标数	月龄 1.5 达标数	月龄 2 达标数	月龄 2.5 达标数
1	9	4	6	5	9	9
2	9	5	4	6	8	9
3	9	4	6	5	8	8
4	10	6	5	9	10	8

（b）表格

图 7-10　程序运行结果

本章小结

本章全面介绍了 pandas、numpy 和 matplotlib 这 3 个核心 Python 库的基础知识、常用函数和实际应用，旨在帮助读者掌握这些库在数据处理和数据分析中的基本使用方法。通过对这 3 个库的深入了解，读者将能够高效地处理和分析数据，为实现后续更复杂的应用打下坚实的基础。

此外，本章强调了实践的重要性，鼓励读者在学习基础概念的同时，积极动手实现实际应用。通过应用这些知识，读者将能够在数据分析的过程中，不断探索更为高效的方法，完成诸如市场分析、天气趋势预测、销售数据挖掘等更为复杂的任务。最终，掌握如何利用 pandas、numpy 和 matplotlib 库实现完整的数据分析与可视化，为读者在数据科学、机器学习及 AI 等领域的进一步学习与应用打下坚实的基础。

第 8 章　图形图像处理

学习目标

（1）了解图形图像基础知识。
（2）熟悉 pillow 库的基本功能。
（3）掌握 pillow 库的用法。

在对 Python 的基础知识有了初步了解后，本章将重点讲述图形图像的基本知识和 pillow 库的使用方法。本章配有大量实例与代码详解，以帮助大家更好地学习程序设计的基本方法，从而在开发中灵活运用。

8.1　图形图像基础知识

在现实生活中，图形和图像是既有区别又有联系的两个概念，二者所指的都是在二维平面上能在人的视觉系统中产生视觉印象的客观对象，图形所指代的客观对象往往带有鲜明的几何意义，而图像指代的客观对象往往是绘制或拍摄的。计算机中图形和图像的区别除了与现实生活的含义类似外，主要反映在它们在数据的表示方式上。

8.1.1　图形和图像

1. 图形和图像的概念

图形（graphics）在计算机中又被称为矢量图，一般是指用计算机绘制的画面，它具有两个要素：一是几何要素，主要刻画对象的轮廓、形状等；二是非几何要素，或者称之为属性要素，主要刻画对象的颜色、纹理等。

图形文件中只记录了生成图的算法及图形的控制点信息和属性信息，这些是用一个指令集合来描述的。这些指令描述了构成一幅图的所有直线、圆、圆弧、矩形、曲线等图元的数量、维数和大小、形状、颜色。显示图形时，需要相应的软件来读取这些指令，根据这些指令在屏幕上显示相应的形状和颜色。

图像（image）在计算机中又被称为点阵图或位图，它将二维平面对象的信息细化为密集排列的点，并将这些点的信息按顺序存储在计算机中。在计算机中，图像实质上是一个数字矩阵，矩阵中各项数字用来描述构成图像的每一个点的亮度、颜色等信息。构成图像的点被称为像素（pixel）。图像通常是以数字设备捕捉的实际场景画面或以数字化形式存储的任意画面。

位图图像和矢量图形的主要区别有以下几点。

（1）表达对象的复杂程度。位图图像适用于表现比较细致，层次和色彩比较丰富，包括大量细节的场景；而矢量图形不适用于表达复杂的对象。事实上，位图图像经常是真实世界的二维表达；而图形依赖于简单的图元，无法表达复杂的真实世界。

（2）显示速度。位图图像的显示速度较快，这是因为存储器中图像的数据可以存入内存并直接显示在显示器上；而矢量图形在显示时需要重新计算，因而显示速度相对慢一些。

（3）文件大小。位图图像要存储二维对象的每一个像素，图像文件所占的存储空间较大，通常要进行压缩；而矢量图形文件只需保存生成图形的算法、图形的控制点和属性信息，因此占用的存储空间很小。

（4）缩放时的性质。位图图像放大后图像会失真，呈现锯齿状，这是因为图像存放的是固定像素的信息，当对位图图像进行放大时，像素个数并没有增加，而是将像素本身放大，因此出现失真；而矢量图形并不保存具体绘制的像素，保存的是图形的算法信息，当对矢量图形进行放大时，它需要重新进行计算及显示，所以不会失真。

注意：随着计算机科学的发展，图形和图像之间的区别越来越模糊，图形和图像的内涵日益接近，在某些情况下，图形和图像两者已融合在一起，无法区分。利用真实感图形绘制技术可以将图形数据变成图像；利用模式识别技术可以从图像数据中提取几何数据，把图像转换成图形。

2. 色彩的表达

颜色信息是图形和图像所共有的信息。颜色是人的视觉系统对可见光的感知结果。可见光是一种光波，本质上是电磁波。电磁波的波长范围很大，如图 8-1 所示，人眼只能感觉到 350～750nm 波长的光波。不同波长的光波对应不同的颜色，不同波长的光波对应的颜色如图 8-2 所示。

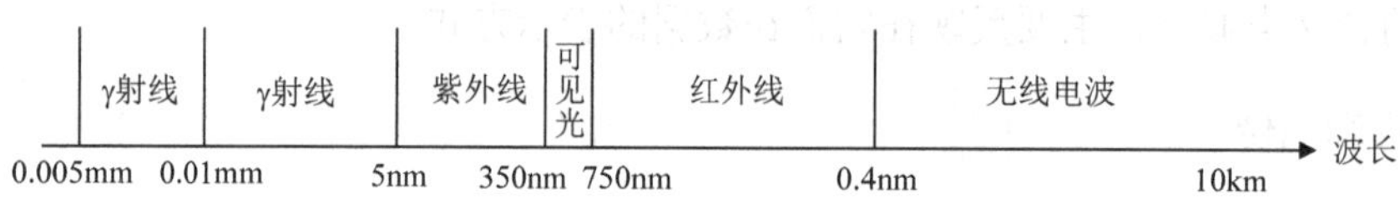

图 8-1 电磁光波的波长范围

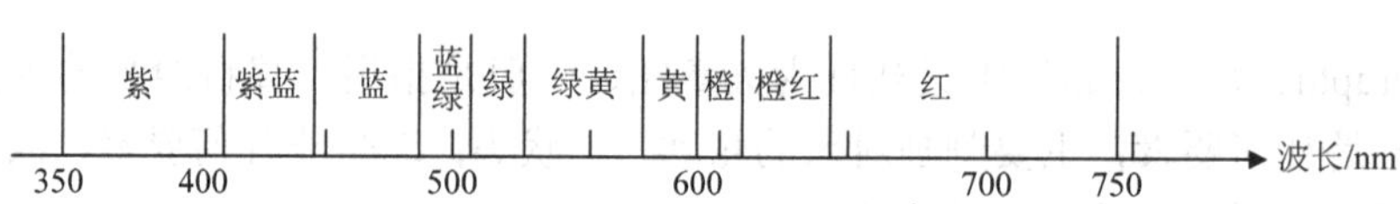

图 8-2 不同波长的光波对应的颜色

物体由于内部物质的不同，受光线照射后，一部分光线被吸收，其余的被反射或透射出来，成为人眼所见的物体的颜色。不透明物体的颜色是其反射光的颜色，而透明物体的颜色是其透射光的颜色。

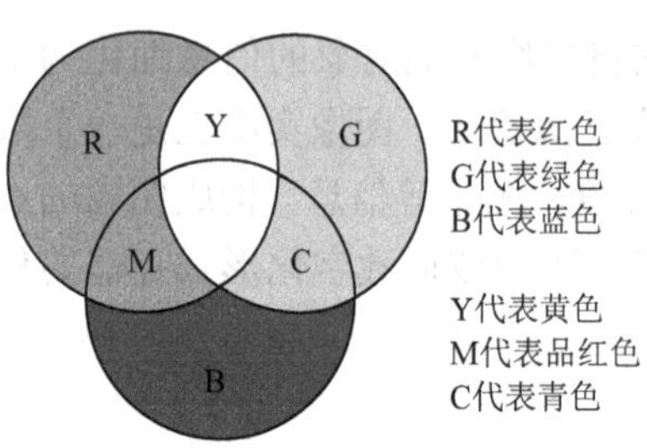

图 8-3 三基色

从以上介绍可知，颜色是人眼对物体反射或透射光的感觉。颜色的产生比较复杂，它既与光有密切关系，又与被光照射的物体有关，还与观察的主体有关。

人是三色视觉者，人的视网膜有 3 种锥体细胞，分别用于处理低频信息（对应于红色）、中频信息（对应于绿色）和高频信息（对应于蓝色）。因此，红、绿、蓝这 3 种颜色被称为三基色。三基色以不同的比例混合，可成为各种色光，如图 8-3 所示，但三基色本身不能由其他色光混合而成。

计算机应用中定义颜色的基本方法是基于三基色原理，即将物体的颜色分为红、绿、蓝 3 个分量，物体颜色的表达公式为

颜色=R（红色的百分比）+G（绿色的百分比）+B（蓝色的百分比）

通常，在计算机的真彩色模型中，用 3 字节来存储颜色信息，每一个分量为 1 字节。例如，若一个对象的颜色被设置为红色分量 255、绿色分量 0、蓝色分量 0，则表示该对象的颜色为红色。

颜色还可以用三要素来描述，颜色的三要素是色调（hue）、饱和度（saturation）和亮度（intensity）。色调与光波的波长有直接关系，亮度和饱和度与光波的幅度有关，人眼看到的任一彩色光都是这 3 个要素的综合效果。

（1）色调：又称为色相，指颜色的外观，用于区分颜色的名称或颜色的种类。色调取决于可见光谱中光波的波长。色调是视觉系统对一个区域所呈现颜色的感觉，即视觉系统对可见物体辐射或者发射的光波波长的感觉。色调的种类很多，有 1000 万种以上，专业人士可辨认出的颜色为 300～400 种。按波长从长到短的顺序，色调次序为红、橙、黄、绿、青、蓝、紫。混合相邻颜色时，可以获得在这两种颜色之间连续变化的色调。

（2）饱和度：表示颜色的纯净程度，可用来区分颜色深浅的程度。当一种颜色渗入白光成分越多时，颜色越不饱和。没有渗入白光时所呈现的颜色（如仅由单一波长组成的光谱色）被称为饱和色。

（3）亮度：指色彩所引起的人眼对明暗程度的感觉，是视觉系统对可见物体辐射或者发光多少的感知属性，它与被观察物体的发光强度有关。

计算机可以基于三基色原理来表达颜色，也可以基于颜色的三要素表达颜色，Windows 操作系统的“标准颜色”对话框中提供了基于三基色和基于三要素的两种颜色控制方式。当然，一些复杂的图像处理软件（如 Photoshop）还会提供更丰富的颜色控制方式。

8.1.2　图像数字化及相关概念

1. 图像数字化

在计算机出现之前，用普通相机捕捉到的关于现实世界的影像可以被称为模拟图像或物理图像。在模拟图像中，一个像素点的亮度是该像素点空间位置的函数，任意一幅单色图像可以表达为连续函数：I=f(x,y)。其中，I 代表像素点的亮度值，它是连续变化的；x、y 代表像素点的二维空间位置，也是连续变化的。针对彩色图像，可以用红、绿、蓝 3 幅单色图像来表示，即 fR(x,y)、fG(x,y)、fB(x,y)。

模拟图像在二维空间上是连续分布的，亮度的值也是连续的，无法用计算机处理。为了用计算机来处理模拟图像，必须把连续的图像转换成离散的图像，即图像的数字化。模拟图像经过数字化处理后获得的数字图像即为位图图像。

因为图像的连续性包含空间位置和亮度两个方面的内容，所以在对其进行数字化时，在空间位置和亮度上都要进行离散化。因此，图像的离散化包括采样、量化两个阶段。

（1）采样：图像 I=f(x,y)在其空间坐标上的离散化称为采样。为了对一幅在空间上连续的静止图像进行采样，可将图像在二维方向上分成 M 行、N 列，构成 M×N 个网格。

其中，每一个网格用一个亮度值来表示。单位长度上采样点的个数为采样频率。采样频

率越高，得到的图像越细腻，表现的细节越逼真，但数据量也会增大，需要更大的存储空间。

图像的采样频率的确定通常遵循奈奎斯特定理。

（2）量化：经过采样得到的图像亮度样本值在亮度区间上仍然是连续的，把亮度区间划分成 K 个区间，一个区间对应一个亮度值，对于所有落入第 i 个区间的任意亮度值，都用同一个亮度值来表示，这个过程称为图像的量化。

量化位数通常有 1 位、4 位、8 位、16 位、24 位和 32 位。

2. 图像数字化相关概念

（1）分辨率。图像的分辨率是一个和采样相关的概念，是指数字图像的实际尺寸，即该图像的水平和垂直方向的像素个数。图像的分辨率越高，图像就越清晰。

（2）颜色深度。颜色深度是一个和量化相关的概念。在位图图像中，各像素的颜色信息用若干数据位来表示，这些数据位的个数称为图像的颜色深度（又称图像深度）。颜色深度决定了位图中出现的最大颜色数。和量化位数对应，目前图像的颜色深度有 1、4、8、16、24 和 32。

若图像的颜色深度为 1，则表明位图中每个像素只有一个颜色位，也就是只能表示两种颜色，即黑或白，这种图像称为单色图像；若图像的颜色深度为 4，则每个像素有 4 个颜色位，可以表示 16 种颜色；若图像的颜色深度为 24，则位图中每个像素有 24 个颜色位，可包含 16777216 种不同的颜色，这种图像被称为真彩色图像。

8.2 pillow 库简介

Python 图像处理库（Python imaging library，PIL）是 Python 的第三方库，因其功能丰富、应用程序接口（application programming interface，API）简洁易用而深受好评。

自 2011 年以来，PIL 更新缓慢，目前仅支持 Python 2.7，这明显无法满足 Python 3.×的使用需求。于是 Python 社区的一群志愿者在 PIL 的基础上开发了一个支持 Python 3.×的图像处理库——pillow 库。

pillow 库不仅是 PIL 的“复制版”，还在 PIL 的基础上增加了许多新的特性。pillow 库发展至今，已经成为比 PIL 更具活力的图像处理库。pillow 库是 Python 中较为基础的图像处理库，主要用于图像的基本处理，如裁剪图像、调整图像大小和处理图像颜色等。

8.2.1 pillow 库的特点

pillow 库作为图像处理的常用库，主要有以下三大特点。

1. 支持广泛的文件格式

pillow 库支持广泛的图像格式，如 JPEG、PNG、BMP、GIF、PPM、TIFF 等。同时，它支持图像格式之间的相互转换。总之，pillow 库几乎能够处理任何格式的图像。

2. 提供了丰富的功能

pillow 库提供了丰富的图像处理功能，包括图像归档与图像处理。其中，图像归档包括创建缩略图、生成预览图像、批量处理图像等；图像处理包括调整图像大小、裁剪图像、处理像素点、添加滤镜、处理图像颜色等。

3. 配合图形用户界面使用

pillow 库可以配合 Python 图形用户界面（graphical user interface，GUI）Tkinter 一起使用。

除上述特点之外，pillow 库还能实现一些较为复杂的图像处理操作，如为图像添加水印、合成 GIF 动态效果图等。

8.2.2 pillow 库的安装

PIL 与 pillow 库不允许在同一环境中共存，如果之前安装了 PIL，则只有将其卸载才能安装 pillow 库。通过 Python 包管理器 pip 来安装 pillow 库是最简单、轻量级的一种安装方式，并且这种方法适用于任何平台，只需执行以下命令即可。

```
>>>pip install pillow
```

pillow 库安装成功后，导包时要使用 PIL 来导入，而不能使用 pillow，即使用下述代码。

```
>>>import PIL
```

8.3 pillow 库基础知识

8.3.1 创建 Image 对象

Image 类是 pillow 库中最为重要的类之一，该类被定义在与其同名的 Image 模块中。

使用下列导包方式引入 Image 模块。

```
from PIL import Image
```

使用 Image 类可以实例化一个 Image 对象，通过调用该对象的一系列属性和方法对图像进行处理。pillow 库提供了两种创建 Image 实例对象的方法，下面对这两种方法进行简单介绍。

1. open()方法

使用 Image 类的 open()方法可以创建一个 Image 对象。

语法格式：

```
ph = Image.open(file,mode="r")
```

其中，各参数的说明如下。

file：表示文件路径，字符串格式。

mode：可选参数，若出现该参数，则必须将其设置为"r"，否则会触发 ValueError 异常。

例 8.1　使用 pillow 库打开并显示一幅图像。

源程序：

```
from PIL import Image
#打开图像文件
ph = Image.open("sheep.jpg")
```

```
#调用 show()方法显示图像
ph.show()
```

图 8-4　显示图像的结果

显示图像的结果如图 8-4 所示。

2. new()方法

使用 Image 类提供的 new()方法可以创建一个新的 Image 对象。语法格式：

```
ph=Image.new(mode,size,color)
```

其中，各参数的说明如下。

mode：图像模式，字符串参数，如 RGB（真彩图像）、L（灰度图像）、CMYK（色彩图输出模式）等。

size：图像大小，元组参数（width, height）代表图像的像素大小。

color：图片颜色，默认值为 0 时表示黑色，参数值支持（R,G,B）三元组数字格式、颜色的十六进制值及颜色的英文单词。

例 8.2　使用 pillow 库新建一幅图像。

源程序：

```
from PIL import Image
#使用颜色的十六进制值
ph=Image.new('RGB',(320,240),"#0000ff")
ph.show()
```

新建图像的结果如图 8-5 所示。

图 8-5　新建图像的结果

8.3.2　Image 对象属性

Image 对象有一些常用的基本属性，这些属性能够帮助用户了解图像的基本信息，下面对这些属性做简单讲解。

1. 查看图像大小

width：查看图像的宽度（单位为像素）。

height：查看图像的高度（单位为像素）。

size：查看图像的大小（单位为像素）。

例 8.3　查看图像的大小。

源程序：

```
from PIL import Image
ph = Image.open("sheep.jpg")
#输出 Image 对象的属性
print(ph)
#使用 width 和 height 查看宽度和高度
print("宽是%s，高是%s"%(ph.width,ph.height))
#使用 size 查看图像的大小
print("图像的大小 size:",ph.size)
```

查看图像大小的结果如图 8-6 所示。

```
<PIL.JpegImagePlugin.JpegImageFile image mode=RGB size=142x214 at 0x15DD0A17B80>
宽是142，高是214
图像的大小size: (142, 214)
```

图 8-6　查看图像大小的结果

2. 查看图像格式

format：查看图像格式。

例 8.4　查看图像格式。

源程序：

```
from PIL import Image
ph = Image.open("sheep.jpg")
#查看图像格式
print("图像的格式:",ph.format)
```

查看图像格式的结果如图 8-7 所示。

```
图像的格式: JPEG
```

图 8-7　查看图像格式的结果

3. 查看图像信息

info：查看图像信息（以字典形式显示信息）。

例 8.5　查看图像信息。

源程序：

```
from PIL import Image
ph = Image.open("sheep.jpg")
#包括每英寸像素点大小和截图软件信息
print("图像信息:",ph.info)
```

查看图像信息（以字典形式显示信息）如图 8-8 所示。

```
图像信息: {'jfif': 257, 'jfif_version': (1, 1), 'dpi': (96, 96), 'jfif_unit': 1, 'jfif_density': (96, 96)}
```

图 8-8　查看图像信息（以字典形式显示信息）的结果

4. 查看图像模式

mode：查看图像模式。

例 8.6　查看图像模式。

源程序：

```
from PIL import Image
ph = Image.open("sheep.jpg")
print("图像模式信息:",ph.mode)
```

查看图像模式的结果如图 8-9 所示。

```
图像模式信息: RGB
```

图 8-9　查看图像模式的结果

8.3.3　图像保存与格式转换

pillow 库支持多种图像格式，使用 open()方法读取图像时无须考虑图像的类型。同时，pillow 库在保存图像时能实现图像格式之间的转换。

1. 图像保存

Image 类提供的 save()方法用于保存图像，当不指定文件格式时，它会以默认的图像格式来存储；如果指定图像格式，则会以指定的格式存储图像。

语法格式：

```
Image.save(file, format=None)
```

其中，各参数的说明如下。

file：图像的存储路径，包含图像的名称，字符串格式。

format：可选参数，可以指定图像的格式，如果省略，则由文件扩展名决定。

例 8.7　图像保存。

源程序：

```
from PIL import Image
ph = Image.open("sheep.jpg")
ph.save('sheep.bmp')
```

执行源程序后，文件目录下会多一个名为“sheep.bmp”的文件。

2. 图像格式转换

Image 类提供的 convert()方法可以实现图像格式的转换。

语法格式：

```
Image.convert(mode,params**)
```

其中，各参数的说明如下。

mode：要转换成的图像格式。

params：其他可选参数（可根据需要设置不同相关参数的组合）。

例 8.8　图像格式转换。

源程序：

```
from PIL import Image
im = Image.open("sheep.png")
#此时返回一个新的 Image 对象，并转换图像格式
image=im.convert('RGB')
#调用 save()方法保存图像
image.save('sheep.jpg')
```

通过以上代码，可以将 PNG 格式的图像转换为 JPG 格式的图像。

8.3.4　图像缩放及批量修改图像

在处理图像的过程中经常会遇到缩小或放大图像的情况，Image 类提供的 resize()方法能够实现任意缩小和放大图像。

1. 图像缩放

Image 类提供的 resize()函数用于缩放图像。

语法格式：

```
resize(size, resample=Image.Resampling.BICUBIC, box=None, reducing_
gap=None)
```

其中，各参数的说明如下。

size：元组参数(width,height)，图像缩放后的大小。

resample：可选参数，指图像重采样滤波器，默认为 Image.Resampling.BICUBIC。

box：对指定图片区域进行缩放，box 的参数值是长度为 4 的像素坐标元组，即（左,上,右,下）。需要注意的是，被指定的区域必须在原图的范围内，如果超出范围，则会报错。当不使用该参数时，默认对整个原图进行缩放。

reducing_gap：可选参数，浮点参数值，用于优化图像的缩放效果，常用参数值有 3.0 和 5.0。

例 8.9　图像缩小。

源程序：

```
from PIL import Image
ph= Image.open("sheep.jpg")
#图像缩小
ph=ph.resize((50,75))
#保存新图像
ph.save("缩小.jpg")
ph.show()
```

图像缩小的结果如图 8-10 所示。

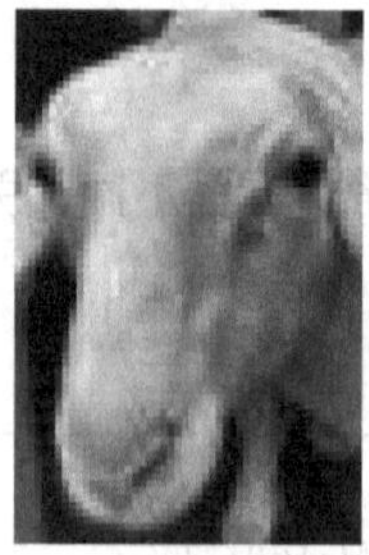

图 8-10　图像缩小的结果

例 8.10　图像局部放大。

源程序：

```
from PIL import Image
ph= Image.open("sheep.jpg")
#图像局部放大
ph=ph.resize((150,210),resample=Image.Resampling.BICUBIC,box=(10,10,
120,150))
#保存新图像
ph.save("局部.jpg")
ph.show()
```

图像局部放大的结果如图 8-11 所示。

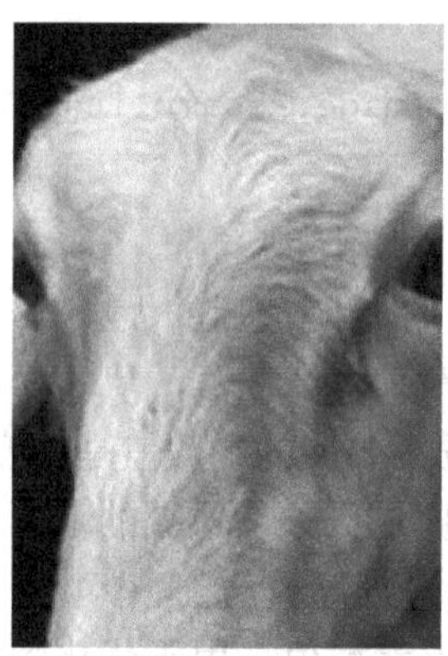

图 8-11　图像局部放大的结果

2. 批量修改图像

在处理图像的过程中，对于某些不需要精细处理的环节，往往采用批量处理方法，如批量转换格式、批量修改尺寸、批量添加水印、批量创建缩略图等，这是提升工作效率的一种有效途径，它避免了单一、重复的操作。pillow 库提供的 Image.resize()方法可以批量地修改图像大小。

例 8.11　批量修改图像大小。

源程序：

```
#批量修改图像大小
import os
from PIL import Image
#读取图像目录
fileName = os.listdir('C:/Users/Administrator/Desktop/sheep/')
print(fileName)
#设定图像大小
width = 450
height = 300
#如果目录不存在，则创建目录
if not os.path.exists('C:/Users/ Administrator /Desktop/newsheep/'):
   os.mkdir('C:/Users/ Administrator /Desktop/newsheep/')
#循环读取每一幅图像
for img in fileName:
   old_pic = Image.open('C:/Users/Administrator/Desktop/sheep/' + img)
   new_image = old_pic.resize((width, height),Image.Resampling.BILINEAR)
   print (new_image)
   new_image.save('C:/Users/Administrator/Desktop/newsheep/'+img)
```

程序运行前，待处理的图像如图 8-12 所示；程序运行后的输出结果如图 8-13 所示；处理完成的图像如图 8-14 所示。

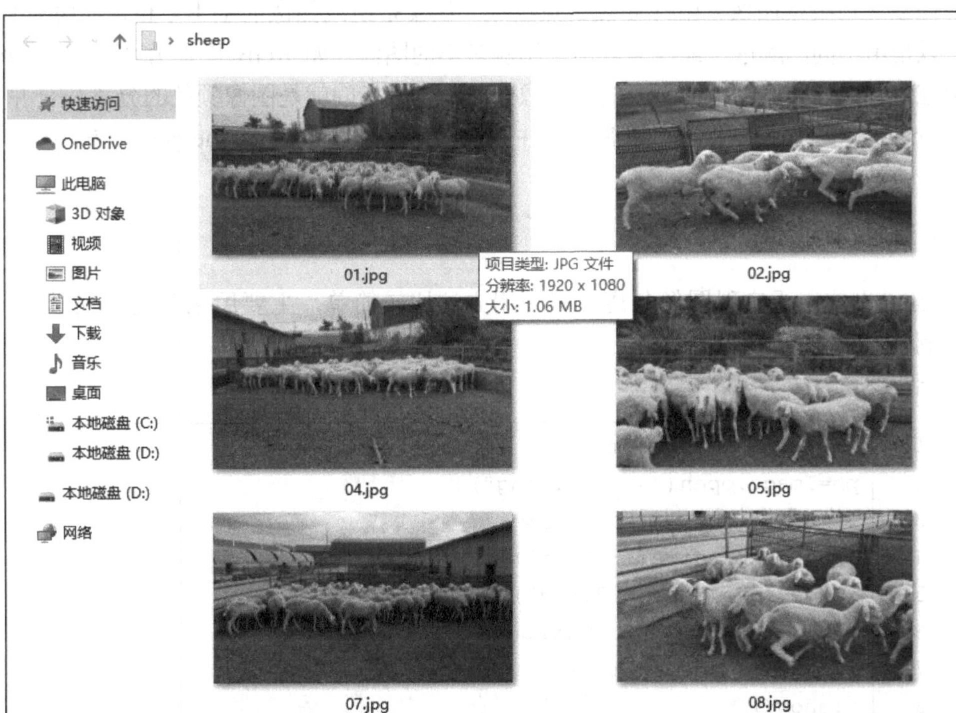

图 8-12　待处理的图像

```
['01.jpg', '02.jpg', '03.jpg', '04.jpg', '05.jpg', '06.jpg', '07.jpg', '08.jpg', '09.jpg']
<PIL.Image.Image image mode=RGB size=450x300 at 0x17DFCAC7B50>
<PIL.Image.Image image mode=RGB size=450x300 at 0x17DFCAC7880>
<PIL.Image.Image image mode=RGB size=450x300 at 0x17DFCAC7B50>
<PIL.Image.Image image mode=RGB size=450x300 at 0x17DFCAC7880>
<PIL.Image.Image image mode=RGB size=450x300 at 0x17DFCAC7B50>
<PIL.Image.Image image mode=RGB size=450x300 at 0x17DFCAC7880>
<PIL.Image.Image image mode=RGB size=450x300 at 0x17DFCAC7B50>
<PIL.Image.Image image mode=RGB size=450x300 at 0x17DFCAC7880>
<PIL.Image.Image image mode=RGB size=450x300 at 0x17DFCAC7B50>
```

图 8-13　程序运行后的输出结果

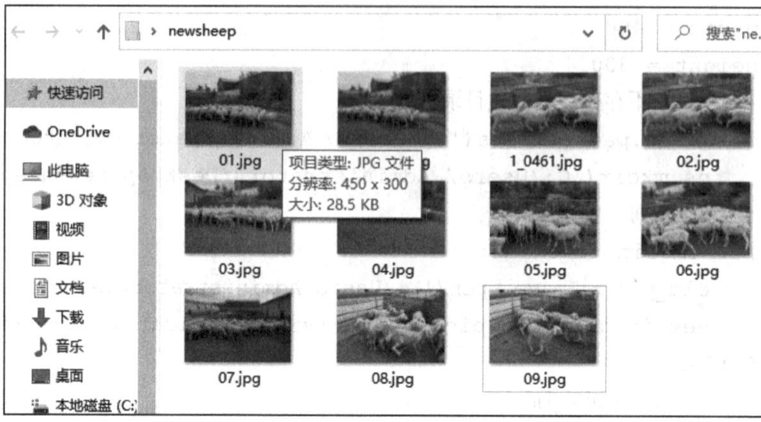

图 8-14　处理完成的图像

8.3.5　图像分离与合并

图像（指数字图像）由许多像素点组成，像素是组成图像的基本单位，而每一个像素点又可以使用不同的颜色，最终呈现出了绚丽多彩的图像（如 RGB 图像），它的每一个像素都是由红色、绿色和蓝色组合而成的。图像分离与合并指的就是图像颜色的分离与合并。

Image 类提供了用于分离图像和合并图像的方法，即 split()和 merge()方法，通常情况下，这两个方法会一起使用。

1. 图像分离

split()方法用于实现图像分离，其使用方法比较简单，主要用来分离颜色通道。

例 8.12　RGB 图像分离。

源程序：

```
from PIL import Image
ph=Image.open("sheep01.png")
#修改图像大小，以适应图像处理
image=ph.resize((300,250))
image.save("sheep02.png")
#分离颜色通道，产生 3 个 Image 对象
r,g,b = image.split()
r.show()
g.show()
b.show()
r.save("r.jpg")
```

```
g.save("g.jpg")
b.save("b.jpg")
```

程序运行前，待处理的图像如图 8-15 所示。

图 8-15　待处理的图像

程序运行后，分离后的图像如图 8-16 所示。

图 8-16　分离后的图像

2. 图像合并

Image 类提供的 merge()方法可以实现图像的合并操作。需要注意的是，图像合并可以是单幅图像合并，也可以是两幅以上的图像合并。

语法格式：

```
Image.merge(mode, bands)
```

其中，各参数的说明如下。

mode：指定输出图像的模式。

bands：参数类型为元组或者列表，其值是组成图像的颜色通道，如 RGB 分别代表 3 种颜色通道，可以表示为(r,g,b)。

图像合并时，两幅图像的模式和大小必须保持一致，否则不能合并。例 8.13 是将例 8.12

分离的图像通道颠倒后再进行合并。

例 8.13 图像合并。

源程序：

```
from PIL import Image
ph1=Image.open("r.jpg")
ph2=Image.open("g.jpg")
ph3=Image.open("b.jpg")
#重新组合颜色通道，返回 Image 对象
ph_merge=Image.merge('RGB',(ph3,ph2,ph1))
ph_merge.show()
#保存图像
ph_merge.save("sheep03.jpg")
```

图像合并时将通道顺序颠倒，获得的图像与原图不同，合并后的图像如图 8-17 所示。

图 8-17　合并后的图像

8.3.6　图像裁剪、复制与粘贴

图像裁剪、复制与粘贴是处理图像的过程中经常使用的基本操作，Image 类提供了简单、易用的接口，能够快速实现这些简单的图像处理操作。

1. 图像裁剪

Image 类提供的 crop()方法允许以矩形区域的方式对原图像进行裁剪。

语法格式：

```
crop(box=None)
```

其中，参数 box 裁剪区域，默认为 None，表示复制原图像。box 是一个有 4 个数字的元组参数(x_左上,y_左下,x1_右上,y1_右下)，分别表示被裁剪矩形区域的左上角的 x、y 坐标和右下角的 x、y 坐标。默认(0,0)表示坐标原点，宽度的方向为 x 轴，高度的方向为 y 轴，每个像素点代表一个单位。

例 8.14　图像裁剪。

源程序：

```
from PIL import Image
#图像裁剪
ph = Image.open("sheep01.png")
box =(0,140,280,300)
ph_crop = ph.crop(box)
ph_crop.show()
```

待裁剪的图像如图 8-15 所示，裁剪后的图像如图 8-18 所示。

图 8-18　裁剪后的图像

2. 图像复制与粘贴

Image 类提供了 copy()和 paste()方法来实现图像的复制与粘贴。创建图像的一个副本是将一幅图像粘贴至另一幅图像中。

语法格式：

```
image.copy()
image.paste(image, box=None, mask=None)
```

其中，各参数的说明如下。

image：被粘贴的图像。

box：指定图像被粘贴的位置或者区域，其参数值是长度为 2 或者 4 的元组序列。当长度为 2 时，表示具体的某一点(x,y)；当长度为 4 时，表示图片粘贴的区域，此时区域的大小必须和被粘贴的图像大小保持一致。

mask：可选参数，用于为图像添加蒙版效果。

例 8.15　图像复制与粘贴。

源程序：

```
from PIL import Image
ph1 = Image.open("sheep02.png")
ph2 = Image.open("sheep03.png")
#复制一幅图像的副本
```

```
ph2_copy=ph2.copy()
#对副本进行裁剪
ph2_crop = ph2_copy.crop((20,110,130,300))
#将裁剪后的副本粘贴至图像上
ph1.paste(ph2_crop,(400,500))
#显示粘贴后的图像
ph1.show()
```

待复制的原图如图 8-19 所示，粘贴后的图像如图 8-20 所示。

图 8-19　待复制的原图

图 8-20　粘贴后的图像

8.3.7　图像的几何变换

图像的几何变换主要包括图像翻转和图像旋转操作，Image 类提供了处理这些操作的 transpose()方法和 rotate()方法，下面分别对它们进行讲解。

1. 图像翻转

transpose()方法可以实现图像的垂直、水平翻转。

语法格式：

```
Image.Transpose(method)
```

其中，参数 method 决定了图像要如何翻转，其取值说明如下。

Image.Transpose.FLIP_LEFT_RIGHT：水平翻转。

Image.Transpose.FLIP_TOP_BOTTOM：垂直翻转。

Image.Transpose.ROTATE_90：图像旋转 90°。

Image.Transpose.ROTATE_180：图像旋转 180°。

Image.Transpose.ROTATE_270：图像旋转 270°。

Image.Transpose.TRANSPOSE：图像转置。

Image.Transpose.TRANSVERSE：图像横向翻转。

例 8.16　图像翻转。

源程序：

```
from PIL import Image
ph = Image.open("sheep01.png")
#返回一个新的 Image 对象
ph_out=ph.transpose(Image.Transpose.FLIP_LEFT_RIGHT)
ph_out.show()
ph_out.save("水平翻转.png")
```

翻转前的图像如图 8-15 所示，翻转后的图像如图 8-21 所示。

图 8-21　翻转后的图像

2. 图像旋转

rotate()方法可以把图像旋转任意角度。

语法格式：

```
rotate(angle, resample=PIL.Image.NEAREST, expand=None, center= None, translate=None, fillcolor=None)
```

其中，各参数的说明如下。

angle：表示任意旋转的角度。

resample：重采样滤波器，默认为 PIL.Image.NEAREST（即最近邻插值方法）。

expand：可选项，表示是否对图像进行扩展。如果参数值为 True，则扩大输出图像；如果为 False 或者省略，则表示按原图像大小输出图像。

center：可选项，指定旋转中心，参数值是长度为 2 的元组，默认绕图像中心进行旋转。

translate：参数值为二元组，表示对旋转后的图像进行平移，以左上角为原点。

fillcolor：可选项，填充颜色，图像旋转后，对图像之外的区域进行填充。

例 8.17　图像旋转。

源程序：

```
from PIL import Image
ph = Image.open("sheep01.png")
#旋转角度为 45°，并将旋转图像之外的区域填充为黄色
#返回一个新的 Image 对象
ph_out=ph.rotate(45,fillcolor="white")
ph_out.show()
ph_out.save("旋转图像.png")
```

旋转前的图像如图 8-15 所示，旋转后的图像如图 8-22 所示。

图 8-22　旋转后的图像

8.3.8　图像降噪处理

受成像设备、传输介质等因素的影响，图像总会或多或少地存在一些干扰信息，人们将这些干扰信息统称为"噪声"。例如，数字图像中常见的"椒盐噪声"指的是图像会随机出现的一些白色、黑色的像素点。图像噪声既影响图像的质量，又妨碍人们的视觉观赏。因此，噪声处理是处理图像的过程中必不可少的环节。

随着数字图像技术的不断发展，图像降噪方法也日趋成熟，通过某些算法来构造滤波器是图像降噪的主要方式。滤波器能够有效抑制噪声的产生，并且不影响被处理图像的形状、大小以及原有的拓扑结构。

pillow 库通过 ImageFilter 类实现图像降噪的目的，该类中集成了不同种类的滤波器，通过调用它们实现图像的平滑、锐化、边界增强等图像降噪操作。

语法格式：

```
filter(method)
```

其中，参数 method 决定了降噪的滤波器类型，其取值说明如下。

ImageFilter.BLUR：模糊滤波，即均值滤波。

ImageFilter.CONTOUR：轮廓滤波，寻找图像轮廓信息。

ImageFilter.DETAIL：细节滤波，使图像显示更加精细。

ImageFilter.FIND_EDGES：寻找边界滤波（寻找图像的边界信息）。

ImageFilter.EMBOSS：浮雕滤波，以浮雕图的形式显示图像。

ImageFilter.EDGE_ENHANCE：边界增强滤波。

ImageFilter.EDGE_ENHANCE_MORE：深度边缘增强滤波。

ImageFilter.SMOOTH：平滑滤波。

ImageFilter.SMOOTH_MORE：深度平滑滤波。

ImageFilter.SHARPEN：锐化滤波。

ImageFilter.GaussianBlur()：高斯模糊。

ImageFilter.UnsharpMask()：反锐化掩码滤波。

ImageFilter.Kernel()：卷积核滤波。

ImageFilter.MinFilter(size)：最小值滤波器，从参数 size 指定的区域中选择最小像素值，并将其存储到输出图像中。

ImageFilter.MedianFilter(size)：中值滤波器，从参数 size 指定的区域中选择中值像素值，并将其存储到输出图像中。

ImageFilter.MaxFilter(size)：最大值滤波器。

ImageFilter.ModeFilter()：模式滤波器。

从上述取值中选取几个进行演示，待处理的原始图像如图 8-23 所示。

图 8-23　待处理的原始图像

例 8.18　图像模糊处理。

源程序：

```
#导入 Image 类和 ImageFilter 类
from PIL import Image,ImageFilter
ph = Image.open("sheep04.png")
#图像模糊处理
ph_blur=ph.filter(ImageFilter.BLUR)
ph_blur.show()
ph_blur.save("模糊.png")
```

模糊处理后的图像如图 8-24 所示。

图 8-24 模糊处理后的图像

例 8.19 生成轮廓图。

源程序：

```
#导入 Image 类和 ImageFilter 类
from PIL import Image,ImageFilter
ph = Image.open("sheep04.png")
#生成轮廓图
ph=ph.filter(ImageFilter.CONTOUR)
ph.show()
ph.save("轮廓.png")
```

生成的轮廓图如图 8-25 所示。

图 8-25 生成的轮廓图

例 8.20 图像边缘检测。

源程序：

```
#导入 Image 类和 ImageFilter 类
from PIL import Image,ImageFilter
ph = Image.open("sheep04.png")
```

```
#图像边缘检测
ph_blur=ph.filter(ImageFilter.FIND_EDGES)
ph_blur.show()
ph_blur.save("边缘检测.png")
```

图像边缘检测结果如图 8-26 所示。

图 8-26　图像边缘检测结果

例 8.21　生成浮雕图。

源程序：

```
#导入 Image 类和 ImageFilter 类
from PIL import Image,ImageFilter
ph = Image.open("sheep04.png")
#生成浮雕图
ph_blur=ph.filter(ImageFilter.EMBOSS)
ph_blur.show()
ph_blur.save("浮雕图.png")
```

生成的浮雕图如图 8-27 所示。

图 8-27　生成的浮雕图

8.3.9 绘图与文字处理

1. 绘图

pillow 库中的 ImageDraw 模块实现了绘图功能，可以通过创建图片的方式来绘制 2D 图像；还可以在原有的图片上进行绘图，以达到修饰图片或对图片进行注释的目的。使用 ImageDraw 模块绘图时，需要先创建一个 ImageDraw.Draw 对象，并且提供指向文件的参数，再引用创建的 Draw 对象方法进行绘图，最后保存或直接输出绘制的图。

语法格式：

```
drawObject = ImageDraw.Draw(obj)
```

1）绘制直线

```
drawObject.line([x1,y1,x2,y2], fill = None, width = 0, joint = None)
```

其中，各参数的说明如下。

[x1,y1,x2,y2]：表示以(x1,y1)为起始点，以(x2,y2)为终止点绘制一条直线。[x1,y1,x2,y2]也可以写为 (x1,y1,x2,y2)、[(x1,y1),(x2,y2)]等。

fill：设置指定线条的颜色。

width：设置线条的宽度。

joint：表示一系列线之间的联合类型。

2）绘制圆弧

```
drawObject.arc([x1,y1,x2,y2],start,end,fill = None,width = 0)
```

其中，各参数的说明如下。

[x1,y1,x2,y2]：在左上角坐标为(x1,y1)、右下角坐标为（x2,y2）的矩形区域内绘制内接圆弧。

start：起始角度。

end：终止角度。

fill 和 width：与 line()方法中含义相同。

3）绘制椭圆

```
drawObject.ellipse([x1,y1,x2,y2],fill = None, outline = None, width = 0)
```

其中，参数 outline 表示边框颜色。

其用法同 arc()方法类似，用于绘制圆（或者椭圆）。

4）绘制扇形

```
drawObject.pieslice([x1,y1,x2,y2],start, end, fill = None, outline = None,
width = 0)
```

其中，各参数的说明如下。

fill：表示将扇形区域用指定颜色填满。

其用法同 ellipse()方法类似，用于绘制起止角度间的扇形区域。

outline：表示边框颜色。

5）绘制多边形

```
drawObject.polygon([x1,y1,x2,y2,....], fill = None, outline = None)
```

Python 会根据第一个参数中的(x,y)坐标对，绘制出整个图形。

6）绘制矩形

```
drawObject.rectangle([x1,y1,x2,y2], fill = None, outline = None, width = 0)
```

其会在指定的区域内绘制一个矩形，(x1,y1)表示矩形左上角的坐标，(x2,y2)表示矩形右下角的坐标。

7）绘制文字

```
drawObject.text(position, text, fill = None, font = None, anchor = None,
spacing = 0, align ="left", direction = None, features = None, language
= None)
```

其中，各参数的说明如下。

position：一个二元组，用于指定文字左上角的坐标。

text：表示要写入的文字内容。

fill：表示文本的颜色。

font：必须为 ImageFont 中指定的 font 类型。

spacing：表示行之间的像素数。

align：表示位置为“left”、“center”或“right”。

direction：表示文字的方向，它可以是'rtl'（从右到左）、'ltr'（从左到右）或'ttb'（从上到下）。

features：用于控制字体的 OpenType 特性，是一个包含特性标签的列表。

language：指定文本的语言，用于某些字体的特定语言排版规则。

例 8.22　pillow 绘图。

源程序：

```
from PIL import Image,ImageDraw
#创建 Image 对象，当作背景图
ph = Image.open("sheep04.png")
#创建 ImageDraw 对象
draw = ImageDraw.Draw(ph)
#以左上角为原点绘制矩形。元组坐标序列表示矩形的位置、大小
#fill 用于设置填充色为红色，outline 用于设置边框线为绿色
draw.rectangle((50,100,100,150),fill=(255,0,0),outline=(0,255,0))
#以左上角为原点绘制圆形。元组坐标序列表示圆形的位置、大小
#fill 用于设置填充色为绿色，outline 用于设置边框线为蓝色
draw.ellipse((110,100,160,150),fill=(0,255,0),outline=(0,0,255))
#查看图像
ph.show()
#保存图像
ph.save(" pillow 绘图.png")
```

绘图结果如图 8-28 所示。

图 8-28　绘图结果

2. 文字处理

ImageFont 模块通过加载不同格式的字体文件，可以在图像上绘制出不同类型的文字。语法格式：

```
font = ImageFont.truetype(font='字体文件路径', size=字体大小)
```

如果想要在图像上添加文本，则需要使用 drawObject.text()方法。

例 8.23　文字处理。

源程序：

```
from PIL import Image,ImageFont,ImageDraw
#打开图像，返回 Image 对象
ph = Image.open("sheep04.png")
#创建 ImageDraw 对象
x = ImageDraw.Draw(ph)
#加载计算机本地字体文件
font=ImageFont.truetype('C:/Windows/Fonts/msyh.ttc',size=36)
#在原图像上添加文本
x.text(xy=(80,50),text='Python 语言程序设计',fill=(255,0,0),font=
font)
ph.show()
ph.save("文字处理.png")
```

文字处理结果如图 8-29 所示。

图 8-29　文字处理结果

8.3.10　抓取屏幕

ImageGrab 模块用于将当前屏幕的内容或者剪贴板中的内容复制到图像中。

ImageGrab.grab()方法用于抓取屏幕，边框内的像素在 Windows 操作系统中以 RGB 图像的形式返回，在 macOS 中以 RGBA 图像的形式返回。如果省略了边框，则会复制整个屏幕。

语法格式：

```
ImageGrab.grab(box)
```

其中，参数 box 表示屏幕区域，可省略。

例 8.24　抓取屏幕。

源程序：

```
from PIL import Image, ImageGrab
#抓取整个屏幕
im =ImageGrab.grab()
im.show()
#抓取屏幕区域
im=ImageGrab.grab((300, 100, 1400, 600))
im.show()
```

8.4　pillow 库的应用

8.4.1　生成验证码

在各种操作系统中，为了防止恶意注册和机器冒充用户进行暴力破解，都会要求用户输入验证码，pillow 库配合随机函数可以自动生成验证码。

例 8.25　生成验证码。

源程序：

```
from PIL import Image, ImageDraw, ImageFont, ImageFilter
import random
#随机字母
def rndChar():
    return chr(random.randint(65, 90))
#随机颜色 1
def rndColor():
    return (random.randint(64, 255), random.randint(64, 255),
random.randint(64, 255))
#随机颜色 2
def rndColor2():
    return (random.randint(32, 127), random.randint(32, 127),
random.randint(32, 127))
width = 360
height = 120
image = Image.new('RGB', (width, height), (255, 255, 255))
#创建 Font 对象
```

```
font = ImageFont.truetype('/usr/share/fonts/wps-office/simhei.ttf', 60)
#创建 Draw 对象
draw = ImageDraw.Draw(image)
#填充每个像素
for x in range(width):
    for y in range(height):
        draw.point((x, y), fill=rndColor())
#输出文字
for t in range(6):
    draw.text((60 * t + 10, 30), rndChar(), font=font, fill=rndColor2())
#模糊处理
image = image.filter(ImageFilter.BLUR)
image.save('code.jpg', 'jpeg')
```

生成的验证码如图 8-30 所示。

图 8-30 生成的验证码

8.4.2 抓屏并合成 GIF 图像

有时人们需要将一段时间的屏幕操作保存下来，可以使用 pillow 库进行抓屏，并将抓取的图像合并成 GIF 图像。

例 8.26 抓屏并合成 GIF 图像。

源程序：

```
from time import sleep
from PIL import ImageGrab
#frame 为每秒抓取的帧数
frame = 10
#sleepTime 为每帧的间隔
sleepTime = 1.0 / frame
def capture():
    m = int(input("Please enter the screen capture seconds:"))
    x = int(input("How many seconds to capture the screen:"))
    if x != 0:
        sleep(x)
    n = 1
    #m 为抓取的总帧数
    m = frame * m
    #imgList 为抓取图像的列表
    imgList = []
    while n < m:
        sleep(sleepTime)
        #抓取图像
        im = ImageGrab.grab()
```

```
        #添加图像到列表中
        imgList.append(im)
        n = n + 1
    return imgList
#将抓取的图像并合成 GIF 图像
def mkGif(imgList):
    im = imgList[0]
    im.save('capture.gif', save_all=True, append_images=imgList[1:],
loop=0, duration=sleepTime)

imgList = capture()
mkGif(imgList)
```

8.4.3　pillow 库与 numpy 数组

在机器学习中，常常需要将图像转换为 numpy 数组并进行相关数学计算，此时可以使用 pillow 库加载文件，并将其转换为 numpy 数组。如果将图像数据作为 numpy 数组进行操作，最后需要将其另存为PNG或JPEG文件，则可以使用Image.fromarray函数将给定的numpy数组反转为 pillow 库的 Image 对象，最后将其保存到文件中。ndarray 是 numpy 数组中的数组类型，也称为 ndarray 数组，该数组可以与 pillow 库的 PIL.Image 对象实现相互转换。

例 8.27　使用 numpy 数组创建图像。

源程序：

```
#导入相关包
from PIL import Image
#使用 numpy 之前需要提前安装
import numpy as np
#创建 300 像素×400 像素的图像，3 个颜色通道
array = np.zeros([300,400,3],dtype=np.uint8)
#RGB 图像模式
array[:,:200]=[255,0,0]
array[:,200:]=[0,255,0]
img = Image.fromarray(array)
img.show()
img.save("数组生成图像.png")
```

使用 numpy 数组创建的图像如图 8-31 所示。

图 8-31　使用 numpy 数组创建的图像

例 8.28 将图像转换为数组。

源程序：

```
from PIL import Image
import numpy as np
ph = Image.open("sheep04.png")
#Image 图像转换为 ndarray 数组
img = np.array(ph)
print(img)
#ndarray 数组转换为 Image 图像
arr_img = Image.fromarray(img)
#显示图像
arr_img.show()
#保存图像
arr_img.save("arr_img.png")
```

将图像转换为数组的结果如图 8-32 所示。

图 8-32 将图像转换为数组的结果

8.4.4 使用 pillow 库进行图像预处理

动物图像识别是当前的热门领域，图像识别之前需要对图像进行预处理，本小节将详细讲解图像预处理的一般步骤。

1. 打开并显示图像

pillow 库使用操作系统的默认方式打开图像，但在图像处理中常用的是 matplotlib.pyplot 库。matplotlib 库使用前需要安装。

例 8.29 使用 matplotlib.pyplot 显示图像。

源程序：

```
from PIL import Image
#导入 matplotlib 库
import matplotlib.pyplot as plt
#打开图像
img = Image.open('sheep.png')
#转换图像格式，"L" 为单通道色
model = img.convert('L')
plt.figure("sheep")
```

```
#使用 imshow()绘制图像
plt.imshow(model, cmap=None)
#显示图像
plt.show()
```

显示图像的结果如图 8-33 所示。

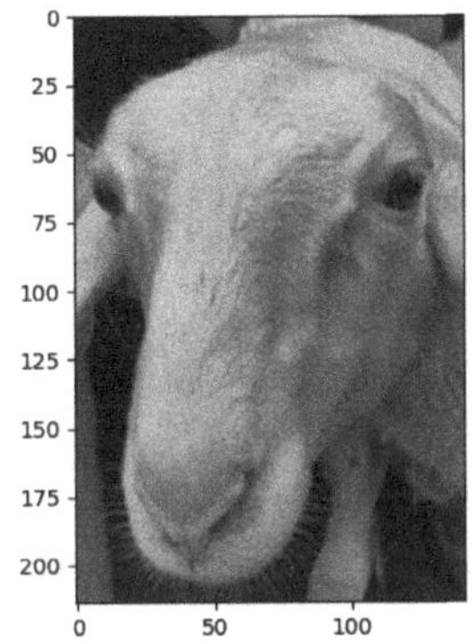

图 8-33　显示图像的结果

2. 分离图像的颜色通道并显示图像

图像处理中经常需要对图像的颜色通道进行分离并处理，下面的例子将介绍如何分离颜色通道并显示图像。

例 8.30　分离图像的颜色通道并显示图像。

源程序：

```
from PIL import Image
import matplotlib.pyplot as plt
img = Image.open('sheep.png')
gray = img.convert('L')
#分离颜色通道
r, g, b= img.split()
plt.figure("sheep")
#设置图像显示排列方式
def setPlot(num, title):
    #subplot(nrows, ncols, plot_number)
'''图像的整个绘图区域被等分为 nrows 行和 ncols 列，按照从左到右、从上到下的顺序对
每个区域编号，左上区域的编号为 1'''
    plt.subplot(2, 3, num)
    plt.title(title)
    plt.axis('off')

setPlot(1, 'origin')
plt.imshow(img)

setPlot(2, 'gray')
plt.imshow(gray, cmap='gray')
```

```

#合并颜色通道
setPlot(3, 'rgb')
plt.imshow(Image.merge('RGB', (r, g, b)))

setPlot(4, 'r')
plt.imshow(r)

setPlot(5, 'g')
plt.imshow(g)

setPlot(6, 'b')
plt.imshow(b)
plt.show()
```

分离图像的颜色通道并显示图像的结果如图 8-34 所示。

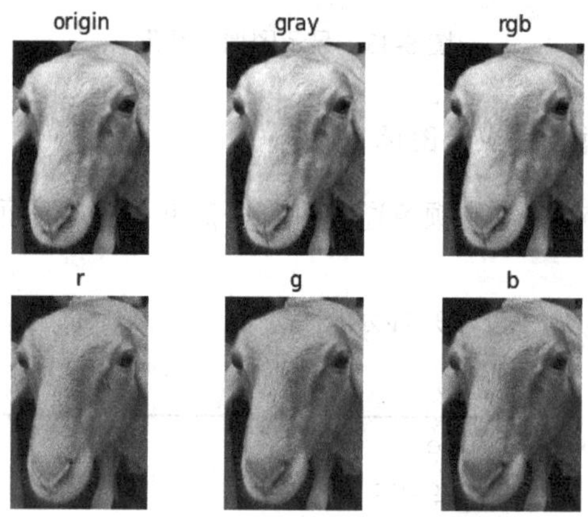

图 8-34　分离图像的颜色通道并显示图像的结果

3. 二值化处理图像

图像二值化就是将图像上像素点的灰度值设置为 0 或 255，也就是使整幅图像呈现出明显的黑白效果的过程。在数字图像处理中，二值图像占有非常重要的地位，图像的二值化使图像中的数据量大为减少，从而能凸显出目标的轮廓。

例 8.31　二值化处理图像。

源程序：

```
from PIL import Image
import matplotlib.pyplot as plt
img = Image.open('sheep1.png')
#转换图像格式，"L"为单通道色
gray = img.convert('L')
#二值化处理图像
WHITE, BLACK = 1, 0
#单色图像中像素点的灰度值在 128 以上的为白色，其余的为黑色
img_new = gray.point(lambda x: WHITE if x > 128 else BLACK)
```

```
plt.imshow(img_new, cmap='gray')
plt.show()
```

二值化处理图像的结果如图 8-35 所示。

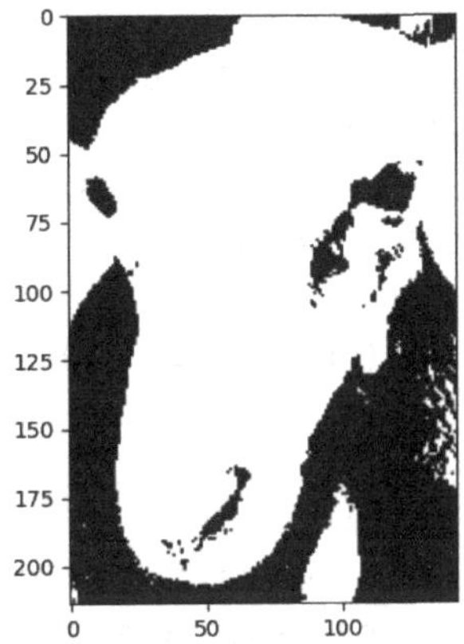

图 8-35　二值化处理图像的结果

4. 压缩图像并输出二值矩阵

在处理图像的过程中，如果图像大小不一，则不利于工作，需要将图像压缩成统一的大小。例 8.32 演示了如何将图像压缩为 24 像素×24 像素，压缩后将图像二值化并输出二值矩阵。

例 8.32　压缩图像并输出二值矩阵。

源程序：

```
from PIL import Image
import matplotlib.pyplot as plt
import numpy as nmp
#等比压缩图像
def resizeImg(**args):
    #ori_img 表示原图像， dst_img 表示目标图像
    #dst_w、dst_h 表示目标图像大小，  save_q 表示图像质量
    args_key = {'ori_img':'', 'dst_img':'', 'dst_w':'', 'dst_h':'',
'save_q':75}
    arg = {}
    for key in args_key:
        if key in args:
            arg[key] = args[key]
    im = Image.open(arg['ori_img'])
    ori_w, ori_h = im.size
    widthRatio = heightRatio = None
    ratio = 1
    if (ori_w and ori_w > arg['dst_w']) or (ori_h and ori_h > arg['dst_h']):
        if arg['dst_w'] and ori_w > arg['dst_w']:
            widthRatio = float(arg['dst_w']) / ori_w
        if arg['dst_h'] and ori_h > arg['dst_h']:
            heightRatio = float(arg['dst_h']) / ori_h
```

```
            if widthRatio and heightRatio:
                if widthRatio < heightRatio:
                    ratio = widthRatio
                else:
                    ratio = heightRatio
            if widthRatio and not heightRatio:
                ratio = widthRatio
            if heightRatio and not widthRatio:
                ratio = heightRatio
            newWidth = int(ori_w * ratio)
            newHeight = int(ori_h * ratio)
        else:
            newWidth = ori_w
            newHeight = ori_h
        im.resize((newWidth, newHeight), Image.Resampling.LANCZOS).save
(arg['dst_img'], quality=arg['save_q'])
#将原图像等比压缩为 24 像素×24 像素，并对其进行重命名
resizeImg(ori_img='sheep.png',  dst_img='sheep_1.png',  dst_w=24,
dst_h=24, save_q=60)
#打开压缩后的图像，进行二值化处理
img = Image.open('sheep_1.png')
gray = img.convert('L')
WHITE, BLACK = 1, 0
img_new = gray.point(lambda x: WHITE if x > 128 else BLACK)
#输出二值矩阵
arr = nmp.array(img_new)
for i in range(arr.shape[0]):
    print(arr[i].flatten())
```

图像二值化后输出的二值矩阵如图 8-36 所示。

```
[0 0 0 0 0 1 1 1 1 0 0 1 1 1]
[0 0 1 1 1 1 1 1 1 1 1 1 1 1]
[0 1 1 1 1 1 1 1 1 1 1 1 1 1]
[1 1 1 1 1 1 1 1 1 1 1 1 1 1]
[1 1 1 1 1 1 1 1 1 1 1 1 1 1]
[1 1 1 1 1 1 1 1 1 1 1 1 1 1]
[1 0 1 1 1 1 1 1 1 1 1 1 1 1]
[1 0 1 1 1 1 1 1 1 1 1 1 0 0]
[1 1 1 1 1 1 1 1 1 1 1 1 0 1]
[1 1 1 1 1 1 1 1 1 1 0 0 1 1]
[1 1 1 1 1 1 1 1 1 1 0 1 1 1]
[1 1 1 1 1 1 1 1 1 1 1 1 1 1]
[1 1 1 1 1 1 1 1 1 1 1 1 1 1]
[1 1 1 1 1 1 1 1 1 1 1 1 1 1]
[1 1 1 1 1 1 1 1 1 1 1 1 1 1]
[1 1 1 1 1 1 1 1 1 1 1 1 1 1]
[1 1 1 1 1 1 1 1 1 1 1 1 1 1]
[1 1 1 1 1 1 1 1 1 1 1 1 1 1]
[1 1 1 1 1 1 1 1 1 1 1 1 1 1]
[1 1 1 1 1 1 0 0 1 1 1 1 1 1]
[1 1 1 1 1 1 0 0 1 1 1 1 1 1]
[1 1 1 0 1 1 0 0 1 1 1 1 1 1]
[1 1 1 0 0 1 0 0 1 1 1 1 1 1]
```

图 8-36　图像二值化后输出的二值矩阵

本章小结

本章首先介绍了图形图像基础知识，说明了图像数字化及相关概念；其次介绍了 Python 中 pillow 库的特点与安装；接着重点讲解了 pillow 库基础知识，包括创建 Image 图像，Image 对象属性，图像保存与格式转换，图像缩放及批量修改图像，图像分离与合并，图像裁剪、复制与粘贴，图像几何变换，图像降噪处理，绘图与文字处理，抓取屏幕等操作；最后通过实例讲解了如何使用 pillow 库进行图像预处理。

第9章 机 器 学 习

学习目标

（1）了解机器学习的概念与应用场景。
（2）了解机器学习库 Scikit-learn 的常用函数。
（3）熟悉机器学习流程中的数据预处理任务及其方法。
（4）掌握分类问题的定义、分类模型的评估指标、常用模型及其在农业领域的应用。
（5）掌握回归问题的定义、回归模型的评估指标、常用模型及其在农业领域的应用。
（6）掌握聚类问题的定义、聚类模型的评估指标、常用模型及其在农业领域的应用。

9.1 机器学习概述

9.1.1 机器学习的定义

机器学习（machine learning，ML）是 AI 领域的一个重要分支，它致力于让计算机系统能够从大量数据中学习，从而实现自动化和智能化的决策或预测。机器学习的核心在于通过各种算法模型来识别和挖掘数据中的模式及规律，并将这些模式和规律应用于新的数据集，以提高任务执行的效率和准确性。

9.1.2 机器学习的发展历史和应用领域

机器学习的发展历史可追溯至 20 世纪中叶，其经历了多次起伏，伴随着技术瓶颈的突破与理论创新的不断推进。

起步阶段（1950～1960 年）：这一时期的背景是艾伦·图灵（Alan Turing）提出的图灵测试，它探讨了机器能否表现出智能行为。然而，由于当时的计算能力和算法有限，智能行为的实现主要以理论探讨为主。与此同时，弗兰克·罗森布拉特（Frank Rosenblatt）提出了感知机的概念，这是早期的神经网络模型，能够进行简单的模式识别任务。但感知机只能解决线性可分问题，对于复杂的非线性问题无能为力，技术局限明显。

第一次热潮与第一次寒冬（1960～1970 年）：20 世纪 60 年代，基于规则的专家系统和早期神经网络模型得到了发展，激发了学者们对 AI 的广泛兴趣。然而，专家系统依赖大量的手工编码规则，扩展性差；感知机也被证明无法解决非线性问题。马文·明斯基（Marvin Minsky）和西蒙·派普特（Seymour Papert）在《感知机》一书中指出了感知机的局限性，这导致了研究兴趣和资金支持的减少，机器学习进入了第一次寒冬。

第二次热潮与第二次寒冬（1980～1990 年）：1986 年，杰弗里·辛顿（Geoffrey Hinton）等提出了反向传播算法，使得多层神经网络的训练成为可能。尽管这一算法解决了多层神经网络的训练问题，但计算资源的限制和数据不足使其应用受到制约。同时，专家系统在工业界获得广泛应用，如医疗诊断和金融预测，但其规则库维护困难、知识获取瓶颈和系统扩展性差等问题逐渐暴露。20 世纪 90 年代，支持向量机（support vector machine，SVM）与隐马尔可夫模型等新的机器学习算法在理论上取得突破，应用于图像识别和语音识别等领域，但计算资源有限，实际应用受到限制，AI 再次进入寒冬。

第三次热潮（2000 年至今）：互联网的发展和数据积累为机器学习提供了丰富的数据资源，计算能力的提升使复杂模型的训练成为可能。2006 年，杰弗里・辛顿等提出深度信念网络，标志着深度学习的兴起。2012 年，杰弗里・辛顿及其学生设计的 AlexNet 在 ImageNet 竞赛中大幅超越其他模型，引发深度学习热潮。此后，伊恩・古德费洛（Ian Goodfellow）等提出生成对抗网络（generative adversarial network，GAN），为生成模型带来了新的突破，广泛应用于图像生成和风格迁移。阿希什・瓦斯瓦尼（Ashish Vaswani）等提出的 Transformer 模型显著提升了自然语言处理任务的效果。进入 21 世纪 20 年代，自动化机器学习和联邦机器学习成为新的研究热点。

机器学习已经渗透到各行各业，以下是几个典型的应用领域。

医疗健康：机器学习帮助医生进行疾病诊断、预测病情发展趋势、制定个性化治疗方案。例如，利用深度学习分析医学影像来检测肿瘤、心脏病等病症；借助自然语言处理解析电子病历，提高诊疗效率。

金融科技：金融机构运用机器学习优化风险管理、信用评估、欺诈检测等。通过分析大量交易记录，快速识别异常行为模式，保护用户资金安全；同时，基于客户行为特征推荐合适的产品和服务。

自动驾驶：汽车制造商与科技公司合作研发无人驾驶车辆。机器学习在此过程中发挥着关键作用，如环境感知、路径规划、障碍物规避等方面都需要依赖复杂的算法来处理传感器获取的信息。

智能制造：制造业引入机器学习实现设备故障预警、生产流程优化、产品质量监控等智能化管理。通过对生产线上的各类参数进行实时监测和分析，及时发现潜在问题并采取预防措施，从而降低成本、提高产量。

零售电商：电商平台利用机器学习了解消费者偏好，提供精准的商品推荐。此外，库存管理、物流配送路线优化等环节也能受益于机器学习。

机器学习正以前所未有的速度改变着人们的生活方式和社会运作模式。未来，随着更多创新性算法和技术的出现，机器学习将继续拓展其边界，创造无限可能。

9.1.3 机器学习算法的类型

机器学习算法分为以下几类。

监督学习算法：从包含输入和输出标签的训练数据集中学习。训练数据集中的每个输入都有一个对应的输出标签，算法通过比较其预测标签与实际标签来改进模型。常见的监督学习算法包括线性回归、逻辑回归、SVM、决策树和神经网络等。

无监督学习算法：在没有标签的情况下从数据中学习。其目的是了解数据的内在结构和模式。常见的无监督学习算法包括聚类（如 *K*-means 算法）、降维（如主成分分析算法）和关联规则学习（如 Apriori 算法）。

半监督学习算法：结合了监督学习算法和无监督学习算法的特点，适用于带标签的数据有限的情况。它使用大量的未标记数据和少量的标记数据来训练模型。

强化学习算法：是一种通过试错法来学习的机器学习算法。强化学习算法通过与环境的交互来学习，通过最大化某种奖励信号来改进其行为。强化学习常用于机器人控制、AI 游戏和自动驾驶等领域。

9.2 机器学习准备

9.2.1 机器学习库与机器学习流程

Scikit-learn（简称 sklearn）库是一个功能强大的机器学习开源库，它提供了丰富的算法和工具来帮助用户完成各种机器学习任务。它不仅支持聚类、分类、回归等机器学习算法，还包括特征提取、数据预处理和模型评估等模块。利用 sklearn 库，程序开发员可以更轻松地构建和应用机器学习模型，加速机器学习项目的开发与实施。

1. sklearn 库的安装

在 Python 中，如果需要使用第三方库，则可以使用 pip 包管理器进行安装。以下是安装 sklearn 库的步骤。

1）安装依赖库

sklearn 库依赖于 numpy 和 SciPy 等库，因此在安装 sklearn 库之前需要先安装这些依赖库。可以使用以下命令进行安装。

```
pip install numpy scipy
```

2）安装 sklearn 库

在命令行窗口中输入以下命令即可安装版本为 1.2.2 的 sklearn 库。

```
pip install scikit-learn=1.2.2
```

3）验证安装

安装完成后，可以在 Python 的 IDLE 中导入 sklearn 库，并尝试运行一些简单的代码来验证安装是否成功。例如：

```
import sklearn
print(sklearn.__version__)      #1.2.2
```

2. 机器学习流程

机器学习流程如下。

1）获取数据

数据通常来自现实生活需求，为了方便程序开发人员学习机器学习，sklearn 库自带了一些常用的标准数据集，如波士顿房价数据集、鸢尾花数据集、手写数字数据集等。可以通过 sklearn.datasets 模块来加载这些数据集。

2）数据预处理

在针对真实数据和真实需求进行机器学习建模时，数据预处理是必不可少的一个环节。因为真实数据往往会出现部分值为空、数据异常、量纲不一致等情况。常见的数据预处理步骤包括标准化、归一化、缺失值填补等。sklearn.preprocessing 模块的相关函数可以完成这些任务。

3）划分数据集

在进行模型训练之前，需要将数据集划分为训练集（training set）和测试集（testing set）。训练集用于训练模型；测试集用于对训练好的模型进行测试，验证模型的性能好坏，包括精确率、泛化能力等。sklearn.train_test_split( )函数用于实现数据集的划分。

4）构建模型

sklearn 库提供了各类机器学习算法的实现函数，包括分类、回归、聚类等。9.3 节～9.5 节将对此进行具体介绍。

5）评估模型

在训练好模型后，需要对模型进行评估。常见的评估指标有准确率、精确率、召回率和 F1 分数等。sklearn.metrics 模块的相关函数可以完成各类指标的计算。评估指标提供了一种标准化的方式来量化模型的性能。通过计算这些指标，人们可以对模型的表现进行客观的比较和评估。这些量化结果有助于人们更直观地了解模型的优劣，从而作出相应的调整和优化。机器学习模型需要评估指标来量化其性能、指导模型选择、识别模型问题、优化模型及解释模型行为。这些评估指标在机器学习模型的开发、应用和优化过程中发挥着至关重要的作用。

例 9.1 鸢尾花种类预测。

分析：

下面以鸢尾花种类预测为例展示机器学习的一般步骤。sklearn 库自带的鸢尾花数据集只有数据，没有字段名。该数据集中包含 150 行，每行有 5 列，分别代表花萼长度、花萼宽度、花瓣长度、花瓣宽度和种类（共有 3 类）。

源程序：

```
#导入必要的库
from sklearn.datasets import load_iris            #导入数据集模块
from sklearn.model_selection import train_test_split#导入数据集划分模块
from sklearn.preprocessing import StandardScaler    #导入数据集标准化模块
from sklearn.linear_model import LogisticRegression#导入逻辑回归模型模块
from sklearn.metrics import accuracy_score, classification_report
#导入指标计算模块
import joblib   #导入模型持久化相关模块

#加载数据集
iris = load_iris()
#特征数据和标签数据分离
X, y = iris.data, iris.target
#划分数据集
X_train, X_test, y_train, y_test = train_test_split(X, y, test_size=
0.2, random_state=42)
#数据预处理：数据标准化
scaler = StandardScaler().fit(X_train)
X_train = scaler.transform(X_train)
X_test = scaler.transform(X_test)
#构建模型
model = LogisticRegression()
model.fit(X_train, y_train)
#预测模型
```

```
y_pred = model.predict(X_test)
#评估模型
accuracy = accuracy_score(y_test, y_pred)
print(f"Accuracy: {accuracy}")
print(classification_report(y_test, y_pred))
#模型持久化，保存模型
joblib.dump(model, "logistic_regression_model.pkl")
```

9.2.2 数据预处理

数据预处理是机器学习中的重要步骤，它涉及一系列操作，目的是提高数据质量，从而使其更适用于机器学习模型的训练。数据预处理的好坏直接影响到模型的性能和准确性。因此，在进行机器学习之前，数据预处理是不可或缺的一环。以下是数据预处理的 4 个主要步骤：数据清洗、数据标准化、数据变换、数据降维（dimension reduction）等，由于数据清洗、数据变换在第 7 章中已经介绍，本章不再赘述，以下介绍另外 2 个步骤。

1. 数据标准化

不同特征的数值范围可能差异很大，这可能会影响模型的正确性。数据标准化是将特征缩放到相同范围内的一种常见方法。常用的标准化方法包括 Z-score 标准化和 Min-Max 标准化。

1）Z-score 标准化

Z-score 标准化是通过减去均值并除以标准差来实现的，使得特征均值为 0，标准差为 1。标准化后的数据具有相同的尺度，减少了特征之间量纲不一致的影响，有助于提高某些机器学习算法的性能。其计算公式如下。

$$X_s = \frac{X - \mu}{\sigma} \tag{9-1}$$

式中，μ 是特征的均值；σ 是特征的标准差。

sklearn.preprocessing.StandardScaler 模块用于实现 Z-score 标准化。

2）Min-Max 标准化

归一化是将数据缩放到特定范围（通常是[0, 1]），特别适用于距离度量敏感的算法，如 K 近邻算法。归一化后的数据的每个特征的取值范围相同，有助于提高某些机器学习算法的性能。其计算公式如下。

$$X_{\text{norm}} = \frac{X - X_{\min}}{X_{\max} - X_{\min}} \tag{9-2}$$

sklearn.preprocessing.MinMaxScaler 模块用于实现 Min-Max 标准化。

2. 数据降维

数据降维是为了在保留主要信息的前提下尽可能减少特征数量，从而减少模型的复杂性，有助于提高计算效率和减少存储需求。主成分分析（principal component analysis，PCA）法是最常用的降维方法之一。主成分分析法是由卡尔·皮尔逊（Karl Pearson）于 1901 年发明的一种多变量统计方法，它通过正交变换将一组可能存在相关性的变量转换为一组线性不相关的变量，这些转换后的变量被称为主成分。目标是将高维数据投影到低维空间，同时最大化投影后的方差，从而在简化数据集的同时尽可能保留原始数据的变异性。sklearn.decomposition.PCA 模块可以实现主成分分析。

9.3 现代农业中的分类问题

9.3.1 分类问题的定义

分类（classification）问题是机器学习中的一种监督学习任务，它的目标是根据输入数据的特征，预测其所属的类别。换句话说，分类问题要求模型从多个预定义的类别中，为每个输入数据分配一个标签（类别）。分类问题可以根据类别的数量分为二分类、多分类和多标签分类等。在分类问题中，通常需要训练一个分类器模型，在训练过程中这个模型会根据每个特征数据及其对应的类别学习到每个类别的规律（即模式），那么它可以根据未知类别的输入数据的特征来判断其所属的类别。下面是农业领域的两个典型应用。

农产品成熟度检测：根据农产品的图像、颜色、纹理等特征，判断其成熟度。例如，在水果采摘过程中，可以使用机器学习技术来识别成熟的水果，以确保采摘的水果品质一致。

作物病害检测：基于机器学习的图像作物病害检测技术，可以通过训练分类算法来识别和分析作物叶片上的病害特征，实现病害的快速、准确分类。这有助于农民及时采取防治措施，减少病害对作物产量的影响。

9.3.2 分类模型的评估指标

分类算法的评估指标是衡量分类模型性能的关键工具，它们提供了对模型预测准确性的量化评估。以下是一些常用的分类算法评估指标。

假设有一组视网膜图像样本，样本总数为 100，其中实际发生病变的样本有 60 个，没有发生病变的样本有 40 个。现构建一个分类模型预测这组样本的病变情况。该模型的预测结果是一个嵌套列表：[[50,10],[15,25]]。

该模型的预测结果如表 9-1 所示。

表 9-1 视网膜病变模型的预测结果

		预测类别	
		发生病变	没有发生病变
实际类别	发生病变	50	10
	没有发生病变	15	25

1. 混淆矩阵

混淆矩阵（confusion matrix）是评估分类模型性能的一种常用工具。它是一个二维矩阵，行表示样本的实际类别，列表示模型预测的类别。矩阵的每个元素表示模型将实际类别划分为预测类别的数量，如表 9-2 所示。通过混淆矩阵，可以清晰地看出分类器在每一类样本上的表现，包括真正例（true positive，TP）、假正例（false positive，FP）、真负例（true negative，TN）和假负例（false negative，FN）。混淆矩阵的主要作用是对分类器的性能进行评估和分析，为后续模型的优化提供依据和方向。

表 9-2 混淆矩阵

		预测种类	
		positive	negative
实际种类	positive	TP	FN
	negative	FP	TN

混淆矩阵由以下 4 个主要指标构成。

真正例（true positive，TP）：预测为正样本，实际也为正样本的数量。

假正例（false positive，FP）：预测为正样本，实际为负样本的数量（误报）。

真负例（true negative，TN）：预测为负样本，实际也为负样本的数量。

假负例（false negative，FN）：预测为负样本，实际为正样本的数量（漏报）。

混淆矩阵可以使用 sklearn.metrics.confusion_matrix( )函数完成计算。

2. 准确率

准确率（accuracy）是模型正确预测的样本数与总样本数的比例，适用于样本均衡的分类问题。其计算公式如下。

$$\text{Accuracy}=(\text{TP}+\text{TN})/(\text{TP}+\text{TN}+\text{FP}+\text{FN}) \tag{9-3}$$

在视网膜病变的例子中，模型的预测准确率为

$$\text{Accuracy}=(50+25)/100=0.75$$

准确率使用 sklearn.metrics.accuracy_score( )函数计算。

3. 精确率

精确率（precision），又称查准率，是正确预测为正样本的个数占预测为正样本的总个数的比例，反映了模型对正类样本的预测准确性。精确率在用户关心误报时尤为重要。其计算公式如下。

$$\text{Precision}=\text{TP}/(\text{TP}+\text{FP}) \tag{9-4}$$

在视网膜病变的例子中，模型的预测精确率为

$$\text{Precision}=50/(50+15)\approx 0.77$$

精确率使用 sklearn.metrics.precision_score( )函数计算。

4. 召回率

召回率（recall），又称查全率，是正确预测为正样本的个数占实际为正样本的总个数的比例。它衡量了模型能够识别出多少真正的正类样本。召回率在用户关心漏报时非常重要。其计算公式如下。

$$\text{Recall}=\text{TP}/(\text{TP}+\text{FN}) \tag{9-5}$$

在视网膜病变的例子中，模型的预测召回率为

$$\text{Recall}=50/(50+10)\approx 0.83$$

召回率使用 sklearn.metrics.recall_score( )函数计算。

5. F1 分数

F1 分数是精确率和召回率的调和平均数，用于综合评估模型的性能。F1 分数适用于处

理不平衡数据集的分类任务。

$$F1=2*(Precision*Recall)/(Precision+Recall) \tag{9-6}$$

在视网膜病变的例子中，病变类样本的 F1 分数为

$$F1=2\times(0.77\times0.83)/(0.77+0.83)\approx0.7989$$

F1 分数使用 sklearn.metrics.f1_score( )函数计算。

在实际应用中，应结合多种评估指标来全面评估模型的性能。这些指标能够从不同角度反映模型的分类效果，帮助用户更准确地了解模型的优缺点，从而做出更合理的决策。

9.3.3 SVM 分类模型原理

常用的分类算法有线性分类、决策树、SVM、*K* 近邻、高斯朴素贝叶斯、随机森林、Adaboost、GradientBoosting 等。本节重点介绍 SVM 算法及其应用。SVM 是在统计学习理论的万普尼克-泽范兰杰斯维（Vapnik-Chervonenkis dimension，VC 维）理论和结构风险最小化原则的基础上发展出来的一种机器学习算法。该算法的基本思想如下：找到一个超平面使得训练样本可以被无误差地划分，且每一类数据都与该平面距离最近的向量与该超平面之间的距离最大，这个超平面称为最优超平面。图 9-1 所示为最优超平面与普通超平面的比较示意。其中，H 为分类超平面，H_1、H_2 分别为经过自己所在的分类中离分类超平面最近的样本且平行于分类超平面的平面，它们之间的距离称为分类间隔（margin）。在 SVM 中，距离超平面最近的几个训练样本点被称为支持向量。图 9-1 中，位于 H_1 和 H_2 平面的点就是支持向量。以上是针对线性可分情况进行分析的，对于线性不可分的情况，可将样本映射到一个更高维的空间中，在这个更高维的空间中建立一个最优超平面，再进行线性可分。SVM 既可用于分类问题，又可以解决回归问题。

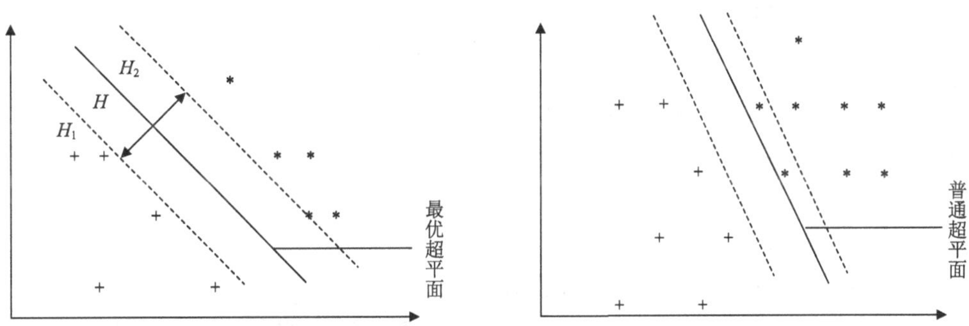

（a）最优超平面 （b）普通超平面

图 9-1 最优超平面与普通超平面的比较示意

9.3.4 基于 SVM 模型的鸢尾花种类预测

在机器学习库 sklearn 中，SVM 模块的 SVC 类实现了用于分类的支持向量机算法。SVC 类的参数、属性和方法请参考 sklearn 的官方文档。

例 9.2 基于 SVM 模型的鸢尾花种类预测。

分析：

鸢尾花数据集是机器学习领域中最著名的数据集之一，其结构如图 9-2 所示，由英国统

计学家罗纳德·费希尔（Ronald Fisher）在 1936 年首次提出。它是一个典型的多分类问题数据集，适用于各种分类算法的研究和验证，如决策树、SVM、K 最近邻（K-nearest neighbor，KNN）和逻辑回归等。该数据集包含 150 个样本，每个样本有 4 个特征：花萼长度、花萼宽度、花瓣长度和花瓣宽度（单位是 cm），这些特征用于预测鸢尾花属于 Iris Setosa（山鸢尾）、Iris Versicolor（杂色鸢尾）及 Iris Virginica（维吉尼亚鸢尾）3 种类型中的哪一类。其中，山鸢尾与另外两个种类是线性可分的，杂色鸢尾和维吉尼亚鸢尾是非线性可分的。

A	B	C	D	E
sepal_length	sepal_width	petal_length	petal_width	species
5.1	3.5	1.4	0.2	setosa
4.9	3	1.4	0.2	setosa
4.7	3.2	1.3	0.2	setosa
4.6	3.1	1.5	0.2	setosa
5	3.6	1.4	0.2	setosa
5.4	3.9	1.7	0.4	setosa
4.6	3.4	1.4	0.3	setosa
5	3.4	1.5	0.2	setosa
4.4	2.9	1.4	0.2	setosa
4.9	3.1	1.5	0.1	setosa

图 9-2　鸢尾花数据集结构

源程序：

```
import pandas as pd

#1.加载数据
iris_df = pd.read_csv('data/iris.csv')

#2.特征数据(X)和标签(y)分离
X = iris_df.iloc[:,:-1]
y = iris_df.iloc[:,-1]

#3.划分训练集和测试集
from sklearn.model_selection import train_test_split
X_train, X_test, y_train, y_test = train_test_split(X, y, test_size=0.2,
random_state=42,shuffle=True)

#4.标准化数据集
from sklearn.preprocessing import StandardScaler
scaler = StandardScaler().fit(X_train) #生成标准化规则
X_train = scaler.transform(X_train)      #对训练集进行标准化
X_test = scaler.transform(X_test)  #使用训练集建立的标准化规则对测试集进行标准化

#5.训练模型
from sklearn.svm import SVC
model = SVC(kernel='linear', C=1, random_state=42)
model.fit(X_train, y_train)
```

```
25
26  #6.测试模型
27  y_pred = model.predict(X_test)
28
29  #7.评价模型
30  from sklearn.metrics import classification_report, confusion_matrix
31  #计算混淆矩阵
32  print("SVM分类模型的混淆矩阵:\n",confusion_matrix(y_test, y_pred) )
33  #输出模型评价报告
34  print('SVM分类模型的评价报告:\n',classification_report(y_test,y_pred))
```

程序结果：

```
SVM分类模型的混淆矩阵:
[[10  0  0]
 [ 0  8  1]
 [ 0  0 11]]
SVM分类模型的评价报告:
              precision    recall  f1-score   support

      setosa       1.00      1.00      1.00        10
  versicolor       1.00      0.89      0.94         9
   virginica       0.92      1.00      0.96        11

    accuracy                           0.97        30
   macro avg       0.97      0.96      0.97        30
weighted avg       0.97      0.97      0.97        30
```

代码分析：

（1）第 1 行代码中，导入用于数据处理的 pandas 库。为了便于初学者学习，程序中需要的其他库出现在调用该库的代码之前。

（2）第 4 行代码中，读取原始数据，生成一个 DataFrame 对象 iris_df。

（3）第 7、8 行代码中，将数据的特征数据和标签数据提取出来，分别保存到 X 和 y 变量中，为训练模型做准备。机器学习模型的训练就是在寻找特征数据（X）与标签数据（y）之间存在的关系，构建特征和标签之间的映射关系。特征数据是原数据的第 1～4 列，标签数据是最后 1 列（即 yield 字段）。

（4）第 11～13 行代码中，将特征数据（X）与标签数据（y）分割为训练集和测试集，为训练模型和评价模型做准备。测试集所占的比例由 test_size 参数设置。random_state 参数是一个随机数生成器的种子。当 random_state 指定一个值（如 42）时，train_test_split 函数内部的随机数生成器会根据这个种子初始化，从而生成相同的随机数序列。这样就使得每次运行该代码时数据集会被分割成相同的训练集和测试集，从而保证了实验的可重复性。

（5）第 16～19 行代码中，对训练集的特征数据和测试集的特征数据进行数据标准化。不同特征的数值范围可能差异很大（如 sepal_length 字段和 petal_width 字段），这可能会影响模型的正确性。数据标准化是将特征缩放到相同范围内的一种常见方法。

（6）第 22～24 行代码中，先初始化一个 SVC 类对象 model，同时设置模型的参数（参数的意义参考 sklearn 库的官方文档）；再在训练集的特征数据（X_train）与标签数据（y_train）

上训练模型。训练结束后，model 对象中就存储了鸢尾花的 4 个特征（花萼长度、花萼宽度、花瓣长度和花瓣宽度）与标签（鸢尾花的种类）之间的映射关系。

（7）第 27 行代码中，将测试集中每个样本的特征数据输入到训练好的模型中，模型的输出就是每个样本对应的标签，存储在 y_pred 中。

（8）第 30～34 行代码中，计算分类模型的常用评估指标和混淆矩阵。鸢尾花分类模型的混淆矩阵是一个嵌套列表，其每个元素表达的含义如表 9-3 所示。由此表可知，实际类别为山鸢尾的 10 个样本都被正确预测；实际类别为杂色鸢尾的 9 个样本中，有 8 个被正确预测，1 个被错误预测为维吉尼亚鸢尾；实际类别为维吉尼亚鸢尾的 11 个样本都被正确预测。因此，这个混淆矩阵表明模型在测试集上的表现非常好，只有一个样本被错误预测。

表 9-3 鸢尾花分类模型混淆矩阵中每个元素表达的含义

		预测种类		
		山鸢尾	杂色鸢尾	维吉尼亚鸢尾
实际种类	山鸢尾	10	0	0
	杂色鸢尾	0	8	1
	维吉尼亚鸢尾	0	0	11

9.4 现代农业中的回归问题

9.4.1 回归问题的定义

回归（regression）问题是机器学习中的一种监督学习任务，它的目标是研究因变量和自变量之间的关系，从而建立一个能够预测因变量值的模型。回归模型的原理基于统计学和机器学习，它假设因变量与自变量之间存在某种关系，并通过拟合一个函数或模型来描述这种关系。例如，图 9-3 中的直线用于近似描述离散数据点对应 x 坐标和 y 坐标之间的关系。

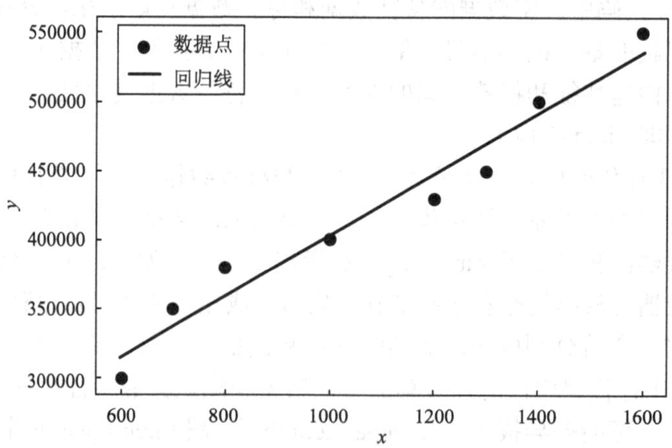

图 9-3 线性回归示意

分类与回归的共同点在于，两者都是在输入（自变量）和输出（因变量）之间建立函数关系。两者的区别在于，分类是把特征映射到类别空间上，其输出即类别值 y 是离散值；而回归是把自变量的值映射到因变量的值上，其输出即因变量值 y 是连续的。因此，如果预测值是连续的，该问题就是回归问题；如果预测值是离散的，该问题就是分类问题。

下面是农业领域中几个典型的回归问题。

玉米产量预测：研究玉米产量与粮食数量、株高、穗位高和雌花期之间的关系，构建玉米产量预测回归模型。

小麦病虫害发生情况预测：利用农业物联网技术采集空气温度、湿度等数据，构建了基于回归模型的动态气象模型。该模型为小麦病虫害的发生提供了远程诊断的方法。

9.4.2 回归模型的评估指标

回归模型的性能和准确性取决于多种因素，包括数据的质量、模型的复杂度、自变量的选择等。因此，在实际应用中，需要根据具体问题的性质和数据的特点来选择合适的回归模型及参数。评估回归模型的性能时，通常使用多种指标来全面衡量模型的准确性和可靠性。以下是一些常用的回归模型的评估指标。

1. 均方误差

均方误差（mean squared error，MSE）是衡量模型预测误差的一种常用指标，它计算的是预测值与真实值之间差的平方的平均值。MSE 值越接近于 0，说明模型拟合越好。其计算公式如下。

$$\text{MSE}=\frac{1}{n}\sum_{i=1}^{n}\left(\hat{y}_i-y_i\right)^2 \tag{9-7}$$

式中，y_i 是真实值；$\hat{y}_i$ 是预测值；n 是样本数量。

均方误差使用 sklearn.metrics.mean_squared_error( )函数计算。

2. 均方根误差

均方根误差（root mean squared error，RMSE）是 MSE 的算术平方根，它反映了回归模型预测值与真实值的偏离程度。与 MSE 相比，RMSE 的量纲与因变量 y 一致，更便于理解和比较。RMSE 值越接近 0，说明模型拟合越好。其计算公式如下。

$$\text{RMSE}=\sqrt{\frac{1}{n}\sum_{i=1}^{n}\left(\hat{y}_i-y_i\right)^2} \tag{9-8}$$

式中，y_i 是真实值；$\hat{y}_i$ 是预测值；n 是样本数量。

在 sklearn 库中并没有直接提供计算均方根误差的函数。可以通过先计算均方误差，再对其取平方根（使用 numpy 库中的 sqrt()函数）的方法来得到均方根误差。

3. 决定系数

决定系数（R-square，R^2）是衡量回归模型拟合度的统计量，它表示回归模型对观测值的拟合度，代表了模型中因变量可由自变量解释的百分比。其取值为 0～1，R^2值越大，说明回归模型对观测值的拟合度越好。其计算公式如下。

$$R^2 = 1 - \frac{\sum_{i=1}^{n}(y_i - \hat{y}_i)^2}{\sum_{i=1}^{n}(y_i - \bar{y})^2} \tag{9-9}$$

式中，y_i 是真实值；$\hat{y}_i$ 是预测值；$\bar{y}$ 是实际值的平均值；n 是样本数量。

决定系数使用 sklearn.metrics. r2_score( )函数计算。

9.4.3 人工神经网络模型及其原理

人工神经网络（artificial neural network，ANN）通常简称为神经网络，是科学家从生物神经网络的运作机制得到启发设计而成的。1943 年，神经学家沃伦·麦卡洛克（Warren McCulloch）和数学家沃尔特·皮茨（Walter Pitts）提出了第一个人工神经元模型，称为 McCulloch-Pitts 模型，简称 MP 模型，他们将神经元的整个工作过程抽象为图 9-4 所示的模型。该模型是对生物神经元结构和功能的一种抽象及简化，旨在通过数学和计算的方式来模拟神经元的行为。

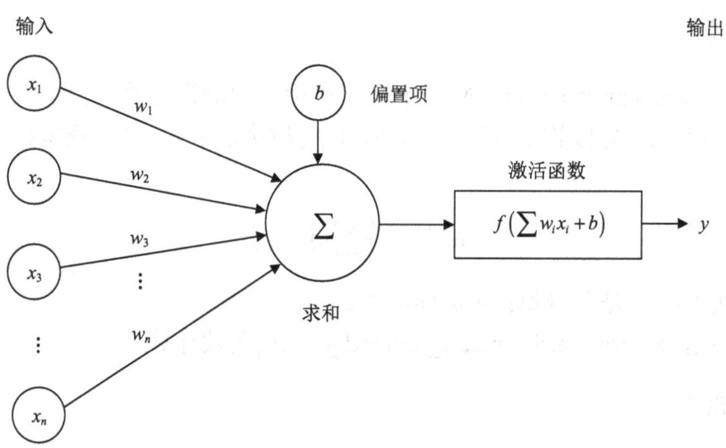

图 9-4　MP 模型

输入（input）：x_1，x_2，x_3，…，x_n 用于模拟生物神经网络中来自其他神经元的输入。

权值（weight）：w_1，w_2，w_3，…，w_n 用于模拟生物神经网络中每个神经元对外接收的突触强度不同，所以每个从外界接收的输入需要乘以一定的权值。

求和（sum）：模拟生物神经网络中神经元对外接收的信号进行累加汇总。

偏置项（bias）：模拟生物神经网络中神经元的一般敏感性。因为每个神经元的敏感性不同，所以需要一定的偏差来调整汇总值。

激活函数（activation function）：模拟生物神经网络中信号累积到一定程度时产生的动作电位，即当累积到一定程度时就会“激活”动作电位。回归就是在输入数据（x）和目标值（y）之间构建函数关系，如果 x、y 之间的关系是线性关系，那么

$$\hat{y} = \sum_{i=1}^{n} w_i x_i + b \tag{9-10}$$

如果 x、y 之间是非线性关系，则需要激活函数（如 Sigmoid、Tanh、ReLU 等）来实现这个非线性映射。

$$\hat{y}=f\left(\sum_{i=1}^{n}w_ix_i+b\right) \tag{9-11}$$

输出（output）：模拟生物神经网络中神经元对外释放的新信号。

MP 模型训练过程如下。

（1）按照式（9-10）计算 $\hat{y}$，其中 $w_1,w_2,\cdots,w_n$ 和 b 用随机值初始化。

（2）如果求解的问题属于线性问题，则进入步骤（3）；如果求解的问题属于非线性问题，则经过一个激活函数实现非线性映射，即按照式（9-11）进行计算。

（3）将上述预测值 $\hat{y}$ 与对应的真实目标值 y 进行比较。

（4）如果预测值与真实目标值的差异大于用户指定的阈值，则调整 w 和 b 的值，回到步骤（1）；如果差异小于阈值，则训练结束。

以上是一层感知机模型，现实问题中输入数据和目标值的关系非常复杂，需要用多层感知机进行训练。多层感知机（multi layer perception，MLP）的结构如图 9-5 所示。

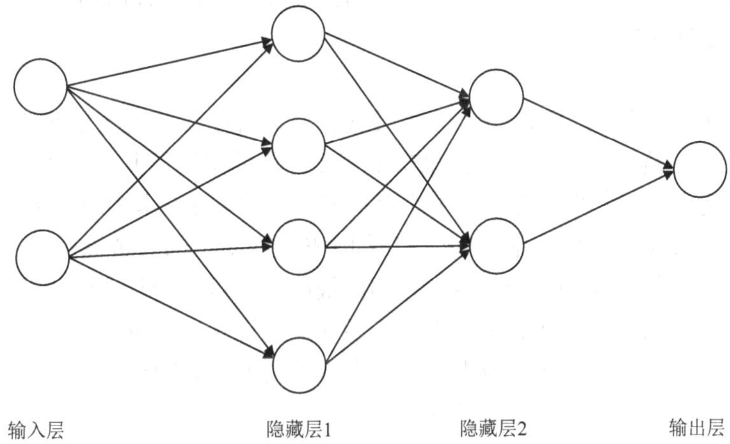

图 9-5　MLP 的结构

MLP 是一种前馈神经网络，由输入层、隐藏层和输出层组成，图 9-5 所示的 MLP 模型的输入层（input layer）有 2 个特征，隐藏层（hidden layer）有两层，第一层有 4 个神经元，第二层有 2 个神经元；输出层（output layer）有一个输出。

输入层：接收原始数据特征作为输入，每个输入神经元对应一个特征。输入层通常是网络的起始点。

隐藏层：MLP 中包含一个或多个隐藏层，这些层在输入层和输出层之间。隐藏层由多个神经元组成以增强模型的表达能力，这些神经元按照层级排列，每一层都与下一层全连接。每个神经元接收来自前一层神经元的输入信号，通过加权求和后，经过一个激活函数，产生输出信号传递到下一层神经元。

输出层：通常用于产生网络的最终输出。输出层的神经元数量取决于任务的性质，例如，对于二元分类问题，通常有一个神经元，对于多分类问题，通常有多个神经元。对于回归问题，通常只有一个神经元。

MLP 模型的训练过程主要如下。

（1）前向传播：数据从输入层进入，经过隐藏层的非线性变换，最终在输出层产生结果。

（2）计算损失：根据输出结果和真实目标值计算损失函数（如均方误差函数或者交叉熵

函数）的值。损失函数的值用于衡量模型预测结果与真实结果之间的差异。

（3）反向传播：通过优化函数，不断改进模型参数（权值和偏置项），使损失函数的值逐渐减小。常见的优化算法包括拟牛顿算法、随机梯度下降算法和自适应梯度下降算法等。

MLP 是最基本的神经网络模型之一，人们在此基础上设计了不同的结构和类型的网络，包括前馈神经网络、卷积神经网络（convolutional neural network，CNN）、循环神经网络（recurrent neural network，RNN）、长短期记忆（long short-term memory，LSTM）网络、生成对抗网络（GAN）等。神经网络具有自学习、自适应的能力，可以表达复杂的数据输入和对应输出之间的复杂关系，适应各种复杂的任务，广泛用于各种领域，包括图像识别、自然语言处理、推荐系统、金融预测等。

9.4.4 基于神经网络的蓝莓产量预测

MLPRegressor 类是 sklearn 中用于 MLP 回归的类。这个类实现了一个前馈人工神经网络。关于 MLPRegressor 类的主要参数、属性和方法的详细信息可参考 sklearn 库的官方文档。

例 9.3 野生蓝莓产量预测。

分析：

产量预测是农业领域常见的任务。本例要根据有关野生蓝莓植物空间特征、蜜蜂种类和天气情况的实用信息构建机器学习模型来实现蓝莓产量的早期预测。该数据集共有 15289 个样本，每个样本包括 16 个特征变量和 1 个目标变量，数据集结构如图 9-6 所示。特征变量分别是样本编号、田间平均蓝莓克隆大小、田间蜜蜂密度、田间大黄蜂密度、田间壁蜂密度、花期内最高温带日平均气温的最高记录、花期内最高温带日平均气温的最低记录、花期内最高温带日平均气温、花期内最低温带日平均气温的最高记录、花期内最低温带日平均气温的最低记录、花期内最低温带日平均气温、花期内降雨量大于 0 的天数、花期内降雨日数的平均值、结果率、果实质量、种子数、产量。

A	B	C	D	E	F	G	H	I	J	K	L	M	N	O	P	Q	R
id	clonesize	honeybee	bumbles	andrena	osmia	MaxOfUpper	MinOfUpper	AverageOfU	MaxOfLower	MinOfLower	AverageOfL	RainingDay	AverageRai	fruitset	fruitmass	seeds	yield
0	25	0.5	0.25	0.75	0.5	69.7	42.1	58.2	50.2	24.3	41.2	24	0.39	0.4250109	0.417545412	32.460887	4476.8115
1	25	0.5	0.25	0.5	0.5	69.7	42.1	58.2	50.2	24.3	41.2	24	0.39	0.4449083	0.422051395	33.858317	5548.122
2	12.5	0.25	0.25	0.63	0.63	86	52	71.9	62	30	50.8	24	0.39	0.5529268	0.470852882	38.341781	6869.7776
3	12.5	0.25	0.25	0.63	0.5	77.4	46.8	64.7	55.8	27	45.8	24	0.39	0.5659765	0.478136551	39.467561	6880.7759
4	25	0.5	0.25	0.63	0.63	77.4	46.8	64.7	55.8	27	45.8	24	0.39	0.5796766	0.494164753	40.484512	7479.9342
5	25	0.5	0.25	0.63	0.75	94.6	57.2	79	68.2	33	55.9	34	0.56	0.5652394	0.484349504	40.555019	7267.2834
6	12.5	0.25	0.38	0.5	0.63	86	52	71.9	62	30	50.8	24	0.39	0.49873	0.442193092	35.517539	5739.6803
7	12.5	0.25	0.25	0.75	0.75	86	52	71.9	62	30	50.8	1	0.1	0.6198877	0.529501569	42.191013	7920.0618
8	25	0.5	0.38	0.38	0.75	94.6	57.2	79	68.2	33	55.9	16	0.26	0.5325568	0.465366894	36.166044	6465.3721
9	25	0.5	0.25	0.63	0.63	94.6	57.2	79	68.2	33	55.9	34	0.56	0.3400634	0.381767872	28.763565	3519.4313
10	12.5	0.25	0.38	0.5	0.5	77.4	46.8	64.7	55.8	27	45.8	1	0.1	0.6103214	0.506852617	42.409507	8655.6764
11	25	0.5	0.25	0.5	0.5	77.4	46.8	64.7	55.8	27	45.8	24	0.39	0.4740097	0.439040667	34.895801	5333.9736
12	25	0.5	0.25	0.75	0.5	69.7	42.1	58.2	50.2	24.3	41.2	16	0.26	0.4498754	0.393781726	31.928816	4966.7795

图 9-6 野生蓝莓数据集结构

源程序：

```
import pandas as pd

#1.加载野生蓝莓数据集
berry_df = pd.read_csv('data/blueberry.csv')
print(berry_df.describe())        #输出数据描述信息

#2.将数据集的数据(X)和标签(y)分离
X = berry_df.iloc[:, 1:-1]        #选取从第 2 列至倒数第 2 列的所有行
y = berry_df.iloc[:, -1]          #选取最后 1 列的所有行
```

```
10
11  #3.将数据集拆分为训练集和测试集
12  from sklearn.model_selection import train_test_split
13  X_train, X_test, y_train, y_test = train_test_split(X, y,
14  test_size=0.3, random_state=42)
15
16  #4.标准化数据集
17  from sklearn.preprocessing import StandardScaler
18  scaler = StandardScaler().fit(X_train) #生成标准化规则
19  X_train = scaler.transform(X_train)    #对训练集进行标准化
20  X_test = scaler.transform(X_test) #使用训练集建立的标准化规则对测试集进行标准化
21
22  #5.构建 MLP 模型:训练-测试-评估
23  from sklearn.neural_network import MLPRegressor
24  #训练模型
25  model = MLPRegressor(
26      hidden_layer_sizes=(100, 100),
27      activation="relu",
28      shuffle=True,
29      solver="adam",
30      alpha=0.001,
31      verbose=False,
32      max_iter=500
33  )
34  model.fit(X_train, y_train)
35
36  #在测试集中测试模型
37  y_pred = model.predict(X_test)
38
39  #计算评估指标
40  from sklearn.metrics import r2_score
41  r2 = r2_score(y_test, y_pred)
42  print(f"多层感知机模型的 R^2:{r2:4f} ")
```

程序结果：

```
                 id      clonesize  ...         seeds         yield
count  15289.000000   15289.000000  ...  15289.000000  15289.000000
mean    7644.000000      19.704690  ...     36.164950   6025.193999
std     4413.698468       6.595211  ...      4.031087   1337.056850
min        0.000000      10.000000  ...     22.079199   1945.530610
25%     3822.000000      12.500000  ...     33.232449   5128.163510
50%     7644.000000      25.000000  ...     36.040675   6117.475900
75%    11466.000000      25.000000  ...     39.158238   7019.694380
max    15288.000000      40.000000  ...     46.585105   8969.401840
多层感知机模型的 R^2:0.8071
```

代码分析：

（1）第 1 行代码中，导入用于数据处理的 pandas 库。为了便于初学者学习，程序中需要的其他库出现在调用该库的代码之前。

（2）第 4、5 行代码中，读取原始数据，生成一个 DataFrame 对象 berry_df，并输出该对象的描述信息，包括每一列（每个字段）数据的行数、均值、方差、最小值、最大值等统计量。

（3）第 8、9 行代码中，将数据的特征数据和目标变量（分类问题称为标签，回归问题称为目标变量）数据分别提取出来，并分别保存到 X 和 y 变量中。数据第 1 列是 id，即编号，通常不能作为描述蓝莓的特征数据。因此，特征数据是原数据的第 2～17 列，标签数据是最后 1 列，即 yield 字段。机器学习就是在寻找特征数据（X）与目标变量数据（y）之间存在的关系，构建特征和目标变量之间的映射关系。

（4）第 12～14 行代码中，将特征数据（X）与目标变量数据（y）分割为训练集和测试集，训练集用于训练 MLP 模型（即构建模型），测试集用于评价模型性能。测试集所占的比例由 test_size 参数设置。random_state 参数的介绍可见例 9.2 的代码分析。

（5）第 17～20 行代码中，对训练集的特征数据和测试集的特征数据进行数据标准化。数据标准化是将特征缩放到相同范围内的一种常见方法。不同特征的数值范围可能差异很大（如 fruitmass 字段和 seeds 字段），这可能会影响模型的正确性。

（6）第 23～34 行代码中，先初始化一个 MLPRegressor 对象 model，同时设置模型的参数（参数的意义参考 sklearn 库官方文档）；再在训练集的特征数据（X_train）与目标变量数据（y_train）训练模型。训练结束后，model 对象中就存储了蓝莓的特征与目标变量之间的映射关系。

（7）第 37 行代码中，将测试集的每个样本的特征数据作为模型的输入，model.predict()函数的返回值就是每个样本对应的目标变量，其存储在 y_pred 中。

（8）第 40～42 行代码中，计算回归模型的常用评估指标 R^2。R^2 的取值是[0,1]，本例 R^2=0.8071。

9.5 现代农业中的聚类问题

9.5.1 聚类问题的定义

聚类（clustering）是机器学习中的一种无监督学习任务，无监督学习是指在没有明确标签或类别的情况下，让算法从数据中自行发现结构和模式。聚类的目标是将数据集中的样本划分为若干个子集（簇），使得同一簇内的样本尽可能相似，而不同簇之间的样本尽可能不相似。聚类分析也称群分析，它是研究（样品或指标）分类问题的一种统计分析方法，起源于分类学，但聚类不等于分类，因为聚类所要求划分的类是未知的。以下是农业领域中几个典型的聚类问题。

作物品种聚类：根据作物的生长周期、产量、抗逆性（如抗旱、抗病）等特性，对不同的作物种类进行聚类，以指导农民选择适合当地气候和土壤条件的品种。

土壤类型聚类：根据土壤的质地、肥力、酸碱度、水分含量等物理及化学性质，对不同类型的土壤进行聚类，为精准施肥和灌溉提供科学依据。

农业气象条件聚类：对不同地区的温度、降水量、日照时长等气象数据进行聚类，识别出具有相似气候特征的地区，为农业区域规划和作物布局提供参考。

水稻基因表达聚类：将具有相似表达模式的基因分在一起，有助于揭示基因的功能和调控机制。

9.5.2 聚类模型的评估指标

聚类算法的评估指标是衡量聚类结果质量的标准，用于判断聚类是否有效以及是否选择了合适的聚类算法。这些评估指标主要分为内部评估指标和外部评估指标。

1. 内部评估指标

内部评估指标主要考查聚类内部的性质，如紧凑性、分离性等，无须外部信息（如真实标签）即可评估。

轮廓系数（silhouette coefficient）：它通过综合考虑簇内的紧密性（cohesion）和簇间的分离性（separation），来衡量每个数据点在聚类中的归属程度。轮廓系数的取值范围为[-1,1]，值越高表示该点与自己的聚类匹配得越好，与邻近的聚类匹配得越差。值接近 1 意味着紧凑且分离良好；值在 0 附近表示重叠；值接近-1 表示簇的数量可能太多或太少。轮廓系数使用 sklearn.metrics.silhouette_score( )函数计算。

Calinski-Harabaz 指数（CH）：CH 指数是聚类效果的评分，其值越高代表着聚类效果越好。该指数通过计算类内分散度（各点与该类中心点的距离平方和）与类间分散度（各类中心点与数据集中心点的距离平方和）之比来衡量聚类效果。CH 指数使用 sklearn.metrics.calinski_harabasz_score( )函数计算。

2. 外部评估指标

外部评估指标需要外部信息（如真实标签）来评估聚类结果与真实类别之间的关系。

兰德指数（Rand index，RI）：一种衡量聚类结果与参考模型之间一致性的指标。它计算的是聚类结果中正确匹配的样本对数量占总样本对数量的比例。

调整兰德指数（adjusted Rand index，ARI）：在传统兰德指数的基础上进行了调整，考虑了随机聚类的期望值，因此能够更公平地评估聚类结果。该指数的取值范围为[-1,1]，值越大表明聚类结果与真实情况越吻合，即聚类效果越好；当 ARI 接近 1 时，表示聚类结果与真实标签几乎完全一致；当 ARI 接近 0 时，表示聚类结果与随机结果相似；当 ARI 为负值时，表示聚类结果比随机结果还差，这种情况在实际应用中较少见。该指数使用 sklearn.metrics.adjusted_rand_score( )函数计算。

精确率、召回率和 F1 分数：这些指标通常用于分类问题中，但在聚类评估中也适用。

9.5.3 *K* 均值聚类模型原理

常用的聚类算法有 *K* 均值（*K*-means）、谱聚类、层次聚类、基于密度的带噪声空间聚类（density-based spatial clustering of applications，DBSCAN）等。*K* 均值聚类算法是一种常见且高效的无监督学习算法，用于将数据集分成 *K* 个簇。其核心思想是通过迭代的方式，不断调整簇的质心，使得每个数据点到其所属簇的质心的距离（通常是欧氏距离）平方和最小。其具体步骤如下。

（1）初始化：随机选择 *K* 个数据点作为初始质心。这些质心可以是数据集中的任意点，但通常选择数据集中较为分散的点作为初始质心，以提高算法的收敛速度和效果。

（2）分配簇：对于数据集中的每个数据点，计算其到各个质心的距离，并将其分配到距离最近的质心所在的簇。这一步是通过比较数据点与质心之间的距离来实现的，距离越近的点越有可能被分配到同一个簇中。

（3）更新质心：对于每个簇，要计算所有分配到该簇的数据点的平均值（或其他统计量），更新该簇的质心。这一步是为了使质心更加接近簇内的数据点，从而减小每个数据点到其所属簇质心的距离平方和。

（4）重复：重复步骤（2）和步骤（3），直到质心不再发生显著变化（即收敛），或者达到预设的迭代次数。在迭代过程中，质心的位置会逐渐稳定下来，形成最终的簇结构。

9.5.4 基于 *K* 均值聚类模型的葡萄酒种类预测

在 sklearn 库中，from sklearn.cluster import KMeans 导入的 KMeans 类是用于执行 *K* 均值聚类算法的。对 KMeans()函数的参数、KMeans 类的属性和方法的详细介绍可查阅 sklearn 库官方文档。

例 9.4 葡萄酒种类预测。

分析：

葡萄酒数据集是来自伦敦大学学院（University College London，UCI）的公开数据集（其数据集结构如图 9-7 所示），这些数据是对意大利同一地区种植的葡萄酒进行化学分析的结果，该分析确定了每种葡萄酒中 13 种成分的含量，要求根据 13 种化学成分的含量对其进行聚类，建立聚类模型，并通过计算内部评价指标和外部评价指标来评估模型的性能。该数据集的第 1 列表示种类，第 2～14 列依次代表酒精含量、苹果酸含量、灰分含量、灰分的碱度、镁含量、总酚总量、黄酮类化合物含量、非黄烷类酚类含量、原花青素含量、颜色强度、色调、稀释葡萄酒在 280nm 和 315nm 处的光密度比值、脯氨酸含量。

A	B	C	D	E	F	G	H	I	J	K	L	M	N
Class	Alcohol	Malic_acic	Ash	Alcalinity	Magnesium	Total_pher	Flavanoids	Nonflavanc	Proanthocy	Color_inte	Hue	OD280/OD3	Proline
1	14.23	1.71	2.43	15.6	127	2.8	3.06	0.28	2.29	5.64	1.04	3.92	1065
1	13.2	1.78	2.14	11.2	100	2.65	2.76	0.26	1.28	4.38	1.05	3.4	1050
1	13.16	2.36	2.67	18.6	101	2.8	3.24	0.3	2.81	5.68	1.03	3.17	1185
1	14.37	1.95	2.5	16.8	113	3.85	3.49	0.24	2.18	7.8	0.86	3.45	1480
1	13.24	2.59	2.87	21	118	2.8	2.69	0.39	1.82	4.32	1.04	2.93	735
1	14.2	1.76	2.45	15.2	112	3.27	3.39	0.34	1.97	6.75	1.05	2.85	1450
1	14.39	1.87	2.45	14.6	96	2.5	2.52	0.3	1.98	5.25	1.02	3.58	1290
1	14.06	2.15	2.61	17.6	121	2.6	2.51	0.31	1.25	5.05	1.06	3.58	1295
1	14.83	1.64	2.17	14	97	2.8	2.98	0.29	1.98	5.2	1.08	2.85	1045
1	13.86	1.35	2.27	16	98	2.98	3.15	0.22	1.85	7.22	1.01	3.55	1045
1	14.1	2.16	2.3	18	105	2.95	3.32	0.22	2.38	5.75	1.25	3.17	1510

图 9-7 葡萄酒数据集结构

源程序：

```
import pandas as pd
import matplotlib.pyplot as plt

#解决 matplotlib 库中绘图中文和负号显示问题
plt.rcParams['font.sans-serif'] = ['SimHei']
plt.rcParams['axes.unicode_minus'] = False

#1.使用 pandas 库读取葡萄酒数据集
```

```
wine_df = pd.read_csv('data/wine.csv')

#2.将葡萄酒数据集的数据(X)和标签(y)分离
X = wine_df.iloc[:, 1:]
y = wine_df.iloc[:, 0]

#3.将葡萄酒数据集划分成训练集和测试集，比例为7：3
from sklearn.model_selection import train_test_split
X_train, X_test, y_train, y_test = train_test_split(
    X, y, test_size=0.3,random_state=1,shuffle=True)

#4.标准化葡萄酒数据集
from sklearn.preprocessing import StandardScaler
scaler = StandardScaler().fit(X_train) #生成标准化规则
X_train = scaler.transform(X_train)     #对训练集进行标准化
X_test = scaler.transform(X_test) #使用训练集建立的标准化规则对测试集进
                                  #行标准化

#5.使用PCA方法进行数据降维，将13维的数据变为2维
from sklearn.decomposition import PCA
#PCA降维
pca_model = PCA(n_components=2)
pca_model.fit(X_train)      #生成PCA规则
X_train = pca_model.transform(X_train) #将规则应用到训练集
X_test = pca_model.transform(X_test)    #将规则应用到测试集
#观察训练集的样本点
plt.scatter(X_train[:, 0], X_train[:, 1], c='black', s=5, alpha=1)
plt.savefig('葡萄酒聚类图1.png', dpi=300)#保存后的图像分辨率高，图中文字
                                         #清晰
plt.show()

#6.在训练集上构建K均值聚类模型
from sklearn.cluster import KMeans
model = KMeans(n_clusters=3,n_init=10)  #初始化模型
model.fit(X_train)      #在训练集上训练模型

#7.预测X_train每个样本的标签（葡萄酒的种类）
y_train_pred = model.predict(X_train)

#8.可视化聚类结果
plt.scatter(X_train[:, 0], X_train[:, 1], c=y_train_pred, s=5, cmap=
'viridis')
plt.colorbar()  #显示颜色比例尺
centers = model.cluster_centers_
plt.scatter(centers[:, 0], centers[:, 1], c='red', s=20, alpha=1)
plt.savefig('葡萄酒聚类图2.png', dpi=300)    #保存后的图像分辨率高，图中
                                            #文字清晰
```

```
plt.show()

#9.计算模型在训练集上的内部评价指标：轮廓系数
from sklearn.metrics import silhouette_score
sil_score = silhouette_score(X_train, y_train_pred)
print(f"轮廓系数：{sil_score:.4f}")

#10.在测试集上测试模型
y_test_pred = model.predict(X_test)
#计算外部评价指标：ARI 指数
from sklearn.metrics import adjusted_rand_score
score = adjusted_rand_score(y_test,y_test_pred+1)
print(f"模型的 ARI 指数：{score:.4f}")
```

样本点的分布（聚类前）如图 9-8 所示，簇和质心（聚类后）如图 9-9 所示。

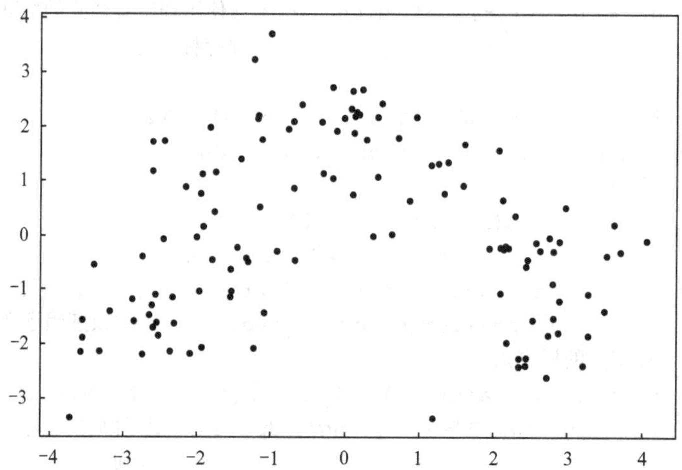

图 9-8　样本点的分布（聚类前）

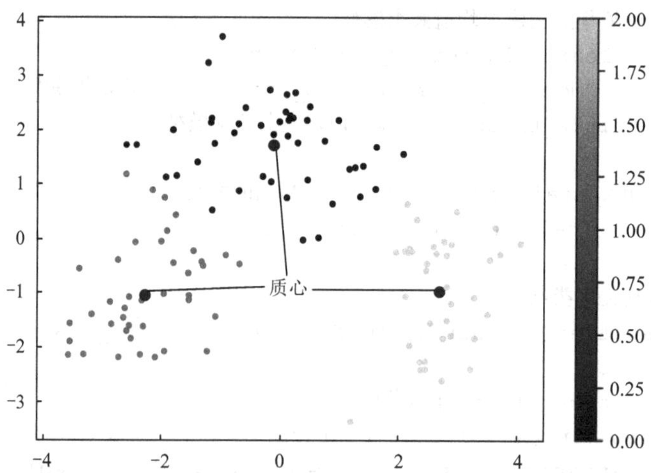

图 9-9　簇和质心（聚类后）

程序结果：

```
K均值聚类模型的轮廓系数： 0.5412
K均值聚类模型的ARI 指数： 0.8203
```

代码分析：

（1）第 1、2 行代码中，导入用于数据处理的 pandas 库和用于绘图的 matplotlib 库。为了便于初学者学习，程序中需要的其他库出现在调用该库的代码之前。

（2）第 5、6 行代码中，设置 matplotlib 库的默认字体为“SimHei”（黑体），以避免图中的中文显示出现乱码。将 axes.unicode_minus 设置为 False，表示 matplotlib 库会使用 ASCII 中的负号来代替 Unicode 编码中的负号，从而避免负号显示异常。

（3）第 9 行代码中，使用 pandas 库的 read_csv()函数读取原始数据，生成一个 DataFrame 对象 wine_df。

（4）第 12、13 行代码中，使用 pandas 库的 DataFrame 对象的 iloc 方法将数据的特征数据和标签数据提取出来，分别保存到 X 和 y 变量中。数据第 1 列是葡萄酒的种类（即标签数据），第 2 列～最后 1 列是特征数据。

（5）第 16～18 行代码中，将特征数据（X）与标签数据（y）分离为训练集和测试集，测试集所占的比例由 test_size 参数设置。random_state 参数介绍见例 9.2 的代码分析。

（6）第 21～24 行代码中，对训练集的特征数据和测试集的特征数据进行数据标准化。不同特征的数值范围可能差异很大（如 Proline 字段和 Hue 字段），这可能会影响模型的正确性。

（7）第 27～32 行代码中，对训练集和测试集的特征数据进行 PCA 降维，即从 13 个特征中提取出两个主成分作为特征。本例进行 PCA 降维的目的是便于绘制聚类图，因为在直角坐标系中绘制二维图比较方便。

（8）第 34～36 行代码中，绘制训练集样本的散点图，观察样本点的分布。每个样本点的颜色为黑色，大小为 5，透明度为 1（完全不透明）。

（9）第 39～41 行代码中，设置聚类簇数 n_clusters 为 3，算法运行次数 n_init 为 10，构建 K 均值聚类模型。

（10）第 44 行代码中，预测训练集中每个样本对应的标签，为聚类结果的可视化和计算聚类内部指标做准备。

（11）第 47～53 代码中，可视化聚类结果，绘制训练集所有样本的散点图，图 9-8 展示了经过 PCA 降维算法将特征维度从 13 降为 2 后的样本点分布情况。聚类算法执行后，每个样本点都被打上聚类标签，可视化结果如图 9-9 所示。颜色相同的样本点被划分为同一个簇，每个簇中的红点为该簇的质心。

（12）第 56～58 代码中，计算该聚类模型的内部评价指标——轮廓系数。本例中，该指标值为 0.5412，这个值不高也不低，说明聚类效果中等。这与图 9-8 中的 3 个簇的簇内紧凑性不高，以及簇与簇之间的分离性不是特别好是一致的。

（13）第 61～65 代码中，在测试集上运行聚类模型，即用聚类模型预测每个测试集样本的种类标签。使用预测的种类标签和真实的种类标签对比，计算聚类模型的外部评价指标——ARI 指数。本例中，该指标值为 0.8203。这里需要注意的是，真实标签是 1、2 和 3，对应的聚类的簇标签是 0、1 和 2。

（14）本例中的数据集中含有种类标签，所以代码中将数据集分为训练集和测试集，既计算了内部评价指标，又计算了外部评价指标。一般情况下，需要聚类的数据集没有种类标签，那么所有数据都是训练集，也只能计算聚类模型的内部评价指标。

本章小结

本章主要介绍了机器学习的基本概念和应用场景，机器学习库 sklearn 的功能，以及机器学习的三大类典型问题——分类、回归和聚类问题的定义、评估指标、常用模型及其在农业领域的应用。由于篇幅限制，每一类问题仅讲解了一种模型，而实际上每一类问题都可以使用很多模型来解决，现归纳如表 9-4 所示。

表 9-4 常用的机器学习模型

典型问题	模型名称	导入包的语句
分类	*K* 近邻	from sklearn.neighbors import KNeighborsClassifier
	逻辑回归	from sklearn.linear_model import LogisticRegression
	高斯朴素贝叶斯	from sklearn.naive_bayes import GaussianNB
	决策树	from sklearn.tree import DecisionTreeClassifier
	梯度提升	from sklearn.ensemble import GradientBoostingClassifier
	SVM	from sklearn.svm import SVC
	随机森林	from sklearn.ensemble import RandomForestClassifier
	神经网络	from sklearn.neural_network import MLPClassifier
回归	线性回归	from sklearn.linear_model import LinearRegression
	决策树	from sklearn.tree import DecisionTreeRegressor
	随机森林	from sklearn.ensemble import RandomForestRegressor
	SVM	from sklearn.svm import SVR
	神经网络	from sklearn.neural_network import MLPRegressor
	梯度提升	from sklearn.ensemble import GradientBoostingRegressor
聚类	*K* 均值	from sklearn.cluster import KMeans
	谱聚类	from sklearn.cluster import SpectralClustering
	DBSCAN 聚类	from sklearn.cluster import DBSCAN

第 10 章　计算机视觉

学习目标

（1）了解深度学习的发展历程以及在计算机视觉中的应用。
（2）了解深度学习的常用框架。
（3）了解 PyTorch 框架所需的软硬件。
（4）理解不同数据集格式的应用场景。
（5）熟悉目标检测模型 YOLOv8 的架构、性能。
（6）能够利用 PyTorch 框架和主流深度学习模型解决计算机视觉领域中的具体问题。

10.1　计算机视觉概述

10.1.1　计算机视觉的发展

计算机视觉（computer vision，CV）是 AI 领域的重要分支，旨在让机器“看懂”图像或视频中的内容，解决从基础感知到复杂决策的多层次问题。其基础任务包括图像分类、目标检测、图像分割和三维重建等，而高级任务涵盖行为识别、图像生成和跨模态理解等。这些任务广泛应用于各个领域，如自动驾驶、医学影像分析、智能监控等。计算机视觉的发展经历了早期、传统方法时期和深度学习革命 3 个重要阶段。

1. 早期（1950～1970 年）

在计算机视觉的早期阶段，研究者主要依赖于简单的图像处理技术，如边缘检测、阈值分割等，这些技术多用于从图像中提取基础特征。此阶段，计算机视觉的研究多集中在如何让计算机理解物体的基本形状和边界上。其代表性工作包括 1963 年拉里・罗伯茨（Larry Roberts）提出的三维物体识别理论，提出通过计算机视觉识别三维物体的想法。1966 年，麻省理工学院（Massachusetts Institute of Technology，MIT）发起了“Summer Vision Project”（暑期视觉项目），旨在通过简单程序识别物体，这标志着计算机视觉领域的一个早期探索。

2. 传统方法时期（1980～2000 年）

进入 20 世纪 80 年代，随着计算能力的提升，计算机视觉研究进入了一个新的阶段。此时，研究者开始引入更加复杂的数学模型和统计方法，特征提取算法得到了广泛应用，如尺度不变特征变换（scale-invariant feature transform，SIFT）和方向梯度直方图（histogram of oriented gradient，HOG）等。这些方法使得图像的特征表示更加丰富，并能够更好地应对复杂场景下的目标识别任务。此外，机器学习的引入为计算机视觉提供了新的思路。SVM 和随机森林等分类器开始被广泛应用于目标检测、图像分割等任务，进一步推动了计算机视觉技术的进步。

3. 深度学习革命（2012 年至今）

2012 年，计算机视觉领域迎来了深度学习的革命性突破，AlexNet 在 ImageNet 竞赛中的表现标志着深度学习的崛起，利用 CNN 显著提高了图像分类准确性。随着计算能力的提升，VGG、ResNet 和 Vision Transformer 等深度学习模型相继问世，它们通过自动学习图像特征，极大地增强了计算机视觉任务的性能。近年来，特别是 2024 年以来，出现了检测（detection transformer，DETR）和 Swin Transformer V2 等新模型，进一步推动了目标检测和图像分割任务的发展。DETR 通过 Transformer 架构重塑了目标检测，解决了传统 CNN 方法的局限性；而 Swin Transformer V2 在高分辨率图像和复杂场景处理上表现卓越。深度学习通过多层神经网络实现端到端学习，避免了人工特征提取的限制，使得计算机视觉能够处理更复杂的数据。这些技术进展不仅突破了静态图像分析的瓶颈，还扩展到视频分析、实时交互等领域，为自动驾驶、增强现实（augmented reality，AR）、智能监控等应用提供了更精准和高效的解决方案。

深度学习的引入，特别是在农业领域，解决了过去无法实现的应用问题，极大地推动了智能农业的发展。例如，计算机视觉结合深度学习可以实现作物的实时监测，通过无人机和卫星图像，深度学习模型能够自动识别作物健康状况并检测病虫害，这在小麦锈病的早期诊断中得到了应用；同时，深度学习可优化精准农业，如通过土壤图像分析自动调整施肥和灌溉方案，提高资源利用率。番茄采摘机器人就是深度学习成功应用的另一个案例，通过计算机视觉，机器人能够识别果实的成熟度，自动进行采摘，这一突破显著提升了农业生产效率。深度学习的进步不仅提升了这些任务的精度和效率，还使得以往不可行的应用变为可能，进一步推动了农业的智能化转型。

10.1.2 深度学习与 CNN

1. 深度学习

深度学习是一种通过构建具有一定“深度”的模型来学习优质特征表示的技术，其核心目标是从大规模数据中自动提取复杂特征和规律，进而提升预测模型的准确率。所谓“深度”，是指数据在模型中经历非线性特征转换的次数。如果将表示学习系统视为一个有向图结构，则深度可以理解为从输入节点到输出节点所经过的最长路径长度。在深度学习中，模型通过学习算法逐层从底层特征、中层特征到高层特征构建数据的层次化表示，从而使预测更加精准。深度学习的整体数据处理流程如图 10-1 所示。

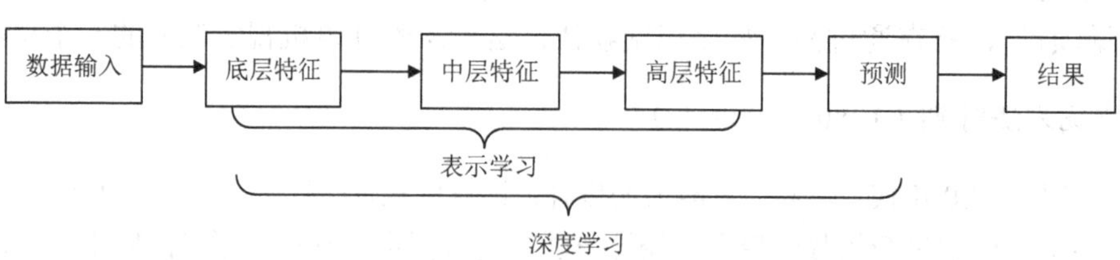

图 10-1 深度学习的整体数据处理流程

2. CNN 的典型结构

目前，深度学习主要采用神经网络模型，其显著优势在于可以通过误差反向传播算法有效解决贡献度分配问题。其模型深度从早期的 5～10 层扩展到如今的数百层，这种深度的增加显著增强了特征表示能力，进一步简化了后续预测任务。在深度学习模型中，CNN 是关键代表，尤其擅长处理图像和视频等具有空间结构的数据。CNN 通过模拟生物视觉系统的特性，采用局部感知和权重共享的方式提取层次化特征，其核心组件包括卷积层、池化层和全连接层。典型 CNN 的整体结构如图 10-2 所示。卷积层（convolutional layer）提取局部特征（如边缘和纹理）；激活层（activation layer）增加模型的非线性表示能力；池化层（pooling layer）进行下采样操作，以降低数据维度并提升鲁棒性；全连接层（fully connected layer）将高层特征映射到具体任务输出，如图像分类和目标检测。

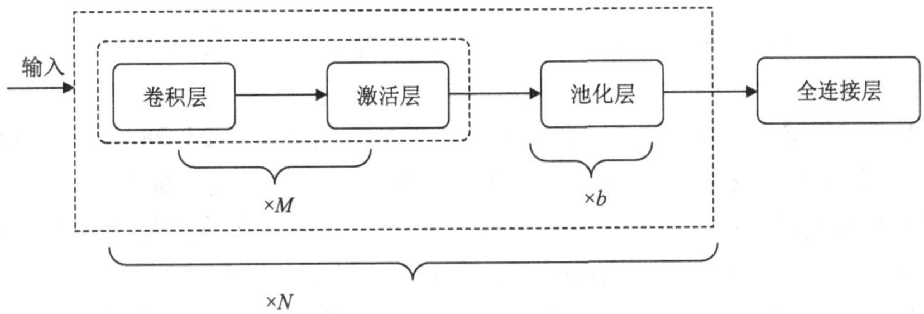

图 10-2 典型 CNN 的整体结构

（1）卷积层：卷积层是 CNN 的核心部分，用于提取图像的局部特征。它通过卷积核（即滤波器）在输入图像上滑动，逐像素进行点积运算，从而生成特征图（feature map）。卷积层能够捕捉图像的边缘、纹理等低级特征，随着网络深度的增加，逐步学习到更高级的特征。多个卷积核可以提取不同的特征，使网络对图像具有全面的理解能力。

（2）激活层：激活层通常使用非线性函数[如修改线性单元（rectified linear unit，ReLU）、Sigmoid 或 Tanh]为卷积输出引入非线性特性。

常用的 ReLU 会将负值输出为 0，正值保持不变，从而提高模型的表达能力。激活层的加入使 CNN 能够学习和处理复杂的非线性模式。

（3）池化层：池化层用于对特征图进行下采样操作，减少特征的空间大小，从而降低计算复杂度，同时增强模型的鲁棒性。常见的池化方式是最大池化（max pooling），取局部窗口中的最大值，以及平均池化（average pooling），取窗口中的平均值。池化层保留了主要特征信息，同时减少了噪声影响。

（4）全连接层：在网络的最后阶段，全连接层将提取的特征展平为一维向量，与分类任务直接相关。通过对所有神经元的完全连接，全连接层能够综合不同特征的权值，从而完成分类或其他预测任务。

10.1.3 典型的 CNN

1. LeNet-5

LeNet-5 虽然提出的时间比较早，但它是一个非常成功的神经网络模型。基于 LeNet-5 的手写数字识别系统在 20 世纪 90 年代被美国的很多银行使用，以识别支票上的手写数字。LeNet-5 的结构如图 10-3 所示。

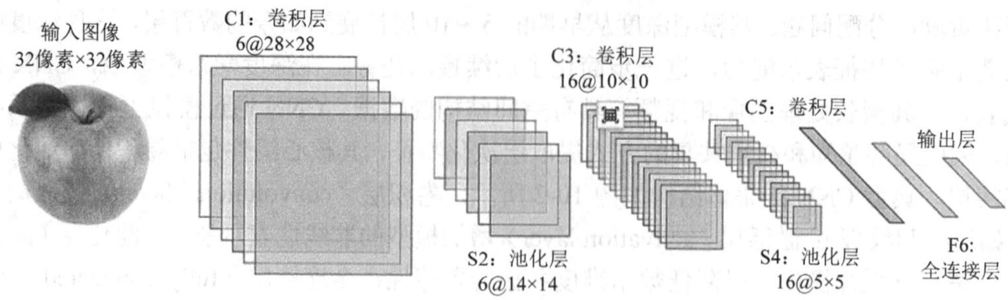

图 10-3 LeNet-5 的结构

LeNet-5 共有 7 层，接收的输入图像大小为 32 像素×32 像素=1024 像素，输出对应 10 个类别的得分。LeNet-5 中的每一层结构如下。

（1）C1 是卷积层，使用 6 个 5×5 的卷积核，得到 6 组大小为 28×28 = 784 的特征映射。

（2）S2 为池化层，采样窗口为 2×2，使用平均池化，神经元个数为 6×14×14=1176。

（3）C3 为卷积层，LeNet-5 中用一个连接表来定义输入和输出特征映射之间的依赖关系。使用 60 个 5×5 的卷积核得到 16 组大小为 10×10 的特征映射。

（4）S4 是一个池化层，采样窗口为 2×2，得到 16 个 5×5 的特征映射。

（5）C5 是卷积层，使用 120×16 = 1920 个 5×5 的卷积核，得到 120 组大小为 1×1 的特征映射。

（6）F6 是一个全连接层，有 84 个神经元。

（7）输出层：输出层由 10 个径向基函数（radial basis function，RBF）组成。

2. AlexNet

AlexNet 是第一个现代深度卷积网络模型，其首次使用了很多现代深度卷积网络的技术方法，如使用 GPU 进行并行训练，采用了 ReLU 作为非线性激活函数，使用 Dropout 防止过拟合，使用数据增强来提高模型准确率等。AlexNet 获得了 2012 年 ImageNet 图像分类竞赛的冠军。AlexNet 的结构如图 10-4 所示，包括 5 个卷积层、3 个汇聚层和 3 个全连接层（其中，最后一层是使用 Softmax 函数的输出层）。

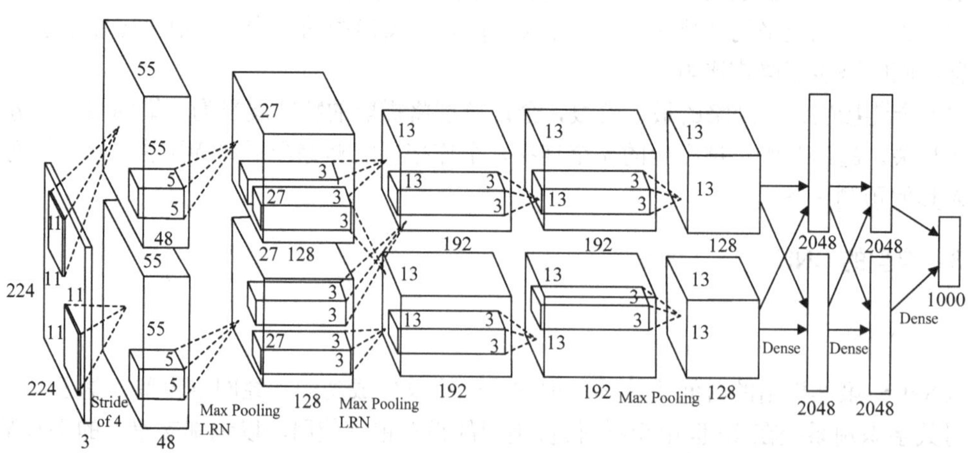

图 10-4 AlexNet 的结构

3. Inception 网络

在 CNN 中，如何设置卷积层的卷积核大小是一个十分关键的问题。在 Inception 网络中，一个卷积层包含多个不同大小的卷积操作，称为 Inception 模块。Inception 网络是由有多个 Inception 模块和少量的池化层堆叠而成的。Inception 模块同时使用 1×1、3×3、5×5 等不同大小的卷积核，并将得到的特征映射在深度上拼接（堆叠）起来作为输出特征映射。

图 10-5 所示为 Inception 模块结构，Inception 模块中的卷积和最大池化都是等宽的。其采用了 4 组平行的特征抽取方式，分别为 1×1、3×3、5×5 的卷积和 3×3 的最大池化。同时，为了提高计算效率，减少参数数量，Inception 模块在进行 3×3、5×5 的卷积之前，3×3 的最大池化之后，进行了一次 1×1 的卷积来减少特征映射的深度。如果输入特征映射之间存在冗余信息，则 1×1 的卷积相当于先进行 1 次特征抽取。

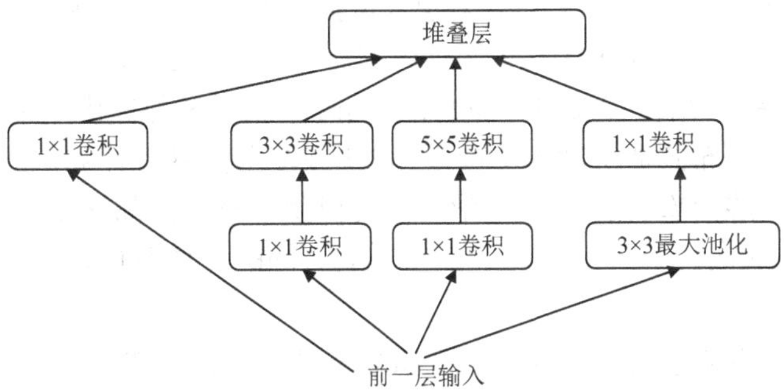

图 10-5 Inception 模块结构

4. 残差网络

残差网络（residual network，ResNet）通过给非线性的卷积层增加快捷连接（shortcut connection）的方式来提高信息的传播效率。假设在一个深度网络中，我们期望一个非线性单元（可以为一层或多层的卷积层）$f(x,\theta)$ 去逼近一个目标函数 $h(x)$。如果将目标函数拆分成两部分：恒等函数（identity function）x 和残差函数（residual function）$h(x)-x$。

根据通用近似定理，一个由神经网络构成的非线性单元有足够的能力来近似逼近原始目标函数或残差函数，但实际中后者更容易学习。因此，原来的优化问题可以转换为让非线性单元 $f(x,\theta)$ 去近似残差函数 $h(x)-x$。图 10-6 给出了典型的残差单元结构，残差单元由多个级联的（等宽）卷积层和一个跨层的直连边组成，再经过 ReLU 激活后得到输出。

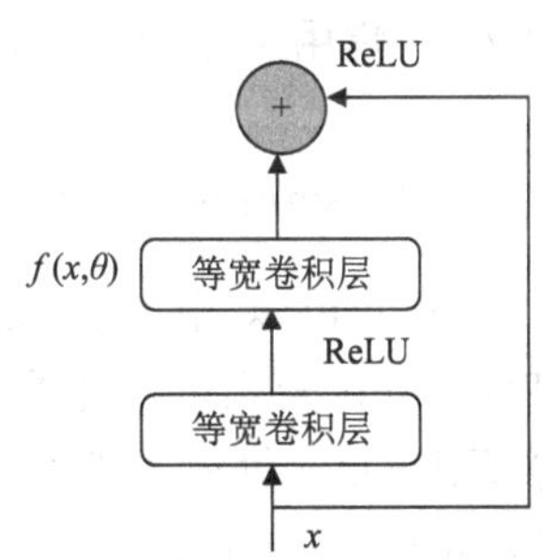

图 10-6 典型的残差单元结构

10.2 深度学习框架概述

深度学习作为 AI 的一个重要分支，依托于多层神经网络的学习方式，广泛应用于图像识别、自然语言处理、语音识别等领域。深度学习框架为研究人员和工程师提供了必要的抽象层和工具，帮助其更加高效地实现算法和应用。其主要目标是简化和高效化深度学习模型的开发流程。

10.2.1 深度学习框架简介

深度学习框架（deep learning framework）是一种为深度神经网络模型的设计、训练和部署提供全面支持的工具。它通过抽象底层实现细节，为研究人员和工程师提供高效、灵活的工具链，使他们能够专注于算法创新和实际问题的解决。随着深度学习在图像识别、自然语言处理、语音识别等领域的广泛应用，深度学习框架已成为连接理论研究与实际应用的重要桥梁。近年来，随着计算资源的提升和算法的创新，这些框架不断演进，推动了深度学习研究和应用的快速发展。

深度学习框架的核心功能包括模型构建、训练与优化，以及部署与推理，覆盖了深度学习应用的全生命周期。首先，深度学习框架通过封装常用神经网络组件（如卷积层、池化层和激活层），大幅降低了复杂模型的设计难度。例如，PyTorch 支持灵活定义动态计算图，而 TensorFlow 通过静态计算图优化提升了运行效率。其次，深度学习框架在训练阶段通过自动微分技术高效计算梯度，简化了反向传播过程，同时集成了多种优化算法（如 SGD 和 Adam）以加速训练。此外，分布式训练功能支持多 GPU 或多节点并行计算，显著提高了大规模数据集和复杂模型的训练效率。最后，深度学习框架提供了全面的部署支持，如 TensorFlow Lite 适配移动设备，TorchServe 便于模型推理服务部署，同时支持量化与剪枝等技术以优化计算资源利用。

除核心功能外，深度学习框架还集成了诸多辅助工具，如 TensorBoard 用于实时监控训练过程，数据预处理模块用于高效地进行数据清洗与增强，丰富的预训练模型库用于支持迁移学习。这些功能进一步提升了开发效率并缩短了实验周期。未来，深度学习框架的发展将朝着更高效、更智能和更普适的方向迈进。底层优化将更好地适配多样模态数据的支持，以满足边缘计算和跨领域应用的需求。作为 AI 技术与产业融合的核心基石，深度学习框架将在推动技术创新与实际应用中发挥更重要的作用。

10.2.2 常用深度学习框架

1. TensorFlow：高效且生态完备

TensorFlow 由 Google 开发，以其高效的硬件支持和完整的生态系统备受关注。通过对 CPU、GPU 及张量处理单元（tensor processing unit，TPU）的优化，TensorFlow 在多平台上均表现出卓越性能。其静态计算图机制适用于工业界大规模生产部署，但在灵活性上稍显不足。此外，TensorFlow 通过子项目（如 TensorFlow Lite 和 TensorFlow.js）实现了移动端、Web 端的无缝支持。然而，其复杂的 API 设计对初学者存在一定的学习门槛，尽管在工业应用中优势显著，但入门成本较高。

2. PyTorch：灵活性与易用性的结合

PyTorch 由 Facebook（现更名为 Meta）开发，采用动态计算图机制，使得计算图能够在每次前向传播中重新生成，为调试和实验提供了极大的灵活性。其简洁的 API 设计与 Python 语法高度契合，降低了开发门槛，因而在学术界和快速实验中广受欢迎。PyTorch 还提供丰富的扩展库（如 TorchVision、TorchText），便于实现计算机视觉和自然语言处理任务。尽管

PyTorch 在生产部署方面的工具链尚不如 TensorFlow 成熟，但其灵活性和易用性使其成为学术研究的首选。

3. MXNet：高效的分布式训练能力

MXNet 由 Apache 基金会维护，因其高效的分布式训练能力在云平台和大规模数据处理应用中表现突出。它支持多机多卡的分布式训练，还能在多个硬件平台上运行，包括 GPU、CPU 及嵌入式设备等。MXNet 在性能上的优势使得它成为一些云平台和企业级应用的首选框架之一。MXNet 在社区支持和文档资源上较为有限，学习曲线陡峭，对于初学者而言上手难度较大。

4. Caffe：计算机视觉领域的优势

Caffe 由伯克利视觉与学习中心开发，专注于高效的图像处理，尤其在 CNN 训练和推理方面表现卓越。其模块化设计和丰富的预训练模型，使其在图像分类和目标检测任务中广泛应用。然而，Caffe 的应用范围较为单一，支持动态调整模型的灵活性较差，不适用于自然语言处理或强化学习等任务。

5. JAX：科学计算与深度学习的结合

JAX 是 Google 推出的框架，兼具科学计算与深度学习功能。其高效的自动微分能力支持复杂数学运算，并在 GPU 和 TPU 上表现优异。JAX 通过 XLA 编译器优化计算效率，适用于大规模训练和高性能计算。然而，JAX 缺乏高层 API，用户需具备一定的底层知识，学习曲线较陡，主要适用于熟悉科学计算和自动微分的程序开发员。

当前深度学习框架为程序开发员提供了多样化选择。随着技术的进步，这些框架将更加成熟，通过优化性能、增强硬件适配能力及丰富工具链，持续满足不同领域的多样化需求。

10.3　PyTorch 框架概述

10.3.1　为什么选择 PyTorch 框架

近年来，随着深度学习技术的迅猛发展，PyTorch 作为由 Facebook 开发并维护的深度学习框架，凭借其独特的设计理念和优势，迅速在学术界赢得了广泛青睐。其中，其最显著的特点之一是动态计算图机制。与传统的静态计算图（如 TensorFlow 所采用的计算图）不同，PyTorch 采用了动态计算图的设计方式，即计算图在每次前向传播时动态生成。这种设计为程序开发员提供了极大的灵活性，尤其在科研环境中表现突出。例如，研究人员在进行新模型设计或算法实验时，能够随时调整代码并即时观察结果，从而显著提高了实验效率。这种灵活性使得 PyTorch 框架成为深度学习研究中不可或缺的工具。

除了动态计算图之外，PyTorch 框架简洁直观的 API 设计也是其受到广泛欢迎的重要原因。PyTorch 框架的 API 高度契合 Python 语言原生语法，使用起来直观易懂，学习曲线较为平缓。研究人员可以通过简洁的代码快速实现神经网络的定义与训练，大大降低了入门门槛。特别是对于初学者，PyTorch 框架提供了一个友好的开发环境，便于他们掌握深度学习的核心知识。相比之下，尽管 TensorFlow 2.x 引入了类似 Keras 的高层 API，但在整体简洁性和直观性上仍稍逊一筹。因此，其在系统建设方面具有明显优势。其开发社区活跃且资源丰富，许多前沿研究成果都会基于 PyTorch 框架实现并开源，这为研究人员提供了极大的便利。同时，PyTorch 框架与诸多主流科学计算库（如 numpy、SciPy 等库）兼容性良好，程序开发员可以轻松集成这些工具以提高研究效率。在性能优化方面，PyTorch 框架近年来取得了显著进展，如多 GPU 训练的支持以及高效的自动微分机制。此外，TorchScript 的引入使得模型可以高效地导出并运行于生产环境，这进一步扩展了 PyTorch 框架的应用场景。凭借这些优势，PyTorch 框架不仅成为科研领域的理想选择，还展现了在工业级应用中的潜力。

综上所述，PyTorch 框架通过灵活的动态计算图、简洁的 API 设计、丰富的社区支持及不断优化的性能，成为深度学习研究领域的主流框架。

10.3.2 PyTorch 框架的发展历程

自 2016 年由 Facebook AI 研究院发布以来，PyTorch 框架迅速从新兴深度学习框架成长为学术界和工业界的重要工具，展现了深度学习技术的进步与开源项目的潜力。作为 Torch 的继承者，PyTorch 框架摒弃了前者基于 Lua 语言的局限性，采用了更灵活易用的 Python 开发环境。其动态计算图机制成为一大创新，允许计算图在每次前向传播时动态生成，显著提升了实验性研究中的调试与模型验证效率。在自然语言处理和计算机视觉领域，PyTorch 框架凭借灵活性和易用性迅速赢得学术界的广泛支持，成为前沿研究的首选框架。

2018 年，PyTorch 1.0 的发布标志着其从学术工具向工业级框架的转型。该版本新增了跨平台部署支持、强化的自动微分功能和分布式训练工具，显著提升了性能与工业扩展性。随着框架的不断完善，PyTorch 框架推出了 TorchScript 和 C++ API，使得模型可以脱离 Python 环境高效运行，同时优化了分布式训练和多 GPU 支持，推动了大规模深度学习模型的应用。此外，PyTorch Mobile 的发布进一步扩展了其在移动端和嵌入式设备上的使用场景，优化模型量化功能以满足低计算资源环境的需求。

近年来，PyTorch 框架强化了对 NVIDIA A100 GPU 和 Google TPU 等高性能硬件的支持，并探索量子计算和 AI 专用芯片，为未来 AI 硬件加速奠定基础。在 Transformer 架构广泛应用的背景下，PyTorch 框架优化了对 Transformer 模型的支持，简化了预训练模型的实现，并拓展至图像、文本、视频等多模态学习，展示了在多模态 AI 领域的巨大潜力。

10.3.3 PyTorch 框架的软硬件要求

PyTorch 框架支持多种主流操作系统，包括 Linux、Windows 和 macOS，以满足科研和工业开发的广泛需求。本章默认使用 Windows 操作系统，除此之外，使用 PyTorch 框架进行深度学习开发时，用户需要满足一定的软硬件要求，以确保其高效运行。以下是 PyTorch 框架的主要软硬件需求。

1. 安装 Anaconda

Anaconda 是一种免费增值的开源发行版工具，专为 Python 语言设计，广泛应用于大规模数据处理、预测分析和科学计算。其支持 Linux、macOS 和 Windows 操作系统，集成了包管理与环境管理功能，有效解决了 Python 多版本共存、切换及第三方包安装问题。Anaconda 包括 Conda、Python 以及 180 多个科学包及其依赖项。作为核心组件，Conda 是一个开源的包和环境管理器，支持在同一机器上安装不同版本的软件包和依赖项，并轻松在环境间进行切换，从而保证项目间的隔离性和兼容性。

用户可从 Anaconda 官方网站获取，但由于服务器在国外，因此建议使用清华大学的镜像站（https://mirrors.tuna.tsinghua.edu.cn/anaconda/archive/）。选择适合的版本（如 Anaconda3-2024.06-1-Windows-x86_64.exe）下载后，按照提示完成安装，即可快速搭建科学计算和数据分析环境。安装包下载完成之后，双击进行安装即可。

安装完成后，进行 Anaconda 的环境变量配置，选择"控制面板"→"高级系统设置""环境变量"→"系统"选项，选择"Path"选项，对其进行编辑，加入文件夹的存储路径。

查看安装是否成功，如果成功，则可进入图 10-7 所示界面，可以看到 Conda 的版本。

图 10-7　Conda 的版本

2. 支持统一计算设备架构的 GPU

在使用 PyTorch 框架开发深度学习模型时，GPU 的使用对于提升训练效率和处理复杂模型至关重要。GPU 具备强大的并行计算能力，能够显著加快深度学习中的核心操作，如矩阵运算和梯度计算，尤其是在处理大规模数据集或训练深层神经网络（如 CNN、Transformer 等）时，GPU 可以将训练时间从数小时甚至数天缩短至数分钟或数小时。相比 CPU，GPU 的运算速度通常快 10～100 倍，这种显著的加速效果对需要频繁实验和调参的程序开发员尤为重要，因为它能极大地提升开发效率和研究进展。

计算机中的 CPU 是主板上的核心芯片，而 GPU 是显卡上的核心芯片。每台计算机必有主板，因此都会配备 CPU，但少数计算机可能没有显卡，因此不具备 GPU 加速的条件。目前显卡主要由 3 家厂商提供——Intel、NVIDIA 和 AMD。其中，深度学习所需的显卡以 NVIDIA 为主，没有 NVIDIA 显卡的用户将无法进行 GPU 加速。为了充分利用 GPU 的计算能力，建议配备支持统一计算设备架构（compute unified device architecture，CUDA）的 NVIDIA GPU 或兼容 ROCm 的 AMD GPU，并安装与 PyTorch 框架版本匹配的驱动和加速工具（如 CUDA Toolkit 和 cuDNN）。

3. 创建虚拟环境

在深度学习实战中，虚拟环境的配置至关重要，因为它允许用户复刻其他演示代码中的环境并避免版本冲突。初始的虚拟环境通常不包含任何库，用户可以根据需要手动安装指定版本的库，且可以根据项目需求创建多个独立的环境。这使得不同项目可以使用不同版本的 Python 和依赖库，避免了冲突，并确保项目的可复现性，方便其他程序开发员复现相同的依赖环境。此外，虚拟环境的管理非常简便，可以快速创建、激活和删除，且不会污染系统 Python 和全局库，从而保护了系统环境的干净与安全。

进入 Anaconda 环境，接下来的命令均在 Prompt 中执行。下面是进入 base 环境的一些常用操作。

```
conda env list #列出所有环境
conda create --prefix=安装路径\环境名 python=3.9
#创建名为"环境名"的虚拟环境，并指定 Python 的版本与安装路径
```

```
conda remove -n 环境名 -all                  #删除名为"环境名"的虚拟环境
conda activate 环境名                        #进入名为"环境名"的虚拟环境
conda list                                   #列出当前环境下的所有库
pip install Pandas==1.2.4 -i https://pypi.tuna.tsinghua.edu.cn/simple
                                             #安装 Pandas 库，并指定版本 1.2.4
pip show numpy                      #查看当前环境下某个库的版本（以 numpy 为例）
conda deactivate                    #退出虚拟环境
```

下面给出一个创建名为 yolov8 虚拟环境，且 Python 版本为 3.9 的操作示例。

```
(base) C:\Users\mingxia>conda env list
#conda environments:
#base     *  C:\Users\mingxia\anaconda3
(base) C:\Users\mingxia>conda create -n yolov8 python==3.9
```

4. 安装 PyTorch 框架

PyTorch 框架分为 3 个库：torch、torchvision 与 torchaudio。在这 3 个库中，torch 库的大小有 2GB 左右，而 torchvision 和 torchaudio 库的大小只有 2MB 左右，因此一般在代码中只会导入 torch 库。当 torch 的版本给定后，另外两个库的版本就唯一确定了。因为不同的深度学习模型所需的环境配置不同，建议将所需的库放在用户创建的虚拟环境中执行。

5. 检验 Cuda 是否可用

检验 Cuda 是否可用的方法如下。

查看当前环境的所有库，进入用户创建的虚拟环境，这里创建的虚拟环境名为 yolov8，使用 conda list 命令列出当前的所有库，如图 10-8 所示。

```
(yolov8) E:\ultralytics-main>conda list
# packages in environment at D:\Anaconda3\envs\yolov8:
#
# Name                    Version                   Build  Channel
ca-certificates           2024.11.26           haa95532_0
certifi                   2024.12.14               pypi_0    pypi
charset-normalizer        3.4.0                    pypi_0    pypi
colorama                  0.4.6                    pypi_0    pypi
contourpy                 1.3.0                    pypi_0    pypi
cycler                    0.12.1                   pypi_0    pypi
fonttools                 4.55.3                   pypi_0    pypi
idna                      3.10                     pypi_0    pypi
importlib-resources       6.4.5                    pypi_0    pypi
kiwisolver                1.4.7                    pypi_0    pypi
matplotlib                3.9.4                    pypi_0    pypi
numpy                     1.24.1                   pypi_0    pypi
opencv-python             4.10.0.84                pypi_0    pypi
openssl                   3.0.15               h827c3e9_0
packaging                 24.2                     pypi_0    pypi
pandas                    2.2.3                    pypi_0    pypi
pillow                    11.0.0                   pypi_0    pypi
pip                       24.2             py39haa95532_0
psutil                    6.1.0                    pypi_0    pypi
py-cpuinfo                9.0.0                    pypi_0    pypi
pyparsing                 3.2.0                    pypi_0    pypi
python                    3.9.21               h8205438_1
python-dateutil           2.9.0.post0              pypi_0    pypi
pytz                      2024.2                   pypi_0    pypi
pyyaml                    6.0.2                    pypi_0    pypi
requests                  2.32.3                   pypi_0    pypi
scipy                     1.13.1                   pypi_0    pypi
seaborn                   0.13.2                   pypi_0    pypi
setuptools                75.1.0           py39haa95532_0
six                       1.17.0                   pypi_0    pypi
sqlite                    3.45.3               h2bbff1b_0
torch                     1.12.0+cu113             pypi_0    pypi
torchaudio                0.12.0+cu113             pypi_0    pypi
torchvision               0.13.0+cu113             pypi_0    pypi
```

图 10-8 列出当前的所有库

使用 import torch 命令导入 torch 库，如图 10-9 所示。若 torch 库安装失败，则会返回

“Nomodulenamed 'torch'”。若安装成功，则不会返回任何语句，同时在下一行出现“>>>”，提示用户可以继续输入代码。

```
(base) C:\Users\用户名>conda activate yolov8

(yolov8) C:\Users\用户名>python
Python 3.9.21 (main, Dec 11 2024, 16:35:24) [MSC v.1929 64 bit (AMD64)] on win32
Type "help", "copyright", "credits" or "license" for more information.
>>> import torch
>>> torch.cuda.is_available()
True
```

图 10-9　导入 torch 库

在下一行输入“torch.cuda.is_available()”，如果 cuda 安装成功，则返回 True。

10.4　计算机视觉与现代农业

计算机视觉在现代农业中的应用正在推动农业向智能化、自动化方向发展。随着技术的进步，基于计算机视觉的系统已经在多个领域展现出巨大的潜力，尤其是在作物生长监测、病虫害检测、农业机器人与自动化设备以及土壤与水资源管理等方面。以下是计算机视觉在现代农业中的主要应用及其相关的深度学习技术。

10.4.1　计算机视觉在现代农业中的主要应用

1. 作物生长监测

作物的生长状况直接影响着农业生产的产量和质量，传统的人工监测方法效率较低且难以实时反映作物生长的变化。计算机视觉通过无人机等平台采集多光谱影像，结合深度学习技术，能够对作物生长状态进行精确监测。近年来，利用深度学习中的 CNN 和图像分割技术，作物的冠层分析成为可能。这些技术能够分析作物的生长均匀性、密度及健康状态，进一步指导施肥、灌溉等农业管理决策。以多光谱影像为例，通过分析不同波段的光谱特征，深度学习模型能够准确评估作物的生长状况和应对环境压力的能力。研究表明，CNN 与图像分割的结合能够精确区分健康和受损的区域，帮助农业工作者做出更科学的管理决策。

2. 病虫害检测

病虫害是影响农作物产量的主要因素之一。传统的病虫害检测方法大多依赖人工检查，效率低且容易受到主观判断的影响。计算机视觉结合深度学习技术的引入，极大地提高了病虫害检测的效率和准确性。基于 CNN 的分类器已经被广泛应用于叶片病变检测。通过采集作物的高分辨率图像，并利用 CNN 对这些图像进行处理，系统可以准确识别出病虫害的不同类型，并定位病害区域。此外，图像分割技术可以帮助农业工作者精确区分受影响的叶片和健康的部分，进一步提高检测的精度。例如，通过深度学习的图像分割模型，能够自动识别出作物叶片上的病虫害区域并对其进行分割，为农业专家提供有效的防治建议。

3. 农业机器人与自动化设备

农业机器人是推动现代农业自动化的重要力量，而计算机视觉技术是实现农业机器人智能化操作的关键技术。以采摘机器人为例，计算机视觉系统能够通过目标检测与三维重建技术，识别并定位水果的形状与位置，进而实现精准采摘。这些机器人通常配备高分辨率摄像头，通过实时图像分析，精确判断果实的成熟度、形状和位置，避免不必要的损害，提高采摘效率。类似地，自动除草设备也利用了计算机视觉技术，通过图像分类算法区分作物与杂草，从而实现精准的除草操作，减少除草成本和人工投入。此外，智能喷洒设备结合图像分割技术，可以通过精确定位病虫害区域，优化喷洒药剂的范围和剂量，提高作物的健康水平和喷药效率。

4. 土壤与水资源管理

计算机视觉技术在土壤与水资源管理中的应用也非常广泛。通过遥感影像分析，结合深度学习模型，可以有效识别不同类型的土壤、评估其水分含量以及预测作物的水需求。例如，使用 CNN 对遥感图像进行分析，可以实时监测土壤湿度和水分分布，从而为精准农业提供重要的数据支持。这些技术不仅有助于优化灌溉方案，减少水资源浪费，还能提高作物的生长效率。

随着这些深度学习技术的应用，计算机视觉在农业中不断突破传统农业的局限，不仅提升了农业生产效率，还促进了农业智能化、自动化的发展。

10.4.2 深度学习的常用数据集格式

在目标检测和目标识别领域中，深度学习常用的数据集格式因任务需求和使用的框架而有所不同，以下是几种常见的数据集格式。

1. COCO

特点如下：广泛用于目标检测、实例分割和关键点检测任务，使用 JSON 文件存储注释信息。

其数据结构如下。

（1）图片数据：存储为普通图像文件（JPEG、PNG 文件）。

（2）标注文件：JSON 格式，包含以下字段。

① images: 图像元数据（ID、文件名、宽度、高度等）。

② annotations: 每个目标的标注（图像 ID、种类、边界框、分割掩码等）。

③ categories: 类别定义（ID 和名称）。

（3）边界框格式：格式为[x_min, y_min, width, height]。

示例：

```
{
  "images": [
    {"id": 1, "file_name": "image1.jpg", "width": 640, "height": 480}
  ],
  "annotations": [
  {"id": 1, "image_id": 1, "category_id": 1, "bbox": [100, 120, 50, 80],
"area": 4000, "iscrowd": 0}
  ],
  "categories": [
```

```
    {"id": 1, "name": "person"}
  ]
}
```

2. Pascal VOC

特点如下：常用于目标检测任务，使用 XML 格式存储标注信息。

其数据结构如下。

（1）图片数据：存储为普通图像文件。

（2）标注文件：每张图片对应一个 XML 文件，包含边界框、种类信息等。

（3）边界框格式：格式为 [xmin, ymin, xmax, ymax]，采用左上角和右下角的坐标定义边界框。

示例：

```
<annotation>
    <folder>VOC2007</folder>
    <filename>image1.jpg</filename>
    <size>
        <width>640</width>
        <height>480</height>
    </size>
    <object>
        <name>person</name>
        <bndbox>
            <xmin>100</xmin>
            <ymin>120</ymin>
            <xmax>150</xmax>
            <ymax>200</ymax>
        </bndbox>
    </object>
</annotation>
```

3. YOLO

特点如下：文件简单，适用于快速加载和训练，使用 TXT 文件存储每张图片的标注。

其数据结构如下。

（1）图片数据：存储为普通图像文件。

（2）标注文件：每张图片对应一个 TXT 文件，文件名与图片文件名一致。

（3）边界框格式：格式为 [class_id, x_center, y_center, width, height]，归一化为相对坐标（取值为 0～1）。

其中，各参数的说明如下。

class_id: 种类 ID。

x_center 和 y_center: 边界框中心点的相对坐标。

width 和 height: 边界框的相对宽度和高度。

示例：

```
0 0.5 0.5 0.25 0.25
1 0.2 0.3 0.1 0.15
```

4. ImageNet

其特点如下：多用于分类任务，图片存储为普通图像文件。

其标注文件为 XML 文件，类似于 Pascal VOC 格式。

示例：

```
<annotation>
    <object>
        <name>dog</name>
        <bndbox>
            <xmin>100</xmin>
            <ymin>150</ymin>
            <xmax>300</xmax>
            <ymax>400</ymax>
        </bndbox>
    </object>
</annotation>
```

5. KITTI

其特点如下：主要用于自动驾驶场景中的目标检测和三维目标识别，使用 TXT 文件存储标注信息。

其数据结构如下。

（1）每张图片对应一个 TXT 文件。

（2）边界框格式，每行包含以下字段：类别、置信度、二维边界框坐标（即 xmin、ymin、xmax、ymax）、三维信息（大小、位置、旋转角等）。

示例：

```
car 0.00 0 -1.82 50.00 50.00 200.00 200.00 1.56 1.63 3.88 -1.20 1.50 5.40 -1.57
```

6. CSV（自定义格式）

其特点如下：通常用于简单项目或定制需求。

其数据以表格形式存储，每行对应一个标注。

其数据结构如下：列字段可能包括 filename、width、height、class、xmin、ymin、xmax、ymax。

示例：

```
image1.jpg,640,480,person,100,120,150,200
image2.jpg,800,600,cat,50,60,120,180
```

在选择目标检测和目标识别数据集格式时，应根据任务类型、深度学习框架兼容性及易用性进行综合考量。如果需要多任务支持（如目标检测、实例分割和关键点检测），COCO 格式是理想选择，因为其能够同时支持多种任务。对于单纯的目标检测任务，YOLO 和 Pascal VOC 格式相对简单高效，适用于快速开发和训练。三维检测任务更适合使用 KITTI 格式，其专为自动驾驶场景设计。考虑深度学习框架的兼容性，COCO 和 Pascal VOC 格式广泛支持 TensorFlow 和 PyTorch，具备较强的通用性；YOLO 框架则使用了专属的 YOLO 格式。最后，从易用性角度看，COCO 格式适用于大规模、多样化数据的处理需求；YOLO 格式以其简洁直观的特点，适合快速上手和开发。因此，可以根据具体的任务需求和使用的工具链，选择或转换为适合的格式。

10.4.3 YOLOv8 模型

1. YOLOv8 模型简介

YOLO 算法作为 one-stage 目标检测模型，在速度、并行化、全局考虑和鲁棒性等方面具有优势，适用于实时性要求高的场景。YOLOv8 是 Ultralytics 公司于 2023 年推出的最新目标检测模型，以其卓越的性能和灵活性在目标检测领域备受关注。YOLOv8 提供 n（nano）、s（small）、m（medium）、l（large）和 x（extra-large）多个版本，以下满足不同场景需求：nano 和 small 版本适用于资源受限设备和实时检测，medium 和 large 版本在兼顾效率的同时提供更高的检测精度，extra-large 版本则针对需要极高精度的大规模任务。

在农业领域，YOLOv8 的不同版本展现了广泛适用性。例如，small 版本被用于水稻病虫害的实时检测，以轻量化设计满足田间环境需求；medium 版本在棉花虫害检测中结合可变形卷积和通道注意力机制，提升了检测精度和适应性；large 版本用于果园杂草识别，通过优化参数适应复杂。这些案例表明，YOLOv8 能够根据具体任务灵活调整，为智慧农业中的病虫害检测和资源优化提供强有力支持，推动农业智能化发展。

2. YOLOv8 模型的网络结构

YOLOv8 模型的网络结构如图 10-10 所示。从图 10-10 中可看出 YOLOv8 模型的网络由 4 部分组成：输入图像、主干网络、颈部网络和头部网络。

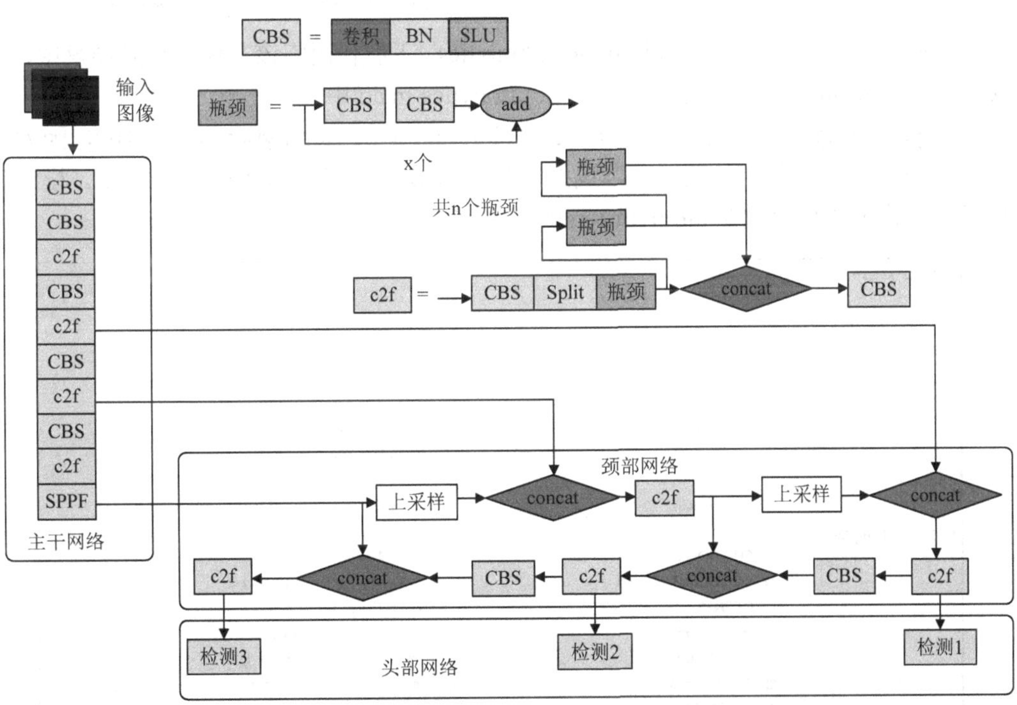

图 10-10 YOLOv8 模型的网络结构

注：CBS，convolution-batch normalization-sigmoid weighted linear unit，Conv-BN-SiLu 的组合结构；BN，batch normalization，批量归一化是深度学习中用于加速训练、提升模型稳定性的核心技术之一。

输入图像：接收图像输入，并对其进行预处理（如大小调整和归一化），为后续网络处理提供标准化数据。

主干网络：负责提取图像基础特征的核心部分。首先，主干网络引入了跨阶段局部（cross stage partial，CSP）模块，通过部分残差连接减少计算量的同时，保持了强大的特征表达能力。此外，利用 Focus 模块对输入特征图进行切片操作，进一步提升了特征提取效率。为了实现多尺度特征的高效融合，主干网络还结合了卷积操作与注意力机制，如采用空间金字塔池快速（spatial pyramid pooling-fast，SPPF）模块，通过快速的空间金字塔池化增强了特征整合能力。

颈部网络：通过特征融合提升多尺度目标检测性能。它结合路径聚合网络（path aggregation network，PANet）增强特征金字塔的上下文信息流动，提升特征的语义表达能力，并通过特征金字塔网络（feature pyramid network，FPN）整合不同层级特征，显著提高小目标检测效果。此外，颈部网络优化了深度卷积和轻量化操作（如调整 CSP 和 SPPF 模块），减少了计算负担并提升了推理效率。

头部网络：负责分类和回归输出，采用 Anchor-Free 架构以降低计算需求；结合动态标签分配（dynamic label assignment）提升正负样本匹配效率，并在多尺度特征图上完成目标位置和类别的精准预测。

3. 复现 YOLOv8 模型实现目标检查

下载要进行目标检测的模型，在 YOLOv8 的虚拟环境下执行以下安装。

```
pip install ultralytics -i https://pypi.tuna.tsinghua.edu.cn/simple
```

输入网址 https://github.com/ultralytics/ultralytics，下载代码将该文件保存到硬盘中，这里将文件 ultralytics-main.zip 解压后保存在 E:\ultralytics-main 中。

下载 yolov8n.pt 文件，输入网址 https://github-ultralytics/ultralytics at v8.2.100，因为在这里利用 YOLOv8 模型进行检测，所以选择下载 YOLOv8n 模型，如图 10-11 所示。模型下载完成后，将模型文件存放在 ultralytics-main 文件夹中。

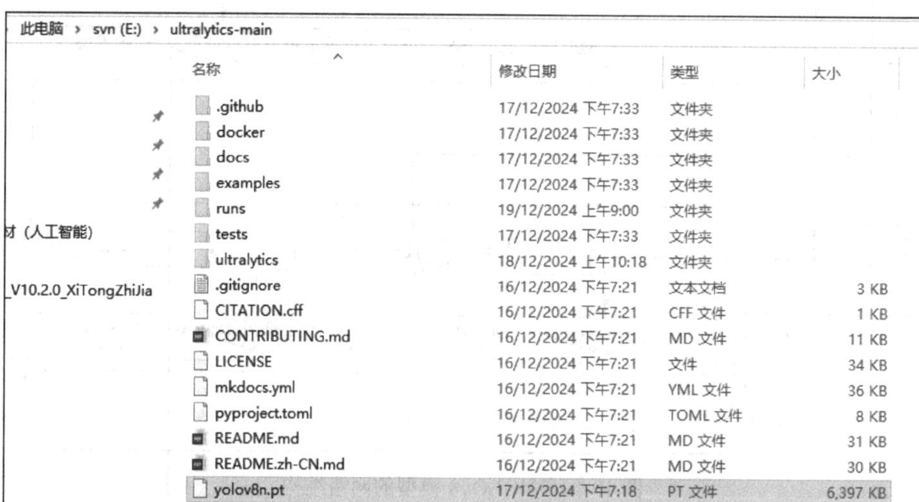

图 10-11　yolov8n.pt 的模型文件存放的文件目录

验证安装 YOLOv8 的环境是否成功：进入下载的 ultralytics-main 文件夹，执行以下代码。

```
yolo predict model=yolov8n.pt source='ultralytics/assets/bus.jpg'
```

环境安装成功，如图 10-12 所示。

```
(yolov8) E:\>cd ultralytics-main

(yolov8) E:\ultralytics-main>yolo predict model=yolov8n.pt source='ultralytics/assets/bus.jpg'
Ultralytics 8.3.51 � Python-3.9.21 torch-1.12.0+cu113 CUDA:0 (NVIDIA TITAN Xp, 12288MiB)
YOLOv8n summary (fused): 168 layers, 3,151,904 parameters, 0 gradients, 8.7 GFLOPs

image 1/1 E:\ultralytics-main\ultralytics\assets\bus.jpg: 640x480 4 persons, 1 bus, 1 stop sign, 12.0ms
Speed: 3.0ms preprocess, 12.0ms inference, 4.0ms postprocess per image at shape (1, 3, 640, 480)
Results saved to runs\detect\predict3
� Learn more at https://docs.ultralytics.com/modes/predict
```

图 10-12　环境安装成功

进入 E:\ultralytics-main\runs\detect\predict 文件夹，YOLOv8 示例图片检测效果如图 10-13 所示。

图 10-13　YOLOv8 示例图片检测效果

10.4.4　植物病害数据集

1. 数据集的类别

在深度学习目标检测领域中，数据集是模型性能的核心驱动力。一个高质量的数据集不仅决定模型的训练效果，还直接影响实际应用中的表现。数据集的来源主要分为两种：公开数据集和自己采集的数据集。以下从这两个角度分别进行介绍。

公开数据集是目标检测领域的重要资源，为研究者和程序开发员提供了标准化的训练和测试数据。这类数据集通常经过精心标注，广泛用于算法比较和性能评估，具有良好的通用性。例如，COCO 数据集涵盖了 80 类常见目标，如动物、车辆和日用品，是目标检测研究的基准数据集；VOC 数据集包含 20 类目标，适合小规模项目或初学者使用；Open Images Dataset 拥有数百万幅图像，支持更复杂的目标检测任务；此外，针对特定领域需求，也有如 PlantDoc（植物病害检测）和 DeepWeeds（田间杂草检测）这样的农业病虫害相关数据集。公开数据集的主要优点在于其标注质量高，能够为模型性能评估提供可靠基准，并且特别适合初期验证算法和快速启动项目。然而，这类数据集可能无法完全覆盖特定应用场景或目标类别，其特征分布也可能与实际需求存在差异。因此，在使用公开数据集时，应结合项目需求选择合适的类别和特征分布，并综合评估其在实际应用中的适用性，以最大化其价值。

当公开数据集无法满足需求时，采集自定义数据成为必要选择。根据具体场景和目标检测需求，定制数据集能更好地适配实际应用。采集时需使用高清设备（如照相机、无人机）捕获清晰图像，并注重多角度、多光照和多环境的多样性，确保数据具备代表性。在标注阶段，可使用工具（如 labelImg、Roboflow Annotate）完成边界框和类别标签的准确标注，并转换为适配格式（如 YOLO 或 COCO）。数据划分建议按 7∶2∶1 的比例分为训练集、验证集和测试集，同时通过随机裁剪、翻转、亮度调整等方法进行数据增强，以提升模型鲁棒性。高质量、精心处理的数据集是深度学习模型高效训练的基础。

2. 构建高质量数据集的关键要素

在准备数据集时，无论是使用公开数据集还是自行采集的数据，都需要关注几个关键点以确保数据的质量和适用性。首先，数据质量是基础，图像分辨率应足够高，目标清晰可见，同时标注必须准确，避免遗漏或错误分类，以减少模型训练过程中的偏差。其次，数据的类别分布应尽量均衡，防止某些类别的样本过少导致模型偏向其他类别。如果数据不平衡，则可以通过数据增强或额外采集的方式进行补足。此外，场景多样性至关重要，数据应涵盖目标可能出现的多种场景，以避免模型过拟合特定环境，从而提升其在实际应用中的泛化能力。最后，隐私与合规性需要特别注意，尤其是在采集涉及个人隐私的数据（如人脸数据）时，必须遵守相关法律法规，确保数据采集和使用的合法性与伦理性。这些注意事项贯穿数据准备的每个环节，是构建高质量数据集的关键保障。

3. 植物病害数据集

本章选择使用 PlantDoc 数据集进行训练。PlantDoc 数据集是一个专注于植物病害检测的开源数据集，广泛应用于农业领域的深度学习研究与应用。该数据集包含来自真实田间场景的图像，涵盖 13 种植物和 27 种病害类别，能够满足植物病害诊断和健康状态监测等需求。图片分辨率较高，采集环境涵盖不同光照条件、背景复杂度和病害表现，提供了多样化的样本以增强模型的适应性。标注文件采用 Pascal VOC 格式，该格式以 XML 文件详细描述目标信息。输入网址 https://github.com/pratikkayal/PlantDoc-Object-Detection-Dataset，可以下载该数据集。PlantDoc-Object-Detection-Dataset-master 是 PlantDoc 数据集的子集，专注于植物病害目标检测，旨在识别病害的位置和类别。数据集包含 2558 幅高分辨率叶片图像，覆盖从早期病害到晚期病变的各阶段，来自真实农田环境，涵盖了多种光照条件、拍摄角度和复杂背景。图像划分为 2002 幅训练集、311 幅验证集和 245 幅测试集。这种划分确保模型能够充分学习和验证，并通过独立测试集评估对未知数据的识别能力。病害的类别如下。

```
Chinese_name = {
    "Apple Scab Leaf": "苹果黑星病叶",
    "Apple leaf": "苹果叶",
```

```
    "Apple rust leaf": "苹果锈病叶",
    "Bell_pepper leaf spot": "甜椒叶斑",
    "Bell_pepper leaf": "甜椒叶",
    "Blueberry leaf": "蓝莓叶",
    "Cherry leaf": "樱桃叶",
    "Corn Gray leaf spot": "玉米灰斑病叶",
    "Corn leaf blight": "玉米叶枯病",
    "Corn rust leaf": "玉米锈病叶",
    "Peach leaf": "桃叶",
    "Potato leaf early blight": "马铃薯早疫病叶",
    "Potato leaf late blight": "马铃薯晚疫病叶",
    "Potato leaf": "马铃薯叶",
    "Raspberry leaf": "覆盆子叶",
    "Soyabean leaf": "大豆叶",
    "Squash Powdery mildew leaf": "南瓜白粉病叶",
    "Strawberry leaf": "草莓叶",
    "Tomato Early blight leaf": "番茄早疫病叶",
    "Tomato Septoria leaf spot": "番茄斑点病叶",
    "Tomato leaf bacterial spot": "番茄细菌性斑点病叶",
    "Tomato leaf late blight": "番茄晚疫病叶",
    "Tomato leaf mosaic virus": "番茄花叶病害叶",
    "Tomato leaf yellow virus": "番茄黄化病害叶",
    "Tomato leaf": "番茄叶",
    "Tomato mold leaf": "番茄霉变叶",
    "Tomato two spotted spider mites leaf": "番茄双斑螨叶",
    "grape leaf black rot": "葡萄叶黑腐病",
    "grape leaf": "葡萄叶"
}
```

下载后的数据集有 test、train 文件夹，还有 train_labels.csv、test_label.csv 文件。文件夹中的每一幅扩展名为.jpg 的图像都对应一个 XML 文件。train 文件夹中有一个 0061.xml 文件，这个文件可以在 labelImg 中打开，同时可以在 train_labels.csv 中找到这幅图像的描述，如图 10-14 所示。

filename	width	height	class	xmin	ymin	xmax	ymax
0061.jpg	448	336	Potato leaf early blight	77	31	192	248
0061.jpg	448	336	Potato leaf early blight	200	124	334	332
0061.jpg	448	336	Potato leaf early blight	250	50	355	163

图 10-14　0061.jpg 在 CSV 文件中的描述

如果将 0061.jpg（马铃薯早疫病叶示图）打开，则其如图 10-15 所示。

如果想了解关于标注对象的具体信息，则可以进入 Anaconda，双击 Anaconda Prompt 选项，打开命令行窗口，输入“pip　install　labelImg”命令，安装 labelImg，可以看到具体的标注情况，如图 10-16 所示。

图 10-15　马铃薯早疫病叶示图

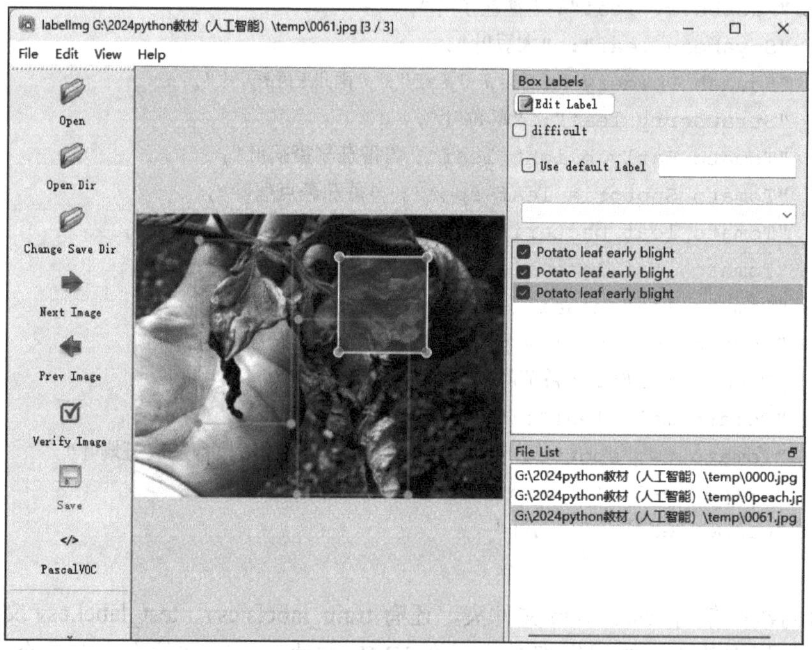

图 10-16　马铃薯早疫病叶在 labelImg 中的标注情况

可以在 labelImg 中看到该图像标注了 3 个矩形区域，这 3 个矩形区域对应的标签在此幅图像中都是“Potato leaf early blight”（马铃薯早疫病叶）。描述矩形区域通常使用的方式为矩形左上角坐标，右下角坐标。当使用 labelImg 进行标注时，会生成一个相应的 XML 文件，所以对应的 0061.jpg 文件会有一个 0061.xml。将 0061.xml 文件打开，可以看到其具体的标注信息，这里给出了每行语句的注释，以帮助大家理解标注文件。

```
<annotation> #注释开始：根元素，表示标注元数据的开始
    <folder> Potato leaf early blight </folder> #文件夹名称，存储图像的文
                                                #件夹
    <filename>0061.jpg</filename> #文件名，标注的图像文件名
    <path>/media/master/Data/Sem6/ISDl/Pratik/ Potato leaf early blight
/0061.jpg</path> #图像的完整路径
    <source>
```

```
        <database>Unknown</database> #图像来源数据库，未知
    </source>
    <size>                                #图像的大小
        <width>448</width>                #图像宽度，以像素为单位
        <height>336</height>              #图像高度，以像素为单位
        <depth>3</depth>                  #图像的颜色通道数（3 表示 RGB）
    </size>
    <segmented>0</segmented>              #是否分割标注（0 表示未分割标注）
    <object> #第一个标注对象的详细信息
        <name>Potato leaf early blight</name>  #对象名称或类别
        <pose>Unspecified</pose>          #对象姿态，未指定
        <truncated>0</truncated>          #是否被截断（0 表示未截断）
        <difficult>0</difficult>          #标注难度（0 表示不难）
        <bndbox>                          #对象的边界框坐标
            <xmin>77</xmin>               #边界框左上角的 x 坐标
            <ymin>31</ymin>               #边界框左上角的 y 坐标
            <xmax>192</xmax>              #边界框右下角的 x 坐标
            <ymax>248</ymax>              #边界框右下角的 y 坐标
        </bndbox>
    </object>
    <object> #第二个标注对象的详细信息
        <name>Potato leaf early blight</name>  #对象名称或类别
        <pose>Unspecified</pose>               #对象姿态，未指定
        <truncated>0</truncated>               #是否被截断（0 表示未截断）
        <difficult>0</difficult>               #标注难度（0 表示不难）
        <bndbox> #对象的边界框坐标
            <xmin>200</xmin>                   #边界框左上角的 x 坐标
            <ymin>124</ymin>                   #边界框左上角的 y 坐标
            <xmax>334</xmax>
            <ymax>332</ymax>
        </bndbox>
    </object>
    <object> #第三个标注对象的详细信息
        <name>Potato leaf early blight</name>  #对象名称或类别
        <pose>Unspecified</pose>               #对象姿态，未指定
        <truncated>0</truncated>               #是否被截断（0 表示未截断）
        <difficult>0</difficult>               #标注难度（0 表示不难）
        <bndbox> #对象的边界框坐标
            <xmin>250</xmin>                   #边界框左上角的 x 坐标
            <ymin>50</ymin>                    #边界框左上角的 y 坐标
            <xmax>355</xmax>                   #边界框右下角的 x 坐标
            <ymax>163</ymax>                   #边界框右下角的 y 坐标
        </bndbox>
    </object>
</annotation>                                  #注释结束：标注元数据的结束
```

4. 数据集格式转换

PlantDoc-Object-Detection-Dataset-master 数据集采用 VOC 格式的 XML 文件存储标注信息，这种格式在目标检测任务中应用广泛，记录了类别名及目标边界框的详细坐标。然而，尽管 VOC 格式结构详尽，但解析复杂，不适合 YOLOv8 框架的高效训练需求。YOLOv8 采用了一种简洁的文本标注格式，以每行记录目标类别索引及归一化的边界框中心点和大小，大幅降低了标注文件的复杂度，显著提高了数据加载和训练效率。因此，将 VOC 格式转换为 YOLOv8 格式是必要的。转换过程中，通过读取 XML 文件，提取图像大小及目标标注信息，计算归一化后的中心坐标和大小，并将类别映射为索引，最终生成符合 YOLOv8 标准的文本文件。这一过程不仅确保了数据集与 YOLOv8 的兼容性，还简化了标注文件的处理和可视化工作，提升了模型训练的流畅性和效率。特别是在植物病害检测这一领域，精准、高效的标注格式能更好地支持模型在复杂场景下的性能优化，因此，完成这一转换是提升数据利用率和模型训练效率的关键步骤。

将 PlantDoc-Object-Detection-Dataset-master 数据集的 VOC 格式标注文件转换为 YOLOv8 支持的标注文件时，需要完成以下步骤。

步骤 1：安装必要的依赖库，确保 Python 环境安装了 xml.etree.ElementTree、os、numpy 库，通常情况下 Anaconda 默认会安装这些库。

步骤 2：理解格式要求。

（1）VOC 格式：标注信息存储在 XML 文件中。

（2）每个对象包含以下内容。

① 类别名。

② 边界框坐标：左上角（xmin, ymin）和右下角（xmax, ymax）。

（3）YOLOv8 格式：每个对象用一行表示，格式为 class_id center_x center_y width height。

① class_id：类别索引（从 0 开始）。

② center_x、center_ y：归一化到 0～1 的边界框的中心点坐标。

③ width、height：归一化到 0～1 的边界框的宽度和高度。

步骤 3：转换流程。

① 读取 VOC XML 文件，使用 Python 读取 XML 文件，提取图像大小和标注信息。

② 计算 YOLO 格式坐标，计算归一化中心点坐标和边界框大小，计算方式如下。

center_x = (xmin + xmax) / 2 / image_width

center_ y = (ymin + ymax) / 2 / image_height

width = (xmax − xmin) / image_width

height = (ymax − ymin) / image_height

③ 映射类别到索引，为每个类别分配索引，确保类别顺序与模型一致。

④ 保存为 YOLO 格式的文件，将转换后的标注信息保存为对应图像名的.TXT 文件。

因为下载的公开数据集总是会有一些错误，所以需要查看是不是所有的图像都有相应的标注文件，为此将 train 文件夹所有拥有标注信息的图像和图像对应的标注文件分别存放在对应的文件夹内。下面是进行相应处理的 Python 代码。

```
import os
import shutil
```

```
3 #文件夹路径
4 source_folder = "source"        #源文件夹路径
5 images_folder = "images"        #存放 JPG 文件的目标文件夹
6 xml_folder = "label"            #存放 XML 文件的目标文件夹
7 #创建目标文件夹
8 os.makedirs(images_folder, exist_ok=True)
9 os.makedirs(xml_folder, exist_ok=True)
10 #获取所有文件名
11 all_files = os.listdir(source_folder)
12 jpg_files = {os.path.splitext(f)[0]: f for f in all_files if
13 f.endswith(".jpg")}
14 xml_files = {os.path.splitext(f)[0]: f for f in all_files if
15 f.endswith(".xml")}
16 #处理文件并进行分类
17 for base_name, jpg_file in jpg_files.items():
18     if base_name in xml_files:
19         #如果找到对应的 XML 文件，则将它们分别移动到目标文件夹中
20         shutil.move(os.path.join(source_folder, jpg_file), os.path.
21 join(images_folder, jpg_file))
22         shutil.move(os.path.join(source_folder,xml_files[base_name]),
23 os.path.join(xml_folder, xml_files[base_name]))
24     else:
25         #如果找不到对应的 XML 文件，则输出警告
26         print(f"警告：找不到与 {jpg_file} 对应的 XML 文件！")
27 print(f"分类完成！")
```

代码分析：

（1）第 1、2 行代码中，导入 os 模块，用于实现文件路径、目录创建等操作，导入 shutil 模块，用于实现第 20～23 行代码中的文件移动操作。

（2）第 4～6 行代码中，指定源文件夹名称为 source，存放 JPG 类型和 XML 类型的文件夹名称。

（3）第 8～9 行代码中，makedirs()函数的第 1 个参数表示创建目标文件夹的名称，第 2 个参数 exist_ok=True 表示如果目标文件夹已存在，则不会抛出错误。

（4）第 11 行代码中，获取源文件夹内的所有文件名。

（5）第 12～15 行代码中，创建两个字典。jpg_files 字典中键为 JPG 图像的主文件名，值为完整的 JPG 文件名；xml_files 字典中键为 XML 文件的主文件名，值为完整的 XML 文件名。

（6）第 17～26 行代码中，遍历所有 JPG 文件，如果找到对应的 XML 文件，则将 JPG 文件移动到 images_folder 中，XML 文件移动到 xml_folder 中；如果找不到对应的 XML 文件，则输出警告信息。

执行上述代码后，将实现指定源文件夹中的 JPG 文件和与之同名的 XML 文件分别移动到目标文件夹 Images 和 XML 文件夹。JPG 文件存放在 Images 文件夹内，与之对应的 XML 文件存放在 label 文件夹内。如果某个文件没有对应的文件，则脚本会输出警告信息。

再将 VOC 格式的 XML 文件转换成 YOLOv8 支持的标注格式，并转换成对应的 TXT 文件。以下是实现上述转换的 Python 代码。

```
import os
import xml.etree.ElementTree as ET
def voc_to_yolo(voc_dir, yolo_dir, classes):
    #创建 YOLO 标注文件存储目录
    os.makedirs(yolo_dir, exist_ok=True)
    #遍历 VOC XML 文件
    for xml_file in os.listdir(voc_dir):
        if not xml_file.endswith(".xml"):
            continue
        #解析 XML 文件
        tree = ET.parse(os.path.join(voc_dir, xml_file))
        root = tree.getroot()
        #获取图像宽度和高度
        size = root.find("size")
        try:
            image_width = int(size.find("width").text)
            image_height = int(size.find("height").text)
            #检查大小是否有效
            if image_width == 0 or image_height == 0:
                print(f"Warning: Skipping {xml_file} due to invalid
                    image size.")
            continue
        except (AttributeError, ValueError):
            print(f"Warning: Skipping {xml_file} due to missing or
                  invalid size information.")
            continue
        #创建 YOLO 格式的标注文件
        yolo_file_path=os.path.join(yolo_dir,
            os.path.splitext(xml_file)[0] + ".txt")
        with open(yolo_file_path, "w") as yolo_file:
            #遍历每个目标对象
            for obj in root.findall("object"):
                name = obj.find("name").text
                #获取种类索引
                if name not in classes:
                    print(f"Warning: class {name} not in classes list.")
                    continue
                class_id = classes.index(name)
                #获取边界框信息
                bndbox = obj.find("bndbox")
                xmin = int(bndbox.find("xmin").text)
                ymin = int(bndbox.find("ymin").text)
                xmax = int(bndbox.find("xmax").text)
                ymax = int(bndbox.find("ymax").text)
                #转换为 YOLO 格式
                center_x = ((xmin + xmax) / 2) / image_width
                center_y = ((ymin + ymax) / 2) / image_height
                width = (xmax - xmin) / image_width
```

```
49                  height = (ymax - ymin) / image_height
50                  #写入 YOLO 格式的文件
51                  yolo_file.write(f"{class_id}{center_x:.6f}
52                      {center_y:.6f} {width:.6f} {height:.6f}\n")
53      print(f"Conversion completed. YOLO files saved in {yolo_dir}.")
54  #定义种类（根据数据集实际种类定义）
55  classes = ["Apple Scab Leaf","Apple leaf","Apple rust leaf",
56  "Bell_pepper leaf spot","Bell_pepper leaf","Blueberry leaf","Cherry
57  leaf","Corn Gray leaf spot","Corn leaf blight","Corn rust
58  leaf","Peach leaf","Potato leaf early blight","Potato leaf late
59  blight","Potato leaf","Raspberry leaf","Soyabean leaf","Squash
60  Powdery mildew leaf","Strawberry leaf","Tomato Early blight leaf",
61  "Tomato Septoria leaf spot","Tomato leaf bacterial spot","Tomato leaf
62  late blight","Tomato leaf mosaic virus","Tomato leaf yellow
63  virus","Tomato leaf","Tomato mold leaf","Tomato two spotted spider
64  mites leaf","grape leaf black rot", "grape leaf"]
65  #设置路径
66  voc_dir = "label"  #VOC 格式 XML 文件目录
67  yolo_dir = " annotations"  #YOLO 格式标注文件存储目录
68  #执行转换操作
69  voc_to_yolo(voc_dir, yolo_dir, classes)
```

代码分析：

（1）第 1、2 行代码中，导入 os 模块，用于实现文件路径、目录创建等操作，导入 ElementTree 模块，用于解析 XML 文件。

（2）第 3～54 行代码中，定义函数 voc_to_yolo，将 VOC 格式的标注文件转换为 YOLO 格式，第 1 个参数为存放 VOC 格式文件的文件夹，第 2 个参数为存放 YOLO 格式文件的文件夹，第 3 个参数为植物病害种类列表。

（3）第 7～26 行代码中，遍历 XML 文件并进行解析，通过获取的图像宽度、高度等信息判断文件是否有效，如果该信息缺失或无效，则输出警告并跳过该文件。

（4）第 28～53 行代码中，遍历有效的 XML 文件，获取目标对象的类别。检查对象类别是否在 class 列表定义的类别中，如果在 class 列表定义的类别中，则按照前文提及的公式将 VOC 格式的边界框转换为 YOLO 格式，并写入相应的 YOLO 标注文件中。

（5）第 55～69 行代码中，创建一个列表存放实际数据集对象类别。

按照上述方法和步骤，将 PlantDoc-Object-Detection-Dataset-master 数据集下的 test 文件夹中的信息处理成对应的 YOLOv8 支持的标注格式。

经过处理后，最终训练集对应的图像 2326 幅，测试集对应的图像 237 幅，其标注格式全部转换为 YOLOv8 支持的 TXT 文件格式。按照训练集：验证集：测试集的比例为 7：2：1，对应的图像分别为 1794：513：258，因为该数据集已经给出了测试集的大小，这里为了方便，选取训练集为 1801，验证集为 500，测试集为 251。如果想自己进行数据集的具体划分，则可以使用以下代码来实现。

```
import os
import random
import shutil
#设置原始数据集路径
```

```
5   data_path = "Datasets/images"        #图像文件夹
6   label_path = "Datasets/labels"       #标注文件夹
7   #创建目标文件夹
8   output_dirs = {
9       "train_images": "Datasets/images/train",
10      "val_images": "Datasets/images/val",
11      "test_images": "Datasets/images/test",
12      "train_labels": "Datasets/labels/train",
13      "val_labels": "Datasets/labels/val",
14      "test_labels": "Datasets/labels/test",
15  }
16  #创建输出目录
17  for path in output_dirs.values():
18      os.makedirs(path, exist_ok=True)
19  #获取所有图像和标注文件
20  images = sorted([f for f in os.listdir(data_path) if
21      f.endswith(".jpg")])
22  labels = sorted([f for f in os.listdir(label_path) if
23      f.endswith(".txt")])
24  #确保图像和标注文件一一对应
25  image_label_pairs = [(img, img.replace(".jpg", ".txt")) for img in
26  images if img.replace(".jpg", ".txt") in labels]
27  #打乱数据集
28  random.shuffle(image_label_pairs)
29  #按 7:2:1 的比例划分数据集
30  num_total = len(image_label_pairs)
31  num_train = int(0.70 * num_total)
32  num_val = int(0.2 * num_total)
33  train_pairs = image_label_pairs[:num_train]
34  val_pairs = image_label_pairs[num_train:num_train + num_val]
35  test_pairs = image_label_pairs[num_train + num_val:]
36  #函数：移动文件
37  def move_files(pairs, image_dest, label_dest):
38      for (image, label) in pairs:
39          shutil.move(os.path.join(data_path, image),
40              os.path.join(image_dest, image))
41          shutil.move(os.path.join(label_path, label),
42              os.path.join(label_dest, label))
43  #移动训练集文件
44  move_files(train_pairs, output_dirs["train_images"],
45      output_dirs["train_labels"])
46  #移动验证集文件
47  move_files(val_pairs, output_dirs["val_images"],
48      output_dirs["val_labels"])
49  #移动测试集文件
50  move_files(test_pairs, output_dirs["test_images"],
51      output_dirs["test_labels"])
```

代码分析：

（1）第1～3行代码中，导入os模块，用于实现文件路径、目录创建等操作；导入shutil模块，用于第39～42行代码中的文件移动操作；导入random模块，用于随机打乱数据集。

（2）第 4～5 行代码中，设置原始数据集文件夹路径。

（3）第 8～15 行代码中，设置测试集、验证集、训练集的图像和标注信息文件夹路径。

（4）第 17～18 行代码中，创建测试集、验证集、训练集的输出路径。

（5）第 20～26 行代码中，创建图像和标注文件的配对列表，确保每个图像文件都有对应的标注文件。

（6）第 28 行代码中，使用 random 模块的 shuffle 函数打乱数据集顺序。

（7）第 30～35 行代码中，使用列表的切片函数使训练集、验证集、测试集按照 7∶2∶1 进行划分。

（8）第 37～42 行代码中，move_files 函数将图像和标注文件移动到目标文件夹中，第 1 个参数是图像和标注文件的配对列表，第 2 个参数是图像文件的目标文件夹路径，第 3 个参数是标注文件的目标文件夹路径。

（9）第 44～51 行代码中，调用 move_files 函数将最终的训练集文件、验证集文件、测试集文件移动到相应的目标文件夹中。

执行上述代码后，可以进行数据集的划分，对应的文件夹结构如图 10-17 所示。

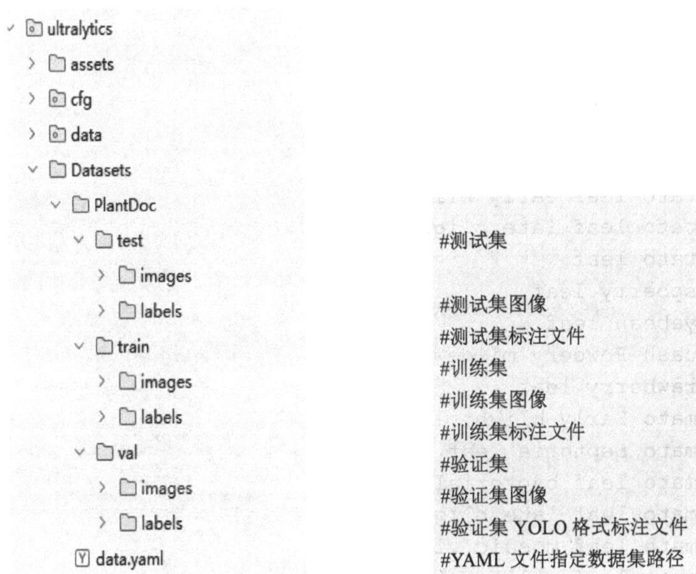

图 10-17　划分数据集后对应的文件夹结构

10.4.5　植物病害检测模型训练

YOLOv8 是一种高效的目标检测模型，因其性能强大、灵活性高而被广泛应用于农业场景，包括棉田杂草检测。下面将使用下载的 PlantDoc-Object-Detection-Dataset-master 数据集，详细介绍使用 YOLOv8 模型进行棉田杂草检测的具体步骤。

1. 环境配置

正确配置 YOLOv8 环境是确保模型高效运行和稳定性能的关键。合理的环境设置可避免依赖库冲突和功能缺失，确保训练与推理顺畅。通过正确安装 CUDA 和 cuDNN，可充分利用 GPU 的加速性能，减少调试时间。合适的配置保障了模型的性能和结果的可重复性，避免因环境差异导致的不一致行为。此外，正确的环境能确保模型导出为 ONNX 或 TensorRT 格式时的兼容性和推理性能。

2. 模型训练

1）新建 data.yaml 文件

在 ultralytics/datasets/下新建 data.yaml 文件。该文件的内容如下。

```
train: Datasets/train/PlantDoc/train
val: Datasets/train/PlantDoc/val
test: Datasets/train/PlantDoc/test
nc: 29  #替换为实际种类数
names:
0: Apple Scab Leaf
1: :Apple leaf
2: Apple rust leaf
3: Bell_pepper leaf spot
4; Bell_pepper leaf
5: Blueberry leaf
6: Cherry leaf
7: Corn Gray leaf spot
8: Corn leaf blight
9: Corn rust leaf
10: Peach leaf
11: Potato leaf early blight
12: Potato leaf late blight
13: Potato leaf
14: Raspberry leaf
15: Soyabean leaf
16: Squash Powdery mildew leaf
17: Strawberry leaf
18: Tomato Early blight leaf
19: Tomato Septoria leaf spot
20: Tomato leaf bacterial spot
21: Tomato leaf late blight
22: Tomato leaf mosaic virus
23: Tomato leaf yellow virus
24: Tomato leaf
25: Tomato mold leaf
26: Tomato two spotted spider mites leaf
27: grape leaf black rot
28: grape leaf
```

2）输入训练命令

步骤 1：双击 Anaconda Prompt 选项，打开命令行窗口。

步骤 2：在命令行窗口中执行以下命令。

```
conda activate yolov8(用户创建的虚拟环境名)
```

步骤 3：进入下载的 yolov8 项目，即(yolov8) E:\ultralytics-main，在虚拟环境下打开命令行窗口，并执行以下命令。

```
yolo task=detect mode =train model=yolov8n.yaml data=E:\ultralytics-main\
datasets\data.yaml imgsz=640 epochs=600 batch=32
```

其中，各参数的说明如下。

① yolo：用于调用 YOLO 算法，主要用于目标检测任务。这里调用的是 YOLOv8。

② task=detect：指定任务类型，detect 表示目标检测任务（检测图像或视频中的物体）。

③ mode=train：指定运行模式。train 表示训练模式，用于根据提供的数据集训练模型。

④ model=yolov8n.yaml：模型配置文件路径，yolov8n.yaml 通常指 YOLOv8 nano 模型，是轻量化版本，适用于在低计算资源下运行且运行速度较快。在 E: \ultralytics-main\ultralytics\cfg\models\v8\目录下复制 Yolov8.yaml，将其重命名为 yolov8n.yaml，并将 nc:80 修改为 nc:29。

⑤ data=E:\ultralytics-main\datasets\data.yaml：数据集配置文件路径，data.yaml 文件中包含数据集的信息，如分类标签及训练/验证数据的路径。data.yaml 文件在本次训练过程中的内容如下。

```
path: E:/ultralytics-main/ #dataset root dir
   train: E:/ultralytics-main/datasets/PlantDoc/train
   val: E:/ultralytics-main/datasets/PlantDoc/val
test: E:/ultralytics-main/datasets/PlantDoc/test
nc: 29
names: ['Apple Scab Leaf', 'Apple leaf', 'Apple rust leaf', 'Bell_pepper
leaf spot', 'Bell_pepper leaf', 'Blueberry leaf', 'Cherry leaf', 'Corn Gray
leaf spot', 'Corn leaf blight', 'Corn rust leaf', 'Peach leaf', 'Potato leaf
early blight', 'Potato leaf late blight', 'Potato leaf', 'Raspberry leaf',
'Soyabean leaf', 'Squash Powdery mildew leaf', 'Strawberry leaf', 'Tomato
Early blight leaf', 'Tomato Septoria leaf spot', 'Tomato leaf bacterial spot',
'Tomato leaf late blight', 'Tomato leaf mosaic virus', 'Tomato leaf yellow
virus', 'Tomato leaf', 'Tomato mold leaf', 'Tomato two spotted spider mites
leaf', 'grape leaf black rot', 'grape leaf']
```

⑥ imgsz=640：指定图像大小，640 表示将图像调整为 640 像素×640 像素后输入模型。

⑦ epochs=600：训练的迭代次数，600 表示模型将在数据集上重复训练 600 次。

⑧ batch=32：指定批量大小（一次训练时处理的图片数量）。批量大小为 32 时，通常在内存占用与计算效率之间取得平衡。

PlantDoc-Object-Detection-Dataset 训练过程部分截图如图 10-18 所示。

```
 Epoch   GPU_mem  box_loss  cls_loss  dfl_loss  Instances       Size
12/100    0.635G     1.843     3.729     2.278          2        640: 100%|          | 451/451 [00:31<00:00, 1
           Class    Images  Instances     Box(P          R      mAP50  mAP50-95): 100%|          | 63/63 [00:03
             all       500       1706      0.34      0.125     0.0576     0.0351

 Epoch   GPU_mem  box_loss  cls_loss  dfl_loss  Instances       Size
13/100    0.694G     1.824     3.713     2.257          6        640: 100%|          | 451/451 [00:30<00:00, 1
           Class    Images  Instances     Box(P          R      mAP50  mAP50-95): 100%|          | 63/63 [00:03
             all       500       1706     0.169      0.142     0.0519     0.0317

 Epoch   GPU_mem  box_loss  cls_loss  dfl_loss  Instances       Size
14/100    0.625G     1.795     3.651     2.227          2        640: 100%|          | 451/451 [00:53<00:00,
           Class    Images  Instances     Box(P          R      mAP50  mAP50-95): 100%|          | 63/63 [00:03
             all       500       1706     0.219       0.14       0.07     0.0428

 Epoch   GPU_mem  box_loss  cls_loss  dfl_loss  Instances       Size
15/100    0.675G     1.806     3.636     2.217         15        640: 100%|          | 451/451 [00:30<00:00, 1
           Class    Images  Instances     Box(P          R      mAP50  mAP50-95): 100%|          | 63/63 [00:03
             all       500       1706      0.19      0.151     0.0617     0.0379

 Epoch   GPU_mem  box_loss  cls_loss  dfl_loss  Instances       Size
16/100    0.604G     1.759     3.606     2.182          4        640: 100%|          | 451/451 [00:30<00:00, 1
           Class    Images  Instances     Box(P          R      mAP50  mAP50-95): 100%|          | 63/63 [00:03
             all       500       1706     0.165      0.168     0.0767     0.0489
```

图 10-18 PlantDoc-Object-Detection-Dataset 训练过程部分截图

3）模型训练生成的主要文件

训练结束后，将在 E:/ultralytics-main//run/detect/train/weights 下生成两个模型文件，分别为 best.pt、last.pt。除此之外，还有以下关键图表数据。

（1）F1 曲线（F1_curve.png）：用于显示训练过程中模型的 F1 分数变化趋势，如图 10-19 所示。F1 分数是精确率和召回率的加权调和平均数，曲线通常随着训练迭代次数的增加而逐步上升，直到收敛，可判断模型的整体性能是否稳定提升。其定义为

$$\mathrm{F1}=2\times\frac{(\mathrm{Precision}+\mathrm{Recall})}{\mathrm{Precision}\times\mathrm{Recall}}$$

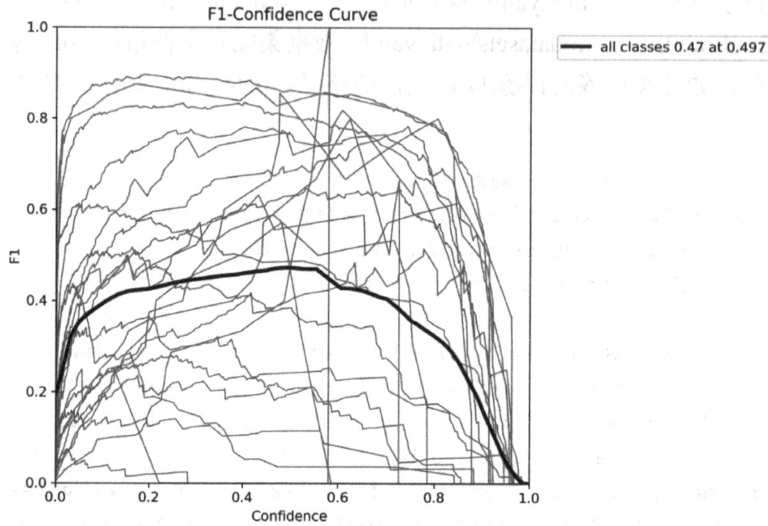

图 10-19　F1 曲线

（2）精确率-召回率曲线（pr_curve.png）：用于显示模型的精确率-召回率曲线，如图 10-20 所示。这是衡量模型性能的重要工具，结合了精确率和召回率。该曲线下方的面积称为平均

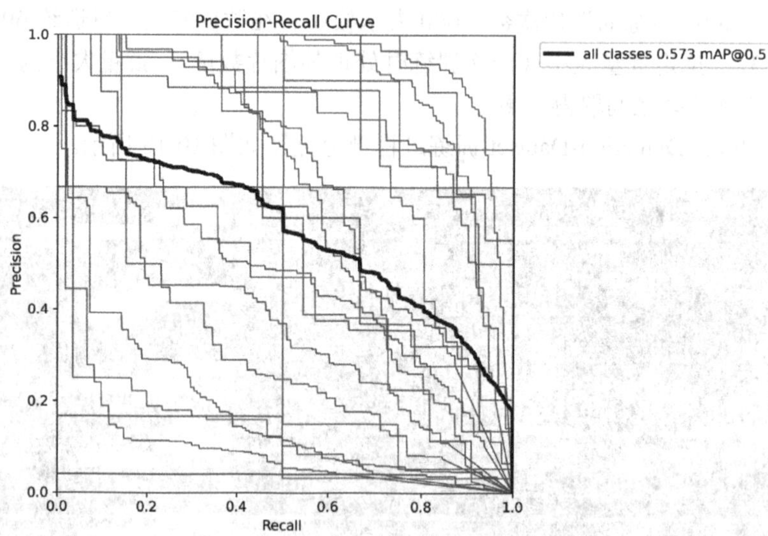

图 10-20　精确率-召回率曲线

精确率（average precision，AP），表示模型对某个类别的检测性能。该曲线的形状越靠近右上角，模型性能越好。

（3）Labels.jpg：用于显示训练集中所有目标的标签分布情况，如图 10-21 所示。其中展示了每个类别的实例数量和分布位置，可以直观地看到数据集中是否存在类别不平衡或目标集中于某些区域的情况。

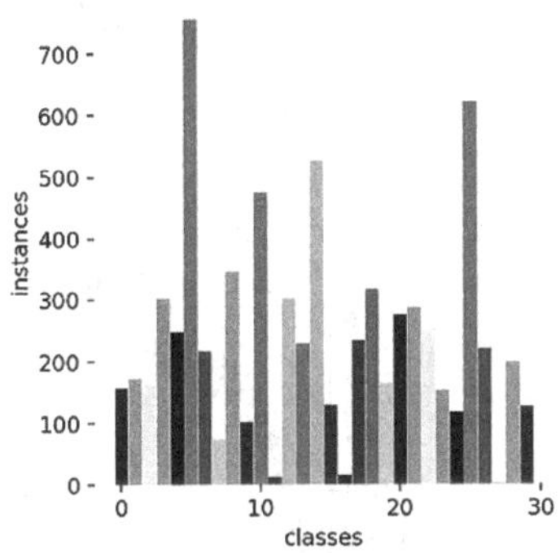

（a）数据集中各类别的实例数量

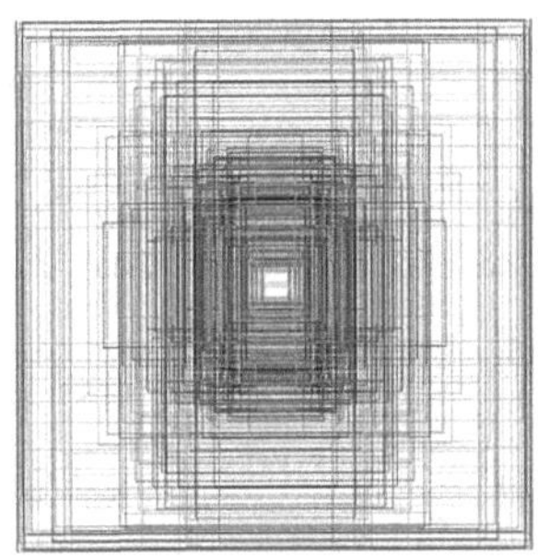

（b）数据集中所有标注框的大小分布

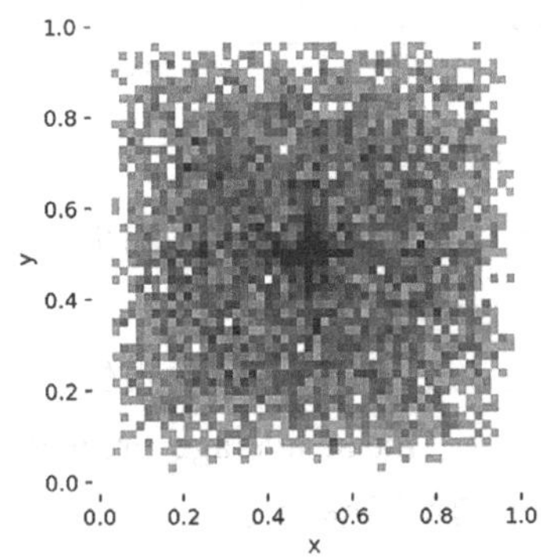

（c）散点图 1

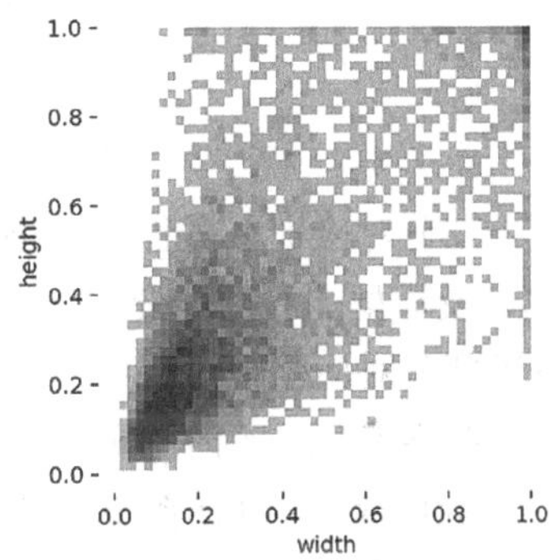

（d）散点图 2

图 10-21 Labels.jpg

图 10-21（a）显示了数据集中各类别的实例数量。横轴代表类别索引，纵轴代表每个类别的实例数量。不同颜色的柱子代表不同的类别。此图有助于了解数据集中类别分布是否均衡，以及每个类别的样本数量，以及分析数据集类别分布是否平衡。如果某些类别实例过少，则模型可能对这些类别的检测性能较差，可以考虑数据增强或重采样。从此图可以看出数据集样本存在不均衡现象，可以预测到训练效果应该不是特别好。

图 10-21（b）展示了数据集中所有标注框的大小分布。每个矩形代表一个标注框，矩形的长度和宽度分别对应标注框的宽度和高度。其颜色可能代表不同的类别。此图可以帮助用户理解标注框的大小分布，以及是否存在大小过于极端的框。

图 10-21（c）是一个散点图，显示了标注框中心点在图像中的位置分布。横轴（x）和纵轴（y）分别代表标注框中心点在图像宽度和高度上的比例。其颜色深浅可能表示该区域中心点的密集程度。此图用于了解标注框在图像中的位置分布情况。

图 10-21（d）是一个散点图，显示了标注框的宽度和高度之间的关系。横轴代表宽度，纵轴代表高度。其颜色深浅同样表示该大小组合的密集程度。此图用于了解标注框大小的分布情况，以及是否存在特定的大小模式。

（4）result.png：用于总结模型的整体性能，如图 10-22 所示。其是 YOLOv8 训练任务结束后生成的一张综合结果图，直观地展示了多种训练指标的变化趋势和最终结果。

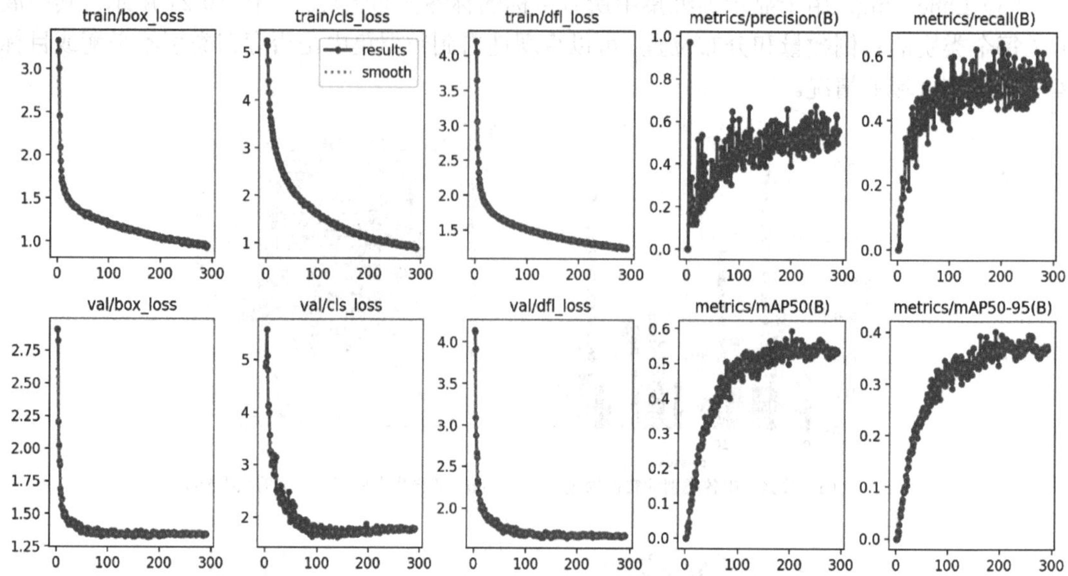

图 10-22 result.png

图 10-22 的上半部分对应训练过程中的损失（边框损失、分类损失、分布式焦点损失）、模型的精确率变化以及模型的召回率变化。

图 10-22 的下半部分对应验证过程中的损失（边框损失、分类损失、分布式焦点损失）、训练过程中模型在 IoU 阈值为 0.5 时的平均精确率（mean average precision，mAP）变化以及训练过程中模型在 IoU 阈值从 0.5 到 0.95 的平均精确率变化。

图 10-22 展示了 YOLOv8 模型在训练和验证过程中的性能指标。损失函数（train/box_loss、train/cls_loss、train/dfl_loss 及其验证对应项）随训练轮次增加呈下降趋势，表明模型逐步学习了更优的特征表示，性能提升且未出现明显过拟合，因为验证损失未见明显上升而训练损失持续下降。精确率（metrics/precision）和召回率（metrics/recall）逐步提高，说明模型在预测正样本的准确性和覆盖率方面表现更佳；平均精确率（metrics/mAP50 和 metrics/mAP50-95）也在提升，反映模型在不同 IoU 阈值下的目标检测能力增强。平滑的损失曲线和性能指标表明训练过程稳定，但训练结束时损失值仍较高且性能指标未达预期，因此可能需优化模型架构、调整超参数或强化数据增强。

（5）val_batch2_pred.jpg：用于展示验证集上进行的第二批（batch 2）预测结果，如图 10-23 所示。

（6）results.csv：用于记录训练和验证过程中的详细指标，包括损失、精确率、召回率和 mAP，逐轮展示各项指标的变化趋势。根据 train 文件夹生成的结果，所有类别的检测准确率为 0.573。

PlantDoc 数据集在目标检测中的不足主要体现在数据集问题和场景复杂性上。在数据集方面，类别不平衡导致模型偏向高频类别，标注质量问题（如边界框不准确或标签错误）会影响模型学习，数据规模和多样性不足限制了泛化能力，低分辨率或模糊图像削弱了特征

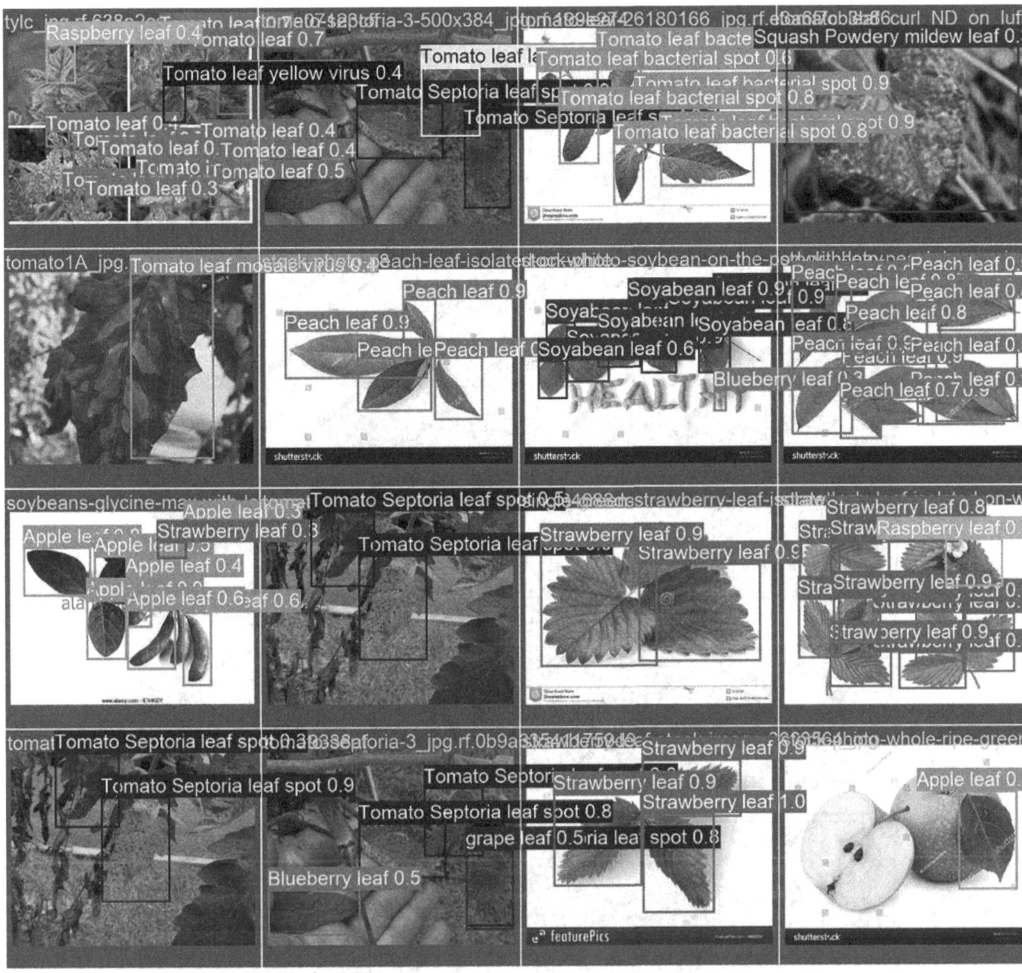

图 10-23 val-batch2-pred.jpg

提取。在场景复杂性方面，复杂背景（如杂草、土壤）和病害特征的相似性增加了检测难度，而光照变化、阴影及拍摄角度等因素降低了图像质量，进一步影响了性能。

为了提升检测效果，可优化数据采集与标注，扩充样本规模，引入适配复杂场景的技术，以提高模型的准确性和鲁棒性。输入网址 https://www.kaggle.com/datasets/roshan81/weed-detection，这是一个杂草和作物图像数据集。该数据集包含 1300 幅图像，按 910∶260∶130 的比例划分为训练集、验证集和测试集。数据集分为两类——crop 和 weed，类别均衡且场景简单，因此训练效果优于 PlantDoc 数据集。训练完成后，可在 E:\ultralytics-main\runs\detect\train 目录中查看生成的文件，包括精确率-召回率曲线、F1 曲线、result.csv 和 result.png 等。图 10-24 展示了杂草图像的预测结果，图 10-25 展示了该数据集的精确率-召回率曲线。训练结果表明，在不调整模型参数的情况下，由于数据样本均衡，目标检测性能显著提升，因此所有类别的 mAP 达到了 0.848。如需进一步提高性能，则可尝试样本扩充、数据增强或调整模型参数。

图 10-24 杂草图像的预测结果

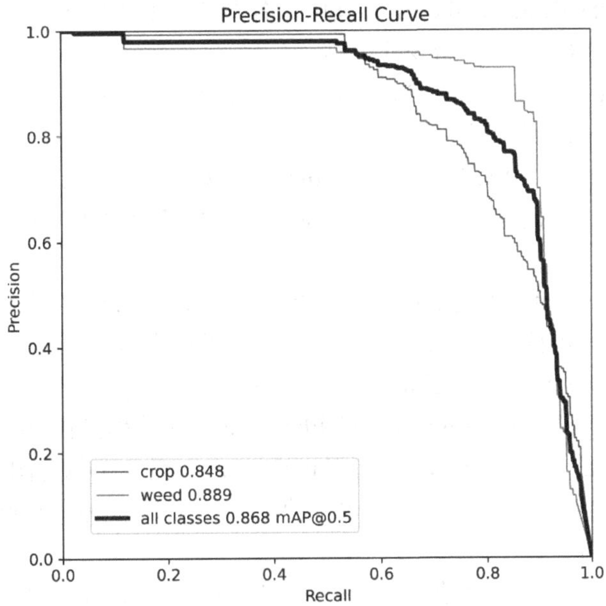

图 10-25 杂草和作物图像数据集的精确率-召回率曲线

（7）weights 文件夹：在 YOLOv8 模型训练中，weights 文件夹中的 best.pt 和 last.pt 是两种关键的权值文件。best.pt 文件保存了模型在验证集上性能最佳的权值。训练过程中，验证集的关键指标（如 mAP、损失值）达到最优时，当前的模型权值会被保存为 best.pt。它代表了模型的“最佳版本”，通常具有最强的泛化能力，通常用于推理、迁移学习和实际部署。last.pt 保存了训练结束时的最后一轮权值，反映了模型的最终状态，适用于调试、继续训练或分析训练过程。

在实际应用中，best.pt 是推理和部署的首选，因其在验证集上表现最优，可提高模型的稳定性和可靠性。同时，它适合作为迁移学习的初始权值，用于在新数据集上进行微调。last.pt 更适用于中断后继续训练或对训练结果进行进一步优化。

（8）labels_correlogram.jpg：YOLOv8 训练过程中生成的标签共现关系可视化工具，用于展示数据集中目标标签之间的共现频率。通过热力图形式，它直观地显示了不同类别在同一幅图像中共同出现的频率，每个坐标点的颜色或强度表示标签（目标类别）在同一幅图像中共同出现的频率。较深或较亮的颜色表示共现频率较高。该文件可用于检查标签是否均衡分布，识别类别间的潜在相关性或缺失问题，从而优化数据增强策略。例如，针对稀有类别增加样本，或减少高度共现类别的样本比例。此外，它还能作为模型优化的参考，确保训练数据多样性，避免因数据集偏差导致的模型过拟合或泛化能力不足。

4）模型推理和预测

对模型进行训练之后，输入如下命令。

```
yolo task=detect mode=predict model=yolov8n.pt source=E:\ultralytics-main\
datasets1\PlantDoc\test  device=0 save=True
```

这条命令会使用 YOLOv8 nano 模型（yolov8n.pt）在指定的测试数据（E:\ultralytics-main\datasets1\PlantDoc\test）中执行目标检测任务，加载训练后生成的 best.pt，保存检测结果到

E: \ultralytics-main\runs\detect\predict\中。其中，各参数的说明如下。

（1）yolo：调用 YOLOv8 的命令行工具。

（2）task=detect：指定任务类型为检测，表示目标检测任务。YOLOv8 也支持其他任务类型，如分割（segment）和分类（classify）。

（3）mode=predict：指定模式为预测（predict），即对新数据进行预测。其他模式包括 train（用于训练模型）、val（用于验证模型）、export（用于将模型导出为其他格式，如 ONNX 或 TensorRT）。

（4）model=yolov8n.pt：指定所使用的模型文件。yolov8n.pt 是 YOLOv8 模型的 nano 版本，具有较小的体积和较快的推理速度，适用于资源受限的场景。其他模型版本包括 yolov8s.pt (small)、yolov8m.pt (medium)、yolov8l.pt (large)、yolov8x.pt (extra large)。

（5）source=E:\ultralytics-main\datasets1\PlantDoc\test：指定输入数据的路径。这里输入数据的路径是 E:\ultralytics-main\datasets1\PlantDoc\test，是一个包含图像或视频的文件夹。

（6）device=0：指定计算设备。值为 0 表示使用第一个 GPU；值为 cpu 表示使用 CPU 进行推理。

（7）save=True：指定是否保存预测结果。如果设置为 True，则预测后的标注结果（如框选目标的图像）会保存在默认或指定的输出目录中。

这里给出 agri-0-9109.jpg 和 agri-0-9376.jpg 的预测结果，如图 10-26 和图 10-27 所示。

图 10-26　agri_0_9109.jpg 的预测结果

图 10-27　agri_0_9376.jpg 的预测结果

YOLOv8 是一种高效的目标检测模型，支持多任务（检测、分割、分类），以其速度快、精度高而闻名。目标检测任务主要包括模型选择、数据准备、训练、验证及预测 5 个关键步骤。

在检测过程中，首先需根据任务需求选择合适的模型版本，并确保输入数据格式统一且标注规范。在训练阶段，需合理划分训练集与验证集，优化超参数（如学习率、批量大小、数据增强策略）以提升模型性能。注意，模型训练时可能过拟合或欠拟合，可通过调节模型深度、宽度或正则化等方法解决。

通过训练结果，应综合评估指标（如 mAP、精确率、召回率）分析模型表现。若模型预测结果偏差较大，则可调整损失函数、优化器或采样策略；若速度与精确率需平衡，则可选用更轻量级的模型或启用混合精度训练。此外，推理时要注意设备性能优化，确保显存充足，避免出现计算瓶颈。

总之，目标检测任务的核心在于模型结构设计与参数调优，通过对结果的深度分析，不断优化训练策略以达到最佳性能。

本章小结

本章介绍了深度学习的发展历程，深度学习与卷积神经网络、典型的卷积神经网络；阐述了深度学习框架的基础知识；介绍了 PyTorch 框架的发展历程、软硬件要求；详细分析了计算机视觉在现代农业中的应用，这些技术为农业智能化发展奠定了坚实基础，展现了深度学习在跨领域任务中的巨大潜力。表 10-1 是 2020～2024 年计算机视觉领域的典型深度学习模型。

表 10-1 2020～2024 年计算机视觉领域的典型深度学习模型

年份	模型名称	类别	主要贡献/特点
2020	EfficientNet	图像分类	提出复合缩放方法，平衡模型深度、宽度和分辨率，实现高效的小模型设计
2020	Vision Transformer (ViT)	图像分类/通用视觉任务	首次将 Transformer 架构应用于图像分类，开创了视觉 Transformer 的先河
2020	DETR	目标检测	基于 Transformer 的目标检测模型，摒弃了传统的锚机制
2021	Swin Transformer	通用视觉任务	引入分层滑动窗口机制，使 Transformer 更适合密集预测任务
2021	CLIP	多模态学习	联合训练视觉和文本，实现零样本图像分类和跨模态检索
2021	ConvNeXt	图像分类	将传统卷积网络现代化，性能超越 Transformer 模型
2022	MAE (Masked Autoencoders)	自监督学习	提出掩码自编码器，通过重建掩码图像进行高效的督预训练
2022	Segment Anything (SAM)	图像分割	提出通用图像分割模型，支持零样本分割和交互式分割
2022	YOLOv7	目标检测	进一步优化 YOLO 系列，在速度和精度上达到新的平衡
2023	LVM (Large Vision Model)	通用视觉任务	大规模视觉模型，支持多种视觉任务（分类、检测、分割等）
2023	InternImage	图像分类/检测/分割	提出动态卷积机制，提升模型对复杂场景的适应能力
2024	Sora (OpenAI)	视频生成	基于扩散模型文本到视频生成模型，生成高质量、连贯视频
2024	Gemini Vision	多模态学习	结合视觉和文本的多模态模型，支持复杂的跨模态任务（如视觉问答、图像描述生成）

第 11 章　自然语言处理

学习目标

（1）了解自然语言处理的发展阶段和基本概念。

（2）了解自然语言处理的主要研究任务。

（3）掌握自然语言处理的关键技术和常用库。

（4）掌握自然语言处理的应用。

11.1　自然语言处理概述

自然语言处理是 AI 领域的重要研究方向。随着 ChatGPT 的横空出世并迅速风靡全球，AI 再度跨入了寻常百姓的日常生活之中。ChatGPT 之所以能够如此引人注目，其重要支柱之一便是自然语言处理领域中的大规模语言模型 GPT。所谓“自然语言”，简而言之，就是人们日常生活中所使用的语言，无论是中文的博大精深，还是英文的流畅优雅，都属于自然语言的范畴。形象地说，自然语言处理所研究的就是如何赋予计算机以人类般的语言能力，使它们能够像人一样，自如地运用自然语言与人类进行交流互动。

自然语言作为人类最为便捷且重要的交流方式之一，不仅是知识传递、文化传承的得力助手，更是人类智慧与文明的结晶。因此，对自然语言的研究几乎伴随着计算机的诞生而同步展开，并始终占据着 AI 研究领域的重要位置。自然语言处理的发展历程悠久，涉及范围广泛，所积累的成果更是琳琅满目，散布在多个不同的学术与实践领域中。

自然语言处理研究是一门高度跨学科的领域，它巧妙地融合了语言学、计算机科学及机器学习等多学科的知识与内容。从研究对象的粒度上来看，自然语言处理涵盖了从最基本的语言单位——字、词，到更复杂的短语、句子，再到段落乃至整篇篇章的不同层次。从处理的类型上划分，自然语言处理包含语言的处理、理解及生成等多个方面，研究内容涉及的知识点既繁多又复杂。

自然语言处理的研究历程大体上经历了几个重要阶段。20 世纪 50 年代末至 20 世纪 80 年代，研究主要基于规则范式，学者通过手工制定规则来解析和理解语言。到了 20 世纪 90 年代至 2010 年前，研究范式转向了基于特征的统计机器学习，利用大量数据来训练模型，提高处理的准确性。2010～2018 年，深度神经网络的兴起为自然语言处理带来了新的突破，使得模型能够自动学习语言的深层特征。2018 年至今，基于大规模和超大规模预训练模型的研究范式更是将自然语言处理技术推向了一个新的高度，使得模型在多项任务中都能实现卓越性能。

每个阶段的研究范式都有其独特的魅力和鲜明的特点，同时它们与机器学习研究保持着千丝万缕的联系。这种紧密的联系使得自然语言处理的研究内容更加繁杂，很多自然语言处理任务都可以转换为机器学习问题，因此众多机器学习算法得以在自然语言处理领域大显身手。希望通过本章的介绍，读者能够深入领略自然语言处理的魅力，掌握其核心算法和应用技巧，为未来的研究和实践打下坚实的基础。

自然语言处理的研究任务广泛而深入，涵盖了多个方面，旨在使计算机能够像人类一样理解、生成和处理自然语言。以下是自然语言处理的一些主要研究任务。

1. 词法分析

（1）分词：将连续的文本分割成单词或词组的过程。对于中文等没有自然分隔符的语言，分词尤为重要。

（2）词性标注：为文本中的每个单词标注其词性，如名词、动词、形容词等，有助于理解句子结构和语义。

（3）命名实体识别：从文本中识别出具有特定意义的命名实体，如人名、地名、组织名等，对信息抽取和知识图谱构建非常重要。

2. 句法分析

（1）依存句法分析：确定句子中词与词之间的依存关系，如主谓关系、动宾关系等，有助于理解句子的语义结构。

（2）成分句法分析：将句子分解为更小的语法单位，如短语、子句等，有助于理解句子的层次结构。

3. 语义分析

（1）语义角色标注：确定句子中各个成分的语义角色，如施事、受事、时间、地点等，有助于理解句子的语义结构。

（2）语义依存分析：确定句子中词与词之间的语义关系，如因果关系、条件关系等，有助于理解句子的语义结构和推理。

（3）指代消解（coreference resolution）：确定文本中代词和名词短语的指代关系，有助于理解文本的连贯性和一致性。

4. 文本分类

对文本数据按照预设的类别进行分类，如新闻分类、情感分析（积极、消极、中性）等，这对信息过滤、内容推荐等应用具有重要意义。

5. 情感分析

判断文本所表达的情感倾向，如积极、消极或中性，广泛应用于社交媒体分析、品牌声誉管理等领域。

6. 机器翻译

将一种语言的文本自动翻译成另一种语言，是自然语言处理中最具挑战性的任务之一，也是 AI 领域的重要研究方向。

7. 问答系统

根据用户的提问，自动从文本库中检索相关信息并给出准确回答，对于智能客服、智能教育等领域具有重要意义。

8. 信息抽取

从文本中提取关键信息，如时间、地点、任务、事件、原因、结果等，有助于信息整理、知识抽取和知识图谱构建。

9. 文本生成

根据给定的上下文或主题，自动生成符合语法和语义的文本，对于智能写作、内容创作等领域具有重要意义。

10. 对话系统

实现人与机器之间的自然对话交流，用户可以与机器进行对话，获取所需信息或完成特定任务。聊天机器人是对话系统的一种具体应用。

11. 文本摘要

从长文本中提取关键信息，生成简洁明了的摘要，帮助用户快速理解文本内容。这些任务各有其独特的应用场景和挑战，同时对应着不同的算法和技术。

自然语言处理的研究不仅涉及语言学、计算机科学和机器学习的知识，还需要不断探索和创新，以应对日益复杂和多样化的自然语言处理需求。

11.2 自然语言处理的关键技术

11.2.1 正则表达式

正则表达式的主要作用是匹配字符串和去噪，是自然语言处理的基本手段之一，可以帮助用户在复杂的文本中提取所需的信息。

为了在Python中使用正则表达式，需要导入re库，使用re.search(pattern,string,flags=0)方法，检查string字符串是否匹配正则表达式pattern，flags大多数时候可以不设置，即使用默认值。如果匹配成功，则返回第一个成功的匹配对象，如果匹配失败，则返回None。

re.search()方法可接收以下3个参数。

pattern：正则表达式的模式或规则。

string：要搜索的字符串。

flags：标志位，用于控制匹配的模式，如忽略字母大小写（re.I）、多行模式（re.M）等。

例 11.1 re.search()函数举例。

源程序：

```
import re
s="nice to meet you"
match=re.search("meet",s)
print(match.group())
```

程序结果：

```
meet
```

代码分析：

从字符串 s 中搜索要匹配的 meet 字符串，匹配成功后，使用匹配对象的 group()方法可以获取匹配的内容。

例 11.2 匹配字符串。

分析：

文本信息中哪些语句包含“人工智能”这个关键词。

源程序：

```
1  import re
2  text="人工智能的应用非常广泛，它已经渗透到人们生活的方方面面，从日常的衣食住行
3  到各行各业的运作。例如，在服装行业中，人工智能技术被用来创建智能试衣系统，消费者
4  可以通过计算机视觉和 3D 建模技术在虚拟环境中试穿衣服；在饮食方面，人工智能应用可
5  以帮助人们控制饮食，通过 AI 分析食物成分，合理安排膳食；在酒店行业，人工智能技术
6  可以实现刷脸入住、智能控制房间设施等功能；在交通领域，无人驾驶汽车和公交车已经开
7  始在某些城市进行测试和运营。"
8  texts=text.replace("，","。")
9  '''观察文本内容可知，断句的标点符号只有中文的逗号和句号，故将所有的中文逗号都替
10 换为中文句号，为调用 split()函数做准备'''
11 li_text=texts.split("。")
12 for i in li_text:
13     if re.search("人工智能",i) is not None:
14         print(i)
```

程序结果：

```
人工智能的应用非常广泛
人工智能技术被用来创建智能试衣系统
人工智能应用可以帮助人们控制饮食
人工智能技术可以实现刷脸入住、智能控制房间设施等功能
```

代码分析：

对第 2 行代码中的 text 字符串进行切割得到一个句子构成的列表，遍历这个列表，如果 text 字符串中包含“人工智能”这个字符串，则返回值不是 None，并输出这句话。

正则表达式中，已经设置好了一些特殊符号用于模式匹配。这里列出常用的正则表达式匹配符号，如表 11-1 所示。

表 11-1 常用的正则表达式匹配符号

符号	含义
.	匹配任意一个字符（换行符除外）
^	匹配开始的字符串
$	匹配结束的字符串
[]	匹配多个字符串
*	匹配前一个字符出现 0 次或多次
\d	匹配任何数字字符
+	匹配前面的字符一次或多次

在 Python 中，当使用 re 库进行正则表达式匹配时，如果想输出所有匹配的结果，则可以使用 re.findall()函数。这个函数会返回一个列表，其中包含所有与正则表达式匹配的子串。此后，可以遍历这个列表并输出每个匹配结果。

例 11.3 匹配任意一个字符。

分析：

文本信息中哪些两个字的词是以“智”开头的。

源程序：

```
1 import re
2 text="他凭借超凡的智慧、出色的智谋、过人的智力、敏锐的机智以及智勇双全的品质，
3 成功地解决了这个棘手的问题。"
4 #使用 re.findall() 函数查找所有匹配项
5 li_matches = re.findall("智.", text)
6 print(li_matches)
7 for i in li_matches:
8     print(i)
```

程序结果：

```
['智慧', '智谋', '智力', '智以', '智勇']
智慧
智谋
智力
智以
智勇
```

代码分析：

对第 2 行代码中的 text 字符串进行匹配，第 5 行代码中的“智.”的匹配内容是以“智”开头的 2 个字构成的字符串（.在这里表示匹配任意一个字符），一共找到了 5 组结果。re.findall()函数可以列表的形式返回所有成功匹配的对象，而前面使用到的 re.search()函数只能返回第一个成功的匹配对象。

例 11.4 匹配开始和结束的字符串。

分析：

查找文本信息中哪些是以“人工”开始、“智能”结束的。

源程序：

```
import re
#定义正则表达式模式
pattern = r"^人工.*智能$"
#测试字符串列表
test_text =["人工制造的机器人具备智能","智能人工","人工智能"]
#使用 re.search()函数来检查字符串是否符合模式
for i in test_text:
    if re.search(pattern, i) is not None:
        print(i)
```

程序结果：

人工制造的机器人具备智能
人工智能

代码分析：

第 3 行代码中的正则表达式表示匹配模式：r"^人工.*智能$"代表以“人工”开始、“智能”结束的字符串。

在 Python 中，r 字符串前缀用于表示原始字符串，使字符串中的每个字符都按照字面意义进行解释，而不将反斜杠（\）视为转义字符。

^人工：表示必须开始的子字符串。

.*：表示任意数量的任意字符（包括零个字符）。

智能$：表示字符串必须结束的子字符串。

例 11.5　使用中括号匹配多个字符。

分析：

找到文本中“人工”后面是“智”、“慧”或“机”的字符串。

源程序：

```
1   import re
2   #定义正则表达式匹配模式
3   '''匹配以“人工”开头，其后是“智”、“慧”或“机”之一，且最后以“技术”结尾的字
4   符串'''
5   pattern = r"人工[智慧机]"
6   #测试字符串
7   test_text =["如今人工智能技术正在改变世界","实现人工慧术引领技术革新","人工
8   机智技术助力发展","人工技术智能未来"]
9   #使用 re.search()函数来检查字符串是否符合模式
10  for i in test_text:
11      if re.search(pattern, i) is not None:
12          print(i)
```

程序结果：

如今人工智能技术正在改变世界
实现人工慧术引领技术革新
人工机智技术助力发展

代码分析：

第 5 行代码中的正则表达式表示匹配模式："人工[智慧机]"代表以“人工”开始、后面的字符可以是“智慧机”中的任意一个字符。因此，输出的 3 行结果分别匹配到了“人工智”、“人工慧”和“人工机”，而“人工技术智能未来”没有被匹配到。

例 11.6　抽取文本中的数字。

分析：

找到文本中的所有数字字符。

源程序：

```
import re
#示例文本，包含多个数字
```

```
3   text = """
4   在 2023 年，人工智能领域的投资达到了 300 亿美元，
5   比 2022 年的 250 亿美元增长了 20%。
6   预计 2024 年的投资将达到 350 亿美元以上。"""
7   #正则表达式，用于匹配所有数字
8   pattern = r"\d+"
9   #使用 re.findall()函数查找所有匹配的数字
10  numbers = re.findall(pattern, text)
11  #输出结果
12  print("抽取到的数字：", numbers)
```

程序结果：

```
抽取到的数字： ['2023', '300', '2022', '250', '20', '2024', '350']
```

代码分析：

第 8 行代码中的正则表达式表示匹配模式："\d+"，\d 表示匹配任何数字字符，+表示匹配前面的字符一次或多次，从而实现任意长度大于 1 的数字串匹配。将最后所有的匹配对象使用 re.findall()函数输出。

这里只给出了比较常用的一些正则表达式匹配符，关于其他匹配符，读者可以查询官方教程，这里不再一一列出。

11.2.2 分词

分词是自然语言处理中的一个基本步骤，它是将连续的文本分解为词、短语或符号等有意义的单元的过程。在中文文本处理中，分词尤为重要，因为中文句子不像英文那样有明显的空格分隔。正确的分词结果对后续的文本分析、情感分析、信息抽取等具有重要影响。

1. 分词的方法

根据算法和原理的不同，分词的方法可以分为以下几类。

1）基于规则的分词方法

基于规则的分词方法又称为机械分词方法或基于字典的分词方法。按照一定的策略将待分析的汉字字符串与机器词典中的一个充分大的词条进行匹配。若在词典中找到某个字符串，则匹配成功。

其方法要素包括分词词典、文本扫描顺序和匹配原则。文本扫描顺序有正向扫描、逆向扫描和双向扫描。匹配原则主要有最大匹配、最小匹配、逐词匹配和最佳匹配。

2）基于统计的分词方法

基于统计的分词方法的主要思想是词为稳定的组合，在上下文中相邻的字同时出现的次数越多，就越有可能构成一个词。可以对训练文本中相邻出现的各个字的组合的频率进行统计，计算它们之间的互现信息。互现信息体现了汉字之间结合关系的紧密程度，当紧密程度高于某一个阈值时，便可以认为此字组可能构成了一个词。

常用的统计模型有 N 元文法模型、隐马尔可夫模型、最大熵模型、条件随机场模型等。

3）基于语义的分词方法

基于词义的分词方法引入了语义分析，对自然语言自身的语言信息进行了更多的处理，包括扩充转移网络法、知识分词语义分析法、邻接约束法、综合匹配法、后缀分词法、特征

词库法、矩阵约束法、语法分析法等。

4）基于深度学习的分词方法

随着深度学习技术的发展，越来越多的分词工具开始采用深度学习模型，这些模型能够自动学习文本中的语言特征，提高分词的准确性和泛化能力。

2. 分词的常用工具

在 Python 中，有许多分词工具可以使用，这里主要介绍的是 jieba 库和 NLTK 库。jieba 库是目前使用最广泛的 Python 中文分词工具之一。NLTK 库提供了一系列易于使用的工具，以及大量的语料库和词汇资源，使得研究人员、程序开发员、学生和教育者能够轻松地进行自然语言处理的研究、教学和应用开发。

在开始使用 jieba 库和 NLTK 库之前，需要先对其进行安装。可以通过 Python 的包管理工具 pip 来安装 jieba 库和 NLTK 库。在命令行窗口中输入以下命令。

```
pip install jieba
pip install nltk
```

jieba 库是一个功能强大的中文分词工具，它提供了多种分词模式、关键词提取、词性标注等功能。通过合理使用 jieba 库，用户可以更高效地处理中文文本数据。在使用 jieba 库时，要根据具体需求选择合适的分词模式和参数，以获得最佳的分词效果。jieba 库中常用的分词方法如表 11-2 所示。

表 11-2 jieba 库中常用的分词方法

方法	描述
lcut(s)	按精确模式对字符串 s 进行分词，返回一个列表类型对象
lcut(s,cut_all=True)	按全模式对字符串 s 进行分词，返回一个列表类型对象
lcut_for_search(s)	按搜索引擎模式对字符串 s 进行分词，返回一个列表类型对象
add_word(s)	在本地词典库中增加一个字符串 s 中指定的词组
del_word(s)	在本地词典库中删除一个字符串 s 中指定的词组

例 11.7 3 种分词模式的比较。

源程序：

```
import jieba
s="华中农业大学的校训是勤读力耕立己达人"
print(jieba.lcut(s))
print(jieba.lcut(s,cut_all=True))
print(jieba.lcut_for_search(s))
```

程序结果：

```
["华中农业大学", "的", "校训", "是", "勤读", "力耕立己", "达", "人"]
["华中", "华中农业大学", "中农", "农业", "农业大学", "业大", "大学", "的",
"校训", "是", "勤读", "力", "耕", "立", "己", "达人"]
["华中", "中农", "农业", "业大", "大学", "华中农业大学", "的", "校训", "是", "
勤读", "力耕立己", "达", "人"]
```

代码分析：

第 3～5 行代码中依次对"华中农业大学的校训是勤读力耕立己达人"这一中文字符串按精确模式、全模式和搜索引擎模式进行分词。比较分词结果可以发现：精确模式提取的词组最少，它将尽可能长的词组提取出来；全模式提取的词组最多，把这个字符串中所有可能组成词语的情况罗列出来；搜索引擎模式在精确模式的基础上，对“华中农业大学”进行了切分。

从以上代码的运行结果中可以看到，这 3 种模式都不能提取出“勤读力耕”“立己达人”这两个词语。这说明 jieba 库的自带词典中没有这两个词。下面将这两个词语作为自定义词组添加到本地 jieba 库的词典中。

例 11.8 向 jieba 库的词典中添加自定义词组。

源程序：

```
import jieba
s="华中农业大学的校训是勤读力耕立己达人"
jieba.add_word("勤读力耕")
jieba.add_word("立己达人")
print(jieba.lcut(s))
print(jieba.lcut(s,cut_all=True))
print(jieba.lcut_for_search(s))
```

程序结果：

```
["华中农业大学", "的", "校训", "是", "勤读力耕", "立己达人"]
["华中", "华中农业大学", "中农", "农业", "农业大学", "业大", "大学", "的",
"校训", "是", "勤读", "勤读力耕", "立己达人", "达人"]
["华中", "中农", "农业", "业大", "大学", "华中农业大学", "的", "校训", "是", "
勤读", "勤读力耕", "达人", "立己达人"]
```

代码分析：

观察程序运行结果发现，向 jieba 库的词典中添加了自定义的词组后，3 种分词模式都准确地提取了“勤读力耕”和“立己达人”。需要说明的是，自定义词语一次添加后可以多次使用，并不需要每个程序都向词典中添加同样的词语。

例 11.9 统计《红楼梦》人物出场次数。

分析：

《红楼梦》又名《石头记》，是中国古代章回体长篇小说，被列为中国古典四大名著之首，一般认为是清代作家曹雪芹所著。小说以贾、史、王、薛四大家族的兴衰为背景，以富贵公子贾宝玉为视角，描绘了一批举止见识出于须眉之上的闺阁佳人的人生百态，展现了真正的人性美和悲剧美，可以说是一部从各个角度展现女性美及中国古代社会百态的史诗著作。《红楼梦》这本文学巨著塑造了几百个各具特色的人物。《红楼梦》中究竟写了多少人物？清朝嘉庆年间姜祺统计共 448 人。民国初年兰上星白编写了一部《红楼梦人物谱》，共收录 721 人。下面使用 Python 来研究一下《红楼梦》中哪些人出场次数最多。

源程序 11.9.1：

```
import jieba
#从文本文件读入文件内容，并将其存入字符串 strTxt 中
fr = open("红楼梦.txt", "r", encoding="utf-8")
```

```
strTxt=fr.read()
fr.close()
#分词，并利用词典统计每个词出现的次数
words = jieba.lcut(strTxt)
dictPerson = {}
for word in words:
    if len(word)!=1:   #一个字的词往往不是名字
        dictPerson[word] = dictPerson.get(word, 0) + 1
#把字典转换为列表，并按次数排序
lstItems = list(dictPerson.items())
lstItems.sort(key=lambda x:x[1], reverse=True)
#将出现次数最多的 20 个人名写入文件
print("人名        次数")
for item in lstItems[0:20]:
    word, count=item
    print (word,"\t", count)
```

程序结果：

```
人名      次数
宝玉      3647
什么      1596
一个      1311
贾母      1189
凤姐      1188
那里      1156
我们      1154
你们      964
说道      936
姑娘      932
王夫人    929
知道      921
这里      915
如今      912
老太太    903
起来      885
出来      861
太太      854
他们      829
众人      828
```

代码分析：

观察以上运行结果可以看出，小说原文中某些出现频率较高的词并不是人名，如“一个”“什么”“我们”“这里”等。在实际应用中，需要把这些词去除。另外，贾母和老太太是小说中对同一个人物的不同称呼，因此，需要对程序进行进一步优化。下面对刚才的代码进行改进并把结果写入文件。

源程序 11.9.2：

```
import jieba
#从文本文件读入文件内容，并将其存入字符串 strTxt 中
fr = open("红楼梦.txt", "r", encoding="utf-8")
strTxt=fr.read()
fr.close()
#分词，并利用词典统计每个词出现的次数
words = jieba.lcut(strTxt)
dictPerson = {}
for word in words:
    if len(word) == 1:
        continue
    elif word == "贾母" or word == "老太太":
        rword = "贾母"
    else:
        rword = word
    dictPerson[rword] = dictPerson.get(rword, 0) + 1
#从词典中删除停止词
excludes = {"什么", "一个", "我们", "你们", "他们","如今","只见","这个" ,"
说道", "知道", "起来", "这里","姑娘","出来","众人","那里","自己"}
for word in excludes:
    del(dictPerson[word])
#把字典转换为列表，并按次数排序
lstItems = list(dictPerson.items())
lstItems.sort(key=lambda x:x[1], reverse=True)
#将出现次数最多的 5 个人名写入文件，并输出到屏幕上
fw = open("红楼梦物出场次数.txt", "w",encoding="utf-8")
print("人名        次数")
fw.write("人名        次数\n")
for item in lstItems[0:5]:
    word, count=item
    str1 ="{:8s}{:<6d}".format(word,count)
    print(str1)
    fw.write(str1+"\n")
fw.close()
```

程序结果：

```
人名      次数
宝玉      3647
贾母      2092
凤姐      1188
王夫人    929
太太      854
```

文本分析的第一步就是分词，而例 11.9 仅仅是一个中文分词的演示示例，实际应用时中文分词比本例要复杂得多。英文文本分词比较简单，可以将英文中所有非空格标点符号使用字符串的 replace()方法替换成空格，再使用字符串的 split()方法按空格进行切割即可。

NLTK 库是一个功能强大、易于使用的自然语言处理工具包，它为用户提供了丰富的语

料库和文本处理功能，支持自然语言处理的研究、教学和应用开发。无论是对于初学者还是对于有经验的自然语言处理研究者来说，NLTK 库都是一个不可或缺的工具。

例 11.10　使用 NLTK 库进行英文分词。

源程序：

```
import nltk
#如果是第一次使用 NLTK 库，则可能需要下载一些数据包，包括分词器所需的'punkt'包
#nltk.download('punkt')
text = "Hello, how are you doing today?"
#使用 NLTK 库的 word_tokenize()函数进行分词
tokens = nltk.word_tokenize(text)
#输出分词结果
print(tokens)
```

程序结果：

```
['Hello', ',', 'how', 'are', 'you', 'doing', 'today', '?']
```

Python 分词是自然语言处理的一个重要环节，涉及多种工具和方法。通过选择合适的分词工具和方法，可以有效地提高文本处理的效率和准确性。

11.2.3　词性标注

词性标注是许多自然语言处理任务的基础，如信息检索、文本分类、机器翻译、情感分析等。通过词性标注，计算机可以更好地理解文本的含义和结构，从而进行更复杂的语言处理任务。其原理是基于句子的上下文信息，为句中的每个词确定一个最为合适的词性标记。它依赖于分词、上下文分析、词性选择等过程，并面临词性兼类、未登录词处理等难点。

词性标注常用的方法如下：基于规则的方法，依赖人工制定的词性标注规则，精度较高但耗费人力物力；基于统计的方法，利用大规模语料库训练模型，自动学习词性标注规则，具有较好的泛化能力；基于深度学习的方法，如神经网络模型等，取得了显著的成效，结合了深度学习的表征能力和统计模型的泛化能力，提高了标注精度。

例 11.11　使用 jieba 库进行中文词性标注。

源程序：

```
import jieba.posseg as pseg
text = "我喜欢去东湖周围散步。"
words = pseg.cut(text)
for word, flag in words:
    print(f'{word} {flag}')
```

程序结果：

```
我 r
喜欢 v
去 v
东湖 ns
周围 f
散步 n
。 x
```

代码分析：

pseg.cut()返回值是一个包含词语及其词性的列表。下面只给出本例中涉及的词性解释，完整的 jieba 库词性列表可以在 jieba 库官方网站查询。jieba 库的中文词性标签如表 11-3 所示。

表 11-3　jieba 库的中文词性标签

词性标签	词性	描述
r	代词	代替名词、动词、形容词或其他词的词
v	动词	表示动作、行为、发展变化的词
ns	地名	专有名词中的地名
f	方位词	表示方向、位置的词
n	名词	表示人、事、物或抽象概念的词汇
x	非语素字	只是一个符号

例 11.12　使用 NLTK 库进行英文词性标注。

分析：

在使用 NLTK 库进行词性标注之前，需要下载一些必要的资源，如词性标注器所需的模型和数据，这可以通过 NLTK 库的下载器来完成。

源程序：

```
import nltk
#nltk.download('averaged_perceptron_tagger')  #下载词性标注器
text = "Huazhong Agricultural University is located in the main urban
area of Wuhan, Hubei province in central China."
#分词（NLTK 库的 word_tokenize 函数可以将句子分割成单词列表）
words = nltk.word_tokenize(text )
#词性标注
tagged_words = nltk.pos_tag(words)
#输出结果
print(tagged_words)
```

程序结果：

```
[('Huazhong', 'NNP'), ('Agricultural', 'NNP'), ('University', 'NNP'),
('is', 'VBZ'), ('located', 'VBN'), ('in', 'IN'), ('the', 'DT'), ('main',
'JJ'), ('urban', 'JJ'), ('area', 'NN'), ('of', 'IN'), ('Wuhan', 'NNP'),
(',', ','), ('Hubei', 'NNP'), ('province', 'NN'), ('in', 'IN'), ('central',
'JJ'), ('China', 'NNP'), ('.', '.')]
```

代码分析：

运行上述代码后，将得到一个包含词性标注的元组列表。每个元组包含两个元素：第一个元素是单词，第二个元素是该单词的词性标签。这里只列出本例中涉及的词性标签，完整的 NLTK 库词性标签可以在 NLTK 库官方网站查询。NLTK 库的英文词性标签如表 11-4 所示。

表 11-4 NLTK 英文词性标签

词性标签	词性	示例
NNP	专有名词，单数	John、London、Google
VBZ	动词现在时第三人称单数	eats、walks、laughs
VBN	动词过去分词	eaten、walked、laughed
IN	介词或从属连词	in、on、at、because
DT	限定词	the、a、some、no
JJ	形容词	big、good、beautiful
NN	名词，单数或不可数名词	car、water、information

11.2.4 关键词提取

关键词提取旨在从文本中识别出最具代表性和信息量的词汇或短语，这些关键词能够概括文本的主要内容，对信息检索、文本分类、摘要生成等多种应用具有重要意义。

1. 基于统计的方法

词频（term frequency，TF）是衡量一个词在文本中出现次数的重要指标，出现次数越多的词越有可能是关键词。然而，这种方法可能会提取出常见但无特定意义的词。为了弥补这一不足，逆文档频率（inverse document frequency，IDF）被引入，用于衡量一个词在整个文档集合中的区分能力，表示某个词在文档集中出现频率的倒数。如果一个词在文档集中出现得越频繁，它的 IDF 值就越低；如果一个词在很少的文档中出现，它的 IDF 值就越高。IDF 的主要思想如下：如果包含某个词的文档越少，那么这个词具有很好的类别区分能力。通常，TF 和 IDF 会结合使用，形成 TF-IDF 指标，是 TF 和 IDF 的乘积。它综合考虑了词在文档中的出现频率和在文档集中的普遍程度，用于评估一个词对于一篇文章或语料库中一篇文章的重要性。

2. 基于语义的方法

词嵌入技术（如 Word2Vec、GloVe 等），将词映射到高维向量空间，使得相似的词在向量空间中距离较近。通过计算词向量之间的相似度，可以识别出与文本主题密切相关的关键词。

主题模型，如隐含狄利克雷分布（latent Dirichlet allocation，LDA），用于识别文本中的主题，并提取与主题相关的关键词，适用于长文本或文档集合，能够揭示文本的潜在主题结构。

3. 基于图的方法

TextRank 算法借鉴了 PageRank 算法，将文本表示为词图，其中词作为节点，词之间的共现关系作为边，通过迭代计算节点的得分，得分高的词作为关键词。

基于图的方法基于词频和词性标注来识别文本中的短语，并根据短语在文本中的出现频率和位置提取关键词，适用于短文本和实时处理。

4. 深度学习方法

基于神经网络的模型（如使用 CNN 或 RNN 的序列标注模型），可以自动学习文本特征并提取关键词。需要大量标注数据进行训练，但通常能够取得较好的性能。

例 11.13 使用 jieba 库进行中文关键词提取。

源程序：

```
1 from jieba import analyse
2 text = "近年来，人工智能（AI）技术在各个领域取得了显著的进展。从自然语言处理
3 （NLP）到计算机视觉，从智能推荐系统到自动驾驶汽车，AI 正在深刻改变着人们的生活方
4 式。特别是在 NLP 领域，AI 技术使得机器能够理解、解释和生成人类语言，从而实现了智
5 能客服、机器翻译、情感分析等众多应用。这些应用不仅提高了工作效率，还极大地丰富
6 了人们的生活体验。"
7 keywords = analyse.extract_tags(text, topK=5, withWeight=True)
8 print(keywords)
```

程序结果：

```
[('AI', 0.6183500432534482), ('NLP', 0.4122333621689655), ('智能', 0.24690201008172413), ('机器翻译', 0.21191792654310346), ('应用', 0.19659356739172415)]
```

代码分析：

其运行结果是一个包含关键词及其权值的列表。

（1）第 1 行代码中，从 jieba 库中导入了 analyse 模块，analyse 模块提供了关键词提取的功能。

（2）第 7 行代码中，analyse.extract_tags 函数的功能是从文本中提取关键词，参数 text 是要分析的文本，参数 topK=5 表示提取前 5 个关键词，参数 withWeight=True 表示返回的关键词将包含权值（即关键词在文本中的重要程度）。

例 11.14 进行英文关键词提取。

源程序：

```
from sklearn.feature_extraction.text import TfidfVectorizer
import pandas as pd
#示例文本
document = '''
Natural language processing (NLP) is a field of artificial
intelligence
that gives the machines the ability to read, understand, and derive
meaning from human languages. NLP allows computers to process and
analyze large amounts of natural language data'''
#初始化 TF-IDF 向量化器
vectorizer = TfidfVectorizer(stop_words='english', max_features=10)
#停用词使用英文，最多提取 10 个特征
#将文本转换为 TF-IDF 特征矩阵
tfidf_matrix = vectorizer.fit_transform([document])
#获取特征名称（即词汇）
feature_names = vectorizer.get_feature_names_out()
#将 TF-IDF 矩阵转换为数组并提取第一个文档（因为这里只有一个文档）
tfidf_scores = tfidf_matrix.toarray()[0]
#创建 DataFrame 以更好地展示结果
df = pd.DataFrame({'Word': feature_names, 'TF-IDF Score': tfidf_scores})
```

```
21  df = df.sort_values(by='TF-IDF Score', ascending=False)
22  print("Top keywords and their TF-IDF scores:")
23  print(df)
```

程序结果：

```
Top keywords and their TF-IDF scores:
         Word  TF-IDF Score
1    language      0.458831
6     natural      0.458831
7         nlp      0.458831
0     ability      0.229416
2   languages      0.229416
3       large      0.229416
4    machines      0.229416
5     meaning      0.229416
8     process      0.229416
9  processing      0.229416
```

代码分析：

（1）第 1 行代码中，导入库 TfidfVectorizer，用于将文本数据转换为 TF-IDF 特征矩阵，pandas 库用于创建和操作数据框，以便更好地展示结果。

（2）第 11 行代码中，初始化 TF-IDF 向量化器，其中 stop_words='english'用于自动去除英文停用词，max_features=10 用于限制提取的特征数量为 10 个。

（3）第 14 行代码中，使用 fit_transform 方法将文本转换为 TF-IDF 特征矩阵。

（4）第 16 行代码中，获取特征名称和 TF-IDF 分数，其中 get_feature_names_out()用于获取特征名称（即词汇）。

（5）第 18 行代码中，toarray()用于将稀疏矩阵转换为数组，并提取第一个文档的 TF-IDF 分数。

（6）第 20 行代码中，创建 DataFrame 并排序，将词汇和 TF-IDF 分数组合成一个 DataFrame。按 TF-IDF 分数降序排列，以便查看最重要的关键词。

运行上述代码后，将得到一个包含顶级关键词及其 TF-IDF 分数的表格。这种方法简单有效，适用于大多数英文文本关键词提取任务。

11.2.5 文本向量表示

文本向量表示是自然语言处理中的一个核心问题，它涉及将文本数据转换成向量或矩阵的形式，以便计算机能够高效地处理和理解文本信息。文字是人类认知过程中产生的高层认知抽象实体，但计算机无法直接理解和处理文字。因此，需要将文本数据转换成向量或矩阵的形式，作为机器学习算法模型以及神经网络模型的标准输入输出。这样，计算机才能对文本进行分类、聚类、相似度计算等处理。

1. 词袋模型

词袋模型假定对于给定文本，忽略单词出现的顺序和语法等因素，将其视为词汇的简单集合，文档中每个单词的出现都属于独立关系，不依赖于其他单词。该模型会先将句子向量化，句子维度和字典维度一致，第 i 维上的数字代表 ID 为 i 的词语在该句子中出现的频率。其特点是考虑了词的频率，但未考虑词的重要度和顺序。

2. One-hot 编码

One-hot 编码会为每个词分配一个唯一的二进制向量，其中只有一个位置是 1，其余位置是 0。这种方法简单直观，但会导致高维稀疏向量，且无法表示词与词之间的关系。

3. TF-IDF

TF-IDF 通过统计 TF 和 IDF 来评估词在文本中的重要性。TF-IDF 的值越高，表示词在文本中越重要。

4. N-gram 模型

在 N-gram 模型中，为了保持词的顺序，将文本看作 n 个连续词的组合。这种方法考虑了词在一定范围内的关联性，但随着 n 的增加，词表会迅速膨胀。

5. 词嵌入

词嵌入模型包含 Word2Vec、GloVe、FastText 等。这些模型通过学习大量文本数据，将每个词映射到一个高维实数向量空间，使得语义相近的词在向量空间中也相近。词嵌入模型极大地提高了文本处理的效率和准确性。

6. 上下文嵌入

上下文嵌入模型包含 BERT、GPT 等预训练语言模型。这些模型不仅能够表示单个词，还能够根据词的上下文生成动态的词向量。这使得模型在处理复杂文本时具有更强的泛化能力和表达能力。

这里使用 sklearn 库进行举例，它提供了 TF-IDF 方法来将文本转换为向量，需要安装 numpy 和 SciPy 库才能使用。可以使用以下命令安装 sklearn。

```
pip install scikit-learn
```

例 11.15 进行文本向量表示。

源程序：

```
import jieba
from sklearn.feature_extraction.text import CountVectorizer
texts = ["人工智能正在改变我们的生活。","机器学习是人工智能的一个重要分支。
","深度学习推动了人工智能的快速发展。","自然语言处理是人工智能领域的一个热点。"]
#由于中文文本没有空格作为单词之间的分隔符，因此需要使用 jieba 库进行分词
texts_cut = [" ".join(jieba.lcut(text)) for text in texts]
print("分词结果:\n",texts_cut)
'''
分词后的文本数据如下：
['人工智能 正在 改变 我们 的 生活 。', '机器学习 是 人工智能 的 一个 重要 分
支 。', '深度学习 推动 了 人工智能 的 快速 发展 。', '自然语言处理 是 人工智
能 领域 的 一个 热点 。']
```

```
'''
#初始化 CountVectorizer 对象，用于将文本数据转换为词频矩阵
vectorizer = CountVectorizer()
#文本向量化，使用 fit_transform()方法将分词后的文本数据转换为词频矩阵
X = vectorizer.fit_transform(texts_cut)
'''X 是一个稀疏矩阵，其中每行代表一个文档（文本），每列代表一个词汇，矩阵中的元
素表示该词汇在对应文档中出现的次数。'''
#使用 get_feature_names_out()方法获取词汇表
vocabulary = vectorizer.get_feature_names_out()
#将稀疏矩阵转换为数组形式，并输出文档-词汇矩阵
import numpy as np
#将稀疏矩阵转换为数组形式
X_array = X.toarray()
print("词汇表:\n", vocabulary)
print("文档-词汇矩阵:\n", X_array)
```

程序结果：

```
分词结果:
['人工智能 正在 改变 我们 的 生活 。', '机器 学习 是 人工智能 的 一个 重要 分支 。', '深度 学习 推动 了 人工智能 的 快速 发展 。', '自然语言 处理 是 人工智能 领域 的 一个 热点 。']
词汇表:
['一个' '人工智能' '分支' '发展' '处理' '学习' '快速' '我们' '推动' '改变' '机器' '正在' '深度' '热点'
 '生活' '自然语言' '重要' '领域']
文档-词汇矩阵:
[[0 1 0 0 0 0 0 1 0 1 0 1 0 0 1 0 0 0]
 [1 1 1 0 0 1 0 0 0 0 1 0 0 0 0 0 1 0]
 [0 1 0 1 0 1 1 0 1 0 0 0 1 0 0 0 0 0]
 [1 1 0 0 1 0 0 0 0 0 0 0 0 1 0 1 0 1]]
```

代码分析：

词汇表包含了文本数据中出现的所有唯一词汇。文档-词汇矩阵的每一行代表一个文档，每一列代表一个词汇，矩阵中的元素表示该词汇在对应文档中出现的次数。例如，第一句话“人工智能正在改变我们的生活”对应向量中，“人工智能”出现了 1 次，“正在”和“改变”各出现 1 次，“生活”出现 1 次，其他词汇没有出现或不是该句的重点词汇，因此对应元素为 0。

11.2.6　句法分析

句法分析的目的是确定句子的结构以及单词如何在句子中相互关联。句法分析的内容主要涵盖了对句子结构的详细解析，包括单词之间的组合方式、句子的成分划分以及这些成分之间的层次关系和依存关系。句法分析有助于计算机更深入地理解文本的含义，从而支持机器翻译、信息检索、问答系统、文本生成等多种应用。句法分析可以分为以下几种主要类型。

1. 成分句法分析

这种方法将句子分解为一个嵌套的成分结构，每个成分都是一个子树，表示句子的一部分。

2. 依存句法分析

依存句法分析关注单词之间的依存关系，即一个单词（称为“头词”）如何依赖于另一个单词（称为“依存词”）。在这种分析中，句子被表示为一个有向图，其中节点是单词，边表示依存关系。

3. 短语结构句法分析

这与成分句法分析相似，但更侧重于识别和分析短语结构。短语是句子中的一组单词，它们作为一个整体在句子中起作用。

4. 深层句法分析

深层句法分析试图揭示句子的更深层结构，包括语义角色和逻辑关系。这种分析通常更复杂，需要更多的语言知识和推理能力。

进行深层句法分析时，可以使用多种技术和算法，包括规则基的方法、统计模型（如隐马尔可夫模型、条件随机场）以及近年来越来越流行的深度学习模型（如 RNN、CNN、Transformer 等）。通过深层句法分析，可以更准确地解析句子的含义，从而支持更复杂的语言处理任务。

下面使用 SpaCy 库进行句法分析。先确保已经安装了 SpaCy 库及其英语模型，可以使用以下命令安装 SpaCy 库。

```
pip install spacy
python -m spacy download en_core_web_sm
```

例 11.16 使用 SpaCy 库生成句法树。

源程序：

```
import spacy
#加载英文模型
nlp = spacy.load("en_core_web_sm")
#解析句子
doc = nlp("In the middle of every difficulty lies opportunity.")

#定义一个函数来递归打印句法树
def print_tree(token, indent=0):
    #打印当前 token
    print(" " * indent + token.text)
    #遍历并打印子 token
    for child in token.children:
        print_tree(child, indent + 2)

#找到句子的根节点，在依赖解析中，根节点是依赖关系网络中没有父节点的 token
def find_root(token):
    #如果 token 的头词是它自己，那么它就是根节点
    if token.head == token:
        return token
```

```
20        #否则，递归查找头词的根节点
21        return find_root(token.head)
22
23    root = find_root(doc[0])  #从第一个 token 开始找到根节点
24    #输出句法树
25    print("句法树:")
26    print_tree(root)
```

程序结果：

```
句法树:
lies
  In
    middle
      the
      of
        difficulty
          every
  opportunity
  .
```

代码分析：

（1）第 1 行代码中，导入了 SpaCy 库，SpaCy 库是一个强大的自然语言处理库，支持多种语言处理任务，如分词、词性标注、句法分析等。

（2）第 3 行代码中，加载了一个预训练的英文小型模型 en_core_web_sm。这个模型包含了分词器、词性标注器、句法分析器等组件。

（3）第 5 行代码中，将句子传递给模型进行处理，得到一个 Doc 对象 doc。这个对象包含了句子中每个单词的信息。

（4）第 23 行代码中，从句子的第一个词开始，使用 find_root 函数找到句法树的根节点，并调用 print_tree()函数从根节点开始输出整个句法树。

例 11.17　使用 SpaCy 库生成依存句法关系。

源程序：

```
import spacy
#加载 SpaCy 库的英文模型
nlp = spacy.load("en_core_web_sm")
#导入要分析的句子
sentence = "The boy is reading a book."
#使用 SpaCy 库处理句子
doc = nlp(sentence)
#输出句子的依存句法分析
print("依存句法分析结果：")
for token in doc:
    print(f"单词：{token.text}，词性：{token.pos_}，依存关系：{token.dep_}，头部词：{token.head.text}")
'''如果想要更直观地查看依存句法树，则可以使用以下代码（需要安装 networkx 和 matplotlib 库）'''
```

```
15 import networkx as nx
16 import matplotlib.pyplot as plt
17 def visualize_dep_tree(doc):
18     #创建一个有向图
19     G = nx.DiGraph()
20     #添加节点和边到图中
21     for token in doc:
22         G.add_node(token.text, pos=token.pos_, dep=token.dep_)
23         if token.head != token:  #避免自环
24             G.add_edge(token.head.text, token.text, label=token.dep_)
25     #绘制图形
26     pos = nx.spring_layout(G)  #使用spring进行布局
27     nx.draw(G, pos, with_labels=True, node_size=3000, node_color=
28 'lightblue', font_size=10, font_weight='bold', arrows=True)
29     edge_labels = {(u, v): d['label'] for u, v, d in G.edges(data=True)}
30     nx.draw_networkx_edge_labels(G, pos, edge_labels=edge_labels,
31 font_color='red')
32     plt.show()
33 #可视化依存句法树
34 visualize_dep_tree(doc)
```

程序结果：

```
依存句法分析结果：
单词：The，词性：DET，依存关系：det，头部词：boy
单词：boy，词性：NOUN，依存关系：nsubj，头部词：reading
单词：is，词性：AUX，依存关系：aux，头部词：reading
单词：reading，词性：VERB，依存关系：ROOT，头部词：reading
单词：a，词性：DET，依存关系：det，头部词：book
单词：book，词性：NOUN，依存关系：dobj，头部词：reading
单词：.，词性：PUNCT，依存关系：punct，头部词：reading
```

代码分析：

（1）第 1 行和第 3 行代码中，安装和加载了模型，确保安装了 SpaCy 库及其英文模型 en_core_web_sm。

（2）第 7 行代码中，使用 nlp(sentence)处理句子，得到一个 Doc 对象。遍历 Doc 对象中的每个单词，输出其文本、词性、依存关系和头部词。

11.3 自然语言处理的应用

11.3.1 文本分类

文本分类是自然语言处理的一个子领域，其目的是让计算机能够自动识别文本的主题、情感、意图等，并将其归类到预定义的类别中。这种技术广泛应用于信息检索、垃圾邮件过滤、情感分析、新闻分类等多个领域，极大地提高了信息处理的效率和准确性。

1. 分类方法

1）基于规则的方法

这类方法依赖于手工编写的规则来进行文本分类。例如，可以通过定义关键词或模式来识别文本的主题。其优点是对特定、结构化的问题处理能力强，易于理解和解释；缺点是难以扩展，对复杂和变化的语言现象适应性差。

2）统计机器学习方法

这类方法通过分析大规模文本数据来学习语言的模式，并利用这些模式进行文本分类。

其常用的算法包括朴素贝叶斯、SVM、决策树、随机森林等。其优点是能够处理语言的多样性和歧义，不需要人工编写规则；缺点是需要大量的标注数据，且模型的解释性较差。

3）深度学习方法

这类方法常用的模型包括 CNN、RNN、长短期记忆网络、门控循环单元及 Transformer 等。其优点是能够自动学习复杂的语言特征，处理能力更强，适应性更广；缺点是计算成本高，模型的可解释性仍然是一个挑战。

2. 分类流程

文本分类的一般流程包括数据预处理、特征提取、模型选择和训练、模型评估等。

1）数据预处理

去除噪声：去除诸如标点符号、HTML 标签、特殊字符等非文本内容。

文本清洗：纠正拼写错误，处理字母大小写不一致等问题。

分词：将文本拆分成词汇或词组，以便后续分析。对于中文文本，需要使用专门的中文分词工具。

停用词去除：去除文本中频繁出现但对分类无实质性贡献的停用词。

2）特征提取

词袋模型：将文本表示为词汇的集合，不考虑词汇的顺序。

TF-IDF：考虑词汇在文档中的出现频率以及在整个语料库中的普遍重要性。

词嵌入：将词汇表示为高维空间中的向量，能够捕捉词汇之间的语义关系。

3）模型选择和训练

根据任务需求和数据集特点选择合适的分类模型，并使用训练数据对模型进行训练，调整模型参数以最小化损失函数。

4）模型评估

使用测试数据评估模型的性能。常用的评估指标包括准确率、精确率、召回率和 F1 分数等。

情感分析在现实中有很多应用场景，可以用于判断公众对品牌、事件或话题的情感倾向，为决策提供数据支持。

例 11.18　进行电影评价。

分析：

这里使用一个小型数据集进行训练，以预测电影的评价是正面还是负面。因为数据集很小，准确率并不高，所以这里只是完整演示一下处理过程，现实中可以用大型数据集来训练，以提高准确率。

TensorFlow 是一个由 Google Brain 团队开发并维护的开源深度学习框架，广泛应用于构建和训练机器学习模型，特别是在深度学习领域。可以使用以下命令安装 TensorFlow。

```
pip install tensorflow
```

源程序：

```
import numpy as np
from tensorflow.keras.preprocessing.text import Tokenizer
from tensorflow.keras.preprocessing.sequence import pad_sequences
from tensorflow.keras.models import Sequential
from tensorflow.keras.layers import Embedding, LSTM, Dense, Dropout
from sklearn.model_selection import train_test_split
from sklearn.preprocessing import LabelEncoder

#虚构的小型数据集
texts = [
    "I love this movie, it's amazing!",
    "This film is terrible, I hate it.",
    "Great acting, wonderful story!",
    "The plot is boring and predictable.",
    "Absolutely fantastic, I'll watch it again!",
    "Worst movie ever, don't waste your time.",
    "The performances by the actors were outstanding, bringing depth
and authenticity to each character.",
    "The score was hauntingly beautiful, enhancing the emotional
impact of the story and adding to the overall atmosphere.",
    "The direction was top-notch, with each scene seamlessly flowing
into the next and building tension effectively.",
    "The special effects were impressive, blending seamlessly with
the live-action to create a truly immersive experience.",
    "The themes explored in the movie were thought-provoking and
relevant, sparking interesting conversations long after the credits
rolled.",
    "The plot of Echoes of Time felt convoluted and confusing, making
it hard to follow and engage with.",
    "The special effects, while ambitious, often looked cheap and
unconvincing, detracting from the overall immersion.",
    "Some of the acting performances were wooden and uninspired, failing
to bring the characters to life or elicit any real emotional response."
]
labels = ["positive", "negative", "positive", "negative",
"positive", "negative", "positive", "positive", "positive",
"positive", "positive","negative", "negative", "negative" ]
#标签编码
label_encoder = LabelEncoder()
encoded_labels = label_encoder.fit_transform(labels)

#文本预处理
```

```
tokenizer = Tokenizer(num_words=1000, oov_token="<OOV>")
tokenizer.fit_on_texts(texts)
sequences = tokenizer.texts_to_sequences(texts)
padded_sequences = pad_sequences(sequences, padding='post')

#划分训练集和测试集
X_train, X_test, y_train, y_test = train_test_split(padded_sequences,
encoded_labels, test_size=0.2, random_state=42)

#构建长短期记忆网络模型
model = Sequential([
    Embedding(input_dim=1000,output_dim=64,
input_length=padded_sequences.shape[1]),
    LSTM(64, return_sequences=False),
    Dropout(0.5),
    Dense(1, activation='sigmoid')  #二分类问题，使用 sigmoid 激活函数
])

#编译模型
model.compile(loss='binary_crossentropy',optimizer='adam',
metrics=['accuracy'])

#训练模型
model.fit(X_train,  y_train,  epochs=3,  validation_data=(X_test,
y_test))

#测试模型
loss, accuracy = model.evaluate(X_test, y_test)
print(f"准确率: {accuracy * 100:.2f}%")

#预测新文本的情感
def predict_sentiment(text):
    sequence = tokenizer.texts_to_sequences([text])
    padded_sequence  =  pad_sequences(sequence,  padding='post',
maxlen=padded_sequences.shape[1])
    prediction = model.predict(padded_sequence)
    sentiment = "positive" if prediction[0][0] > 0.5 else "negative"
    return sentiment

#示例预测
new_text = "I really enjoyed this movie, it was so touching!"
print(f"情感判断 '{new_text}': {predict_sentiment(new_text)}")
```

程序结果：

```
    Epoch 1/3
    [1m1/1[0m [32m━━━━━━━━━━━━━━━━━━━━━━━━━━━━━━━━━━━━[0m[37m[0m [1m0s[0m
910ms/step - accuracy: 0.6364 - loss: 0.6921
```

```
    [1m1/1[0m [32m━━━━━━━━━━━━━━━━━━━━[0m[37m[0m [1m1s[0m 1s/step -
accuracy: 0.6364 - loss: 0.6921 - val_accuracy: 0.6667 - val_loss: 0.6826
    Epoch 2/3
    [1m1/1[0m [32m━━━━━━━━━━━━━━━━━━━━[0m[37m[0m [1m0s[0m 17ms/step
- accuracy: 0.6364 - loss: 0.6837
    [1m1/1[0m [32m━━━━━━━━━━━━━━━━━━━━[0m[37m[0m [1m0s[0m 61ms/step
- accuracy: 0.6364 - loss: 0.6837 - val_accuracy: 0.6667 - val_loss: 0.6809
    Epoch 3/3
    [1m1/1[0m [32m━━━━━━━━━━━━━━━━━━━━[0m[37m[0m [1m0s[0m 52ms/step
- accuracy: 0.5455 - loss: 0.6938
    [1m1/1[0m [32m━━━━━━━━━━━━━━━━━━━━[0m[37m[0m [1m0s[0m 138ms/step
- accuracy: 0.5455 - loss: 0.6938 - val_accuracy: 0.6667 - val_loss: 0.6790
    [1m1/1[0m [32m━━━━━━━━━━━━━━━━━━━━[0m[37m[0m [1m0s[0m 11ms/step
- accuracy: 0.6667 - loss: 0.6790
    [1m1/1[0m [32m━━━━━━━━━━━━━━━━━━━━[0m[37m[0m [1m0s[0m 82ms/step
- accuracy: 0.6667 - loss: 0.6790
    准确率: 66.67%
    [1m1/1[0m [32m━━━━━━━━━━━━━━━━━━━━[0m[37m[0m [1m0s[0m 67ms/step
    [1m1/1[0m [32m━━━━━━━━━━━━━━━━━━━━[0m[37m[0m [1m0s[0m 190ms/step
    情感判断 'I really enjoyed this movie, it was so touching!': positive
```

代码分析：

以上代码实现了一个基于长短期记忆网络的文本情感分析模型，用于判断电影评论是正面的还是负面的。

（1）第 1～7 行代码中，使用 numpy、tensorflow.keras、sklearn 等库进行数据处理和模型构建。

（2）第 10～34 行代码中，创建了一个虚构的小型数据集，包含 14 条电影评论及其对应的情感标签（正面或负面）。

（3）第 39 行代码中，使用 LabelEncoder 将文本标签（"positive"和"negative"）转换为数值（0 和 1），便于模型处理。

（4）第 43～46 行代码中，使用 Tokenizer 将文本转换为整数序列。其中，num_words=1000 表示只考虑词频最高的 1000 个词，oov_token="<OOV>"用于表示未在词汇表中的词。将文本转换为整数序列后，使用 pad_sequences 将序列填充到相同长度，以便输入模型。

（5）第 49、50 行代码中，使用 train_test_split 将数据集分为训练集和测试集，测试集占 20%。

（6）第 53～59 行代码中，构建了长短期记忆网络模型，Embedding 层用于将整数序列转换为密集向量，input_dim=1000 表示词汇表大小，output_dim=64 表示嵌入向量的维度，LSTM 层用于处理序列数据，return_sequences=False 表示只返回输出序列的最后一步；Dropout 层用于防止过拟合，丢弃 50%的神经元；Dense 层为输出层，使用 sigmoid 激活函数进行二分类。

（7）第 62 行代码中，编译模型并使用 binary_crossentropy 作为损失函数，adam 作为优化器，并评估准确率。

（8）第 66 行代码中，使用训练集训练模型，epochs=3 表示训练 3 个周期，并在测试集上进行验证。

（9）第 70 行代码中，评估模型在测试集上的性能，并输出准确率。

（10）第 74 行代码中，定义 predict_sentiment()函数，用于预测新文本的情感。将新文本转换为整数序列并填充，使用模型进行预测，根据预测结果判断情感是正面的还是负面的。

11.3.2　农业信息问答系统

问答系统是一种旨在自动回答用户提出的自然语言问题的 AI 技术。问答系统基本上由以下 4 个模块构成。首先，问题理解模块，负责解析用户输入的自然语言问题，通过自然语言处理技术（如词性标注、句法分析、语义理解等），深入理解用户的意图和关键信息。其次，信息检索模块，根据问题理解模块的输出，从大量文本或数据库中检索相关信息，可能使用搜索引擎、数据库查询、知识图谱等技术手段。再次，答案生成模块，对检索到的信息进行筛选、整合和归纳，生成符合用户问题的答案，这可能涉及文本摘要、机器翻译、文本生成等高级自然语言处理技术。最后，答案呈现模块，将生成的答案以自然语言的形式呈现给用户，形式可能包括文本、图像、音频等多种。

问答系统根据其工作原理和应用场景，可以分为基于检索的问答系统、基于生成的问答系统以及混合问答系统。基于检索的问答系统依赖预先构建的文档集合或数据库，通过搜索和匹配来找到答案；基于生成的问答系统能够根据问题生成新的答案；而混合系统结合了前两种系统的优点。

这里以农业信息为例编写一个简单的问答系统。

例 11.19　农业信息问答系统。

分析：

确保安装了 SpaCy 和 transformers 库。如果没有安装，则可以使用以下命令进行安装。

```
pip install spacy transformers
python -m spacy download en_core_web_sm
```

源程序：

```
import spacy
from transformers import pipeline

#加载 SpaCy 库的英文模型
nlp = spacy.load("en_core_web_sm")

#定义一个小型的农业信息问答对列表
qa_pairs = [
    {
        "question": "What is agriculture?",
        "answer": "Agriculture is the practice of cultivating plants and raising animals to produce food, fiber, biofuel, and other products."
    },
    {
        "question": "What are the main types of agriculture?",
        "answer": "The main types of agriculture include arable farming, livestock farming, forestry, and fisheries."
```

```
    },
    {
        "question": "How can crop yield be increased?",
        "answer": "Methods to increase crop yield include using high-quality seeds, proper fertilization, irrigation management, and pest control."
    },
    {
        "question": "What is sustainable agriculture?",
        "answer": "Sustainable agriculture is a way of farming that meets the current food demand without compromising the environment, economy, and social well-being."
    },
    {
        "question": "What are the environmental impacts of agriculture?",
        "answer": "Environmental impacts of agriculture include soil erosion, water pollution, loss of biodiversity, and greenhouse gas emissions."
    },
    {
        "question": "What is organic farming?",
        "answer": "Organic farming is a method of production that relies on natural processes and avoids synthetic inputs like fertilizers and pesticides."
    }
]

#使用 transformers 库的问答管道
qa_pipeline = pipeline("question-answering")

#定义一个函数来处理用户的问题
def ask_agriculture_question(user_question):
    #使用 SpaCy 库进行简单的关键词匹配
    doc = nlp(user_question)
    for pair in qa_pairs:
        if doc.similarity(nlp(pair["question"])) > 0.7:
            return pair["answer"]

    #如果没有匹配到，则尝试使用 transformers 的问答模型
    try:
        result = qa_pipeline(question=user_question, context="\n".join([pair["question"] + " " + pair["answer"] for pair in qa_pairs]))
        return result['answer']
    except Exception as e:
        return "Sorry, I couldn't understand your question. Could you please rephrase it?"

```

```
66 #主程序
67 if __name__ == "__main__":
68     print("Welcome to the Agriculture Q&A System! Type 'exit' to end
69 the conversation.")
70     while True:
71         user_question = input("Your question: ")
72         if user_question.lower() == 'exit':
73             print("Thank you for using the system. Goodbye!")
74             break
75         answer = ask_agriculture_question(user_question)
76         print(answer)
```

代码分析：

以上代码结合关键词匹配和预训练问答模型这两种技术实现了一个简单的农业信息问答系统。用户可以通过输入问题来获取相关的农业信息。用户输入问题后，此系统先尝试使用关键词匹配来快速找到答案，如果失败，则使用更复杂的问答模型进行处理。

（1）第 1 行代码中，导入了 SpaCy 库。

（2）第 2 行代码中，导入了 transformers 库。

（3）第 8～43 行代码中，定义了一个包含农业信息问答对的列表 qa_pairs，每个问答对都是一个字典，包含 question 和 answer 两个键。

（4）第 47 行代码中，使用 transformers 库中的 pipeline 函数创建了一个问答管道 qa_pipeline，该管道能够自动处理问答任务。

（5）第 50～55 行代码中，定义了一个函数 ask_agriculture_question，用于处理用户的问题。首先，使用 SpaCy 库对用户的问题进行简单的关键词匹配。其次，将用户的问题转换为 SpaCy 的 Doc 对象，并遍历问答对列表，计算用户问题与每个问答对问题的相似度。如果相似度大于 0.7（一个预设的阈值），则返回该问答对的答案。如果关键词匹配失败，则使用 transformers 的问答模型。再次，将问答对列表中的问题和答案拼接成上下文，并传递给问答管道进行处理。最后，返回模型给出的答案。如果在处理过程中发生异常，则返回一个错误提示。

（6）第 67～76 行代码中，实现主程序部分，首先输出欢迎信息，然后进入一个无限循环，等待用户输入问题。如果用户输入 exit，则输出告别信息并退出循环；否则，调用 ask_agriculture_question()函数处理用户的问题，并输出返回的答案。

本章小结

本章围绕深度学习在自然语言处理中的应用展开，介绍了自然语言处理的发展、任务、技术、实践与应用，展现其重要性和广阔前景。对自然语言处理的关键技术，如文本预处理、关键词提取、文本向量表示、向法分析、文本分类等都进行了举例讲解。自然语言处理将继续深化其在智能交互、多语言支持、情感理解及上下文推理等方面的应用，为人工智能的全面发展注入新的活力。

参考文献

董付国，2018．Python 程序设计基础[M]．2 版．北京：清华大学出版社．

江红，余青松，2017．Python 程序设计与算法基础教程[M]．北京：清华大学出版社．

李东方，2017．Python 程序设计基础[M]．北京：电子工业出版社．

刘卫国，2017．Python 语言程序设计[M]．北京：电子工业出版社．

明日科技，2021．零基础学 Python[M]．长春：吉林大学出版社．

吴萍，2017．Python 算法与程序设计基础[M]．2 版．北京：清华大学出版社．

Beazley D B，JONES B K，2015．Python Cookbook 中文版[M]．陈舸，译．3 版．北京：人民邮电出版社．

Cortes C, Vapnik V, 1995. Support-vector networks[J]. Machine Learning, 20(3): 273-297.

Goodfellow I J, Pouget-Abadie J, Mirza M, et al., 2014. Generative adversarial nets[C]. Advances in Neural Information Processing Systems.

Hinton G E, Osindero S, Teh Y W, 2006. A fast learning algorithm for deep belief nets[J]. Neural Computation, 18(7): 1527-1554.

Juang B H, Rabiner L R, 1991. Hidden Markov models for speech recognition[J]. Technometrics, 33(3): 251-272.

Krizhevsky A, Sutskever I, Hinton G E, 2012. ImageNet classification with deep convolutional neural networks[C]//Proceedings Advances in Neural Information Processing Systems, 60(6):84-90.

Liang Y D，2015．Python 语言程序设计[M]．李娜，译．北京：机械工业出版社．

Lie H M，2018．Python 基础教程[M]．袁国忠，译．3 版．北京：人民邮电出版社．

Matthes E，2023．Python Crash Course[M]．3rd ed．San Francisco：No Starch Press．

McCulloch W, Pitts W, 1943. A Logical Calculus of the Ideas Immanent in Nervous Activity[J]. Bulletin of Mathematical Biophysics, 5(4): 115-133.

Minsky M L, Papert S A, 1969. Perceptrons: An Introduction to Computational Geometry[M]. Cambridge: MIT Press.

Rosenblatt F, 1958. The perceptron: A probabilistic model for information storage and organization in the brain[J]. Psychological Review, 65(6): 386-408.

Rumelhart D E, Hinton G E, Williams R J, 1986. Learning representations by back-propagating errors[J]. Nature, 323(6088): 533-536.

Su H, Wang Y, Fu W, et al., 2024. Improving rice yield and quality through high-throughput phenomics, linear regression, and machine learning neural network models[J]. Plant Methods, 20(1): 175.

Summerfield M，2011．Python 3 程序开发指南[M]．王弘博，孙传庆，译．北京：人民邮电出版社．

Vaswani A, Shazeer N, Parmar N, et al., 2017. Attention is all you need[C]//Proceedings of the 31st international Conference on Neural Information Processing Systems. Long Beach:Curran Associates Inc., 12(4): 6000-6010.